普通高等教育"十一五"国家级规划教材

21 世纪高职高专新概念规划教材

电工电子技术基础

（第二版）

主　编　李中发

副主编　邹津海　姜　燕　邓　晓　张晚英

中国水利水电出版社

www.waterpub.com.cn

内 容 提 要

本书是普通高等教育"十一五"国家级规划教材。

本书在第一版的基础上,根据编者多年的教学经验和对课程改革的实践尝试,听取众多使用本教材师生的宝贵意见和建议,依据教育部最新制订的《高职高专电工电子技术课程教学基本要求》,继续遵循第一版的编写原则,结合目前电工电子技术的发展和应用情况,在具体内容和体系结构上都进行了修订与完善。

本书从应用角度出发,系统介绍了电工电子技术的基本概念、基本理论和基本方法。主要内容包括:直流电路、正弦交流电路、一阶动态电路、变压器、异步电动机、继电接触器控制、电工测量、基本放大电路、集成运算放大器、直流稳压电源、组合逻辑电路、时序逻辑电路。

本书充分体现高职高专教育特点,按照理论联系实际、循序渐进、便于教与学的原则编写。全书叙述简明,概念清楚;知识结构合理,重点突出;深入浅出,通俗易懂,图文并茂;例题、习题丰富,各章均有学习要求、概述和小结;书末附有部分习题参考答案。

本书可作为各类高职高专学校非电专业电工电子技术课程(少学时)的教材或参考书,也可供有关工程技术人员参考。

本书为授课教师和读者免费提供 **PowerPoint** 电子教案,教师可以根据教学需要任意修改,需要者可从中国水利水电出版社万水分社网站(**http://www.wsbookshow.com**)下载,也可与编者联系(**lizhongfa111@163.com**),获取更多教学支持。

图书在版编目(C I P)数据

电工电子技术基础 / 李中发主编. -- 2版. -- 北京
: 中国水利水电出版社, 2011.2(2018.12 重印)
  普通高等教育"十一五"国家级规划教材. 21世纪高
职高专新概念规划教材
  ISBN 978-7-5084-8308-5

  Ⅰ. ①电… Ⅱ. ①李… Ⅲ. ①电工技术-高等学校:
技术学校-教材②电子技术-高等学校:技术学校-教材
  Ⅳ. ①TM②TN

中国版本图书馆CIP数据核字(2011)第004185号

策划编辑:雷顺加   责任编辑:张玉玲   封面设计:李 佳

书　　名	普通高等教育"十一五"国家级规划教材 21 世纪高职高专新概念规划教材 **电工电子技术基础(第二版)**	
作　　者	主　编　李中发 副主编　邹津海　姜　燕　邓　晓　张晚英	
出版发行	中国水利水电出版社 (北京市海淀区玉渊潭南路 1 号 D 座　100038) 网址:www.waterpub.com.cn E-mail:mchannel@263.net(万水) 　　　　sales@waterpub.com.cn 电话:(010)68367658(发行部)、82562819(万水)	
经　　售	北京科水图书销售中心(零售) 电话:(010)88383994、63202643、68545874 全国各地新华书店和相关出版物销售网点	
排　　版	北京万水电子信息有限公司	
印　　刷	三河市铭浩彩色印装有限公司	
规　　格	184mm×260mm　16 开本　20.25 印张　496 千字	
版　　次	2003 年 8 月第 1 版 2011 年 3 月第 2 版　2018 年 12 月第 16 次印刷	
印　　数	69001—71000 册	
定　　价	35.00 元	

21世纪高职高专新概念规划教材
编委会名单

主任委员　刘　晓　严文清

副主任委员　胡国铭　张栉勤　王前新　黄元山　柴　野

　　　　　　　张建钢　陈志强　宋　红　汤鑫华　王国仪

委　员（按姓氏笔划排序）

马洪娟	马新荣	尹朝庆	方　宁	方　鹏
毛芳烈	王　祥	王乃钊	王希辰	王国思
王明晶	王泽生	王绍卜	王春红	王路群
东小峰	台　方	叶永华	宁书林	田　原
田绍槐	申　会	石　焱	刘　猛	刘尔宁
刘慎熊	孙明魁	孙街亭	安志远	许学东
闫　菲	何　超	宋锦河	张　曈	张　慧
张弘强	张怀中	张晓辉	张浩军	张海春
张曙光	李　琦	李存斌	李作纬	李京文
李珍香	李家瑞	李晓桓	杨永生	杨庆德
杨名权	杨均青	汪振国	沈祥玖	肖晓丽
闵华清	陈　川	陈　炜	陈语林	陈道义
单永磊	周杨姊	周学毛	武铁敦	郑有想
侯怀昌	胡大鹏	胡国良	费名瑜	赵　敬
赵作斌	赵秀珍	赵海廷	唐伟奇	夏春华
徐　红	徐凯声	徐雅娜	殷均平	袁晓州
袁晓红	钱同惠	钱新恩	郭振民	曹季俊
梁建武	章元日	蒋金丹	蒋厚亮	覃晓康
谢兆鸿	韩春光	詹慧尊	雷运发	廖哲智
廖家平	管学理	蔡立军	黎能武	薄　杨
魏　雄				

项目总策划　雨　轩

编委会办公室　　主　任　周金辉

　　　　　　　　　副主任　孙春亮　杨庆川

参 编 学 校 名 单

（按第一个字笔划排序）

万博科技职业学院	太原理工大学阳泉学院
三门峡职业技术学院	长沙大学
三联职业技术学院	长沙民政职业技术学院
山东大学	长沙交通学院
山东交通学院	长沙航空职业技术学院
山东农业大学	长春汽车工业高等专科学校
山东建工学院	兰州资源环境职业技术学院
山东省电子工业学校	包头轻工职业技术学院
山东省农业管理干部学院	北华航天工业学院
山东省教育学院	北京对外经济贸易大学
山东商业职业技术学院	北京科技大学成人教育学院
山西运城学院	北京科技大学职业技术学院
山西经济管理干部学院	四川托普职业技术学院
广东技术师范学院天河学院	宁波城市职业技术学院
广东金融学院	石家庄学院
广东科贸职业学院	辽宁交通高等专科学校
广州市职工大学	辽宁经济职业技术学院
广州城市职业技术学院	华中科技大学
广州铁路职业技术学院	华东交通大学
广州康大职业技术学院	华北电力大学
中山火炬职业技术学院	安徽水利水电职业技术学院
中华女子学院山东分院	安徽交通职业技术学院
中国人民解放军军事经济学院	安徽行政学院
中国人民解放军第二炮兵学院	安徽国防科技职业学院
中国矿业大学	安徽职业技术学院
中南大学	安徽新闻出版职业技术学院
中南林业科技大学	扬州江海职业技术学院
中原工学院	江汉大学
内蒙古工业大学职业技术学院	江西大宇职业技术学院
内蒙古民族高等专科学校	江西工业职业技术学院
内蒙古警察职业学院	江西服装职业技术学院
天津职业技术师范学院	江西城市职业学院
太原城市职业技术学院	江西渝州电子工业学院

江西赣西学院
西北大学软件职业技术学院
西安文理学院
西安外事学院
西安欧亚学院
西安铁路职业技术学院
杨陵职业技术学院
国家林业局管理干部学院
昆明冶金高等专科学校
武汉大学
武汉工业学院
武汉工程大学
武汉工程职业技术学院
武汉广播电视大学
武汉电力职业技术学院
武汉软件职业学院
武汉科技大学工贸学院
武汉科技大学外语外事职业学院
武汉铁路职业技术学院
武汉商业服务学院
河南济源职业技术学院
南昌大学共青学院
南昌工程学院
哈尔滨金融专科学校
济南大学
济南交通高等专科学校
济南铁道职业技术学院
荆门职业技术学院
贵州无线电工业学校
贵州电子信息职业技术学院
重庆工业职业技术学院
重庆正大软件职业技术学院

恩施职业技术学院
浙江工业职业技术学院
浙江水利水电高等专科学校
浙江国际海运职业技术学院
黄冈职业技术学院
黄石理工学院
湖北工业大学
湖北水利水电职业技术学院
湖北长江职业学院
湖北交通职业技术学院
湖北汽车工业学院
湖北经济学院
湖北药检高等专科学校
湖北教育学院
湖北第二师范学院
湖北职业技术学院
湖北鄂州大学
湖南大众传媒职业技术学院
湖南大学
湖南工业职业技术学院
湖南工学院
湖南信息科学职业学院
湖南涉外经济学院
湖南郴州职业技术学院
湖南商学院
湖南税务高等专科学校
黑龙江司法警官职业学院
黑龙江农业工程职业学院
福建水利电力职业技术学院
福建林业职业技术学院
蓝天学院

序

根据 1999 年 8 月教育部高教司制定的《高职高专教育基础课程教学基本要求》（以下简称《基本要求》）和《高职高专教育专业人才培养目标及规格》（以下简称《培养规格》）的精神，由中国水利水电出版社北京万水电子信息有限公司精心策划，聘请我国长期从事高职高专教学、有丰富教学经验的教师执笔，在充分汲取了高职高专和成人高等学校在探索培养技术应用性人才方面取得的成功经验和教学成果的基础上，撰写了此套《21 世纪高职高专新概念规划教材》。

为了编写本套教材，出版社进行了广泛的调研，走访了全国百余所具有代表性的高等专科学校、高等职业技术学院、成人教育高等院校以及本科院校举办的二级职业技术学院，在广泛了解情况、探讨课程设置、研究课程体系的基础上，经过学校申报、征求意见、专家评选等方式，确定了本套书的主编，并成立了编委会。每本书的编委会聘请了多所学校主要学术带头人或主要从事该课程教学的骨干，教学大纲的确定以及教材风格的定位均经过编委会多次认真讨论。

本套《21 世纪高职高专新概念规划教材》有如下特点：

（1）面向 21 世纪人才培养的需求，结合高职高专学生的培养特点，具有鲜明的高职高专特色。本套教材的作者都是长期在第一线从事高职高专教育的骨干教师，对学生的基本情况、特点和认识规律等有深入的了解，在教学实践中积累了丰富的经验。因此可以说，每一本书都是教师们长期教学经验的总结。

（2）以《基本要求》和《培养规格》为编写依据，内容全面，结构合理，文字简练，实用性强。在编写过程中，作者严格依据教育部提出的高职高专教育"以应用为目的，以必需、够用为度"的原则，力求从实际应用的需要（实例）出发，尽量减少枯燥、实用性不强的理论概念，加强了应用性和实际操作性强的内容。

（3）采用"问题（任务）驱动"的编写方式，引入案例教学和启发式教学方法，便于激发学习兴趣。本套书的编写思路与传统教材的编写思路不同：先提出问题，然后介绍解决问题的方法，最后归纳总结出一般规律或概念。我们把这个新的编写原则比喻成"一棵大树、问题驱动"的原则。即：一方面遵守先见（构建）"树"（每本书就是一棵大树），再见（构建）"枝"（书的每一章就是大树的一个分枝），最后见（构建）"叶"（每章中的若干小节及知识点）的编写原则；另一方面采用问题驱动方式，每一章都尽量用实际中的典型实例开头（提出问题、明确目标），然后逐渐展开（分析解决问题），在讲述实例的过程中将本章的知识点融入。这种精选实例，并将知识点融于实例中的编写方式，可读性、可操作性强，非常适合高职高专的学生阅读和使用。本书读者通过学习构建本书中的"树"，由"树"找"枝"，顺"枝"摸"叶"，最后达到构建自己所需要的"树"的目的。

（4）部分教材配有实验指导和实训教程，便于学生练习提高。

（5）部分教材配有动感电子教案。为顺应教育部提出的教材多元化、多媒体化发展的要求，大部分教材都配有电子教案，以满足广大教师进行多媒体教学的需要。电子教案用PowerPoint 制作，教师可根据授课情况任意修改。相关教案的具体情况请到中国水利水电出版社网站www.waterpub.com.cn下载。

（6）提供相关教材中所有程序的源代码，方便教师直接切换到系统环境中教学，提高教学效果。

总之，本套教材凝聚了数百名高职高专一线教师多年的教学经验和智慧，内容新颖，结构完整，概念清晰，深入浅出，通俗易懂，可读性、可操作性和实用性强。

本套教材适用于高等职业学校、高等专科学校、成人及本科院校举办的二级职业技术学院和民办高校。

新的世纪吹响了我国高职高专教育蓬勃发展的号角，新世纪对高职教育提出了新的要求，高职教育占据了全面素质教育中所不可缺少的地位，在我国高等教育事业中占有极其重要的位置，在我国社会主义现代化建设事业中发挥着日趋显著的作用，是培养新世纪人才所不可缺少的力量。相信本套《21 世纪高职高专新概念规划教材》的出版能为高职高专的教材建设和教学改革略尽绵薄之力，因为我们提供的不仅是一套教材，更是自始至终的教育支持，无论是学校、机构培训还是个人自学，都会从中得到极大的收获。

当然，本套教材肯定会有不足之处，恳请专家和读者批评指正。

21 世纪高职高专新概念规划教材编委会

2001 年 3 月

第二版前言

本书是普通高等教育"十一五"国家级规划教材（高职高专教育）。在本书第一版的基础上，编者根据自己多年的教学经验和对课程改革的实践尝试，听取众多使用本教材师生的宝贵意见和建议，依据教育部最新制订的《高职高专电工电子技术课程教学基本要求》，继续遵循本书第一版的编写原则，结合目前电工电子技术的发展和应用情况，在具体内容和体系结构上，主要做了以下几个方面的修订：

（1）考虑到高职高专学生的基础和学制短、教学课时有限，以及高职高专电工电子技术课程的教学基本要求，删除了第 1 版中的磁路、直流电动机、场效应晶体管及其放大电路、差动放大电路、互补对成功率放大电路、有源滤波器、采样保持电路、SMOS 集成门电路等部分内容。

（2）对第 1 版的保留内容作了较大的改写或重写，或加强了基础性、应用性和科学性，或叙述更为简洁精炼，通俗易懂，符合认识规律。如将一阶动态电路分离出来单独成章；三极管单管放大电路一节分成了放大电路的组成、放大电路的静态分析、共发射极基本放大电路的动态分析、工作点稳定的放大电路、射极输出器 5 节进行重点阐述等。

（3）删去了一些偏难的例题和习题，使之更适应高职高专电工电子技术课程的要求。

本书的修订是在中国水利水电出版社指导下完成的。参加本书修订工作的有：李中发、方厚辉、谢胜曙、张晚英、彭敏放、江亚群、邹津海、陈洪云、向阳、邓晓、姜燕、谭阳红、黄清秀、朱彦卿、陈玉英、李珊珊、陈南放。本书由李中发任主编，负责全书的组织、修改和定稿工作；邹津海、姜燕、邓晓、张晚英任副主编。

限于编者水平，书中缺点和错误在所难免，恳请广大读者提出宝贵意见，以便修改。

编　者
2011 年元月

第一版前言

本书是依据教育部最新制定的《高职高专教育电工电子技术课程教学基本要求》编写的。全书集电工电子技术和应用于一体，在内容和结构上对电工电子技术课程进行了优化整合。主要内容包括：直流电路、交流电路和动态电路分析，磁路和变压器，电动机，继电—接触器控制系统，电工测量，半导体器件和基本放大电路，集成运算放大器及其应用，直流稳压电源，门电路和组合逻辑电路，触发器和时序逻辑电路，数模和模数转换器。

在本书编写过程中，作者根据自己多年的教学经验及对课程改革的实践尝试，从时代发展、技术进步、知识结构、课程体系上进行总体考虑，力图实现以下目标：内容精练，基本概念清楚；系统性强，使学生建立完整有序的概念；知识结构合理，为进一步学习有关后续课程和实际应用打下良好的基础；理论教学与实践教学紧密结合，注重学生的智力开发和能力培养；力图反映新技术、新动向，以适应电工电子技术发展和变化的需要。

本教材的理论教学时数约为 60 学时，实践教学时数约为 20 学时。在教学时可根据各专业的实际情况进行适当取舍。

本书是在教育部"高职高专教育电工课程教学内容体系改革、建设的确定与实践"（项目编号Ⅲ31-1）课题组和中国水利水电出版社指导下编写完成的。参加本书编写工作的有：杨华（第 1 章、第 2 章）、谢胜曙（第 3 章、第 4 章）、方厚辉（第 5 章、第 6 章）、谢沙天（第 7 章）、李中发（第 8 章、第 9 章）、胡锦（第 10 章、第 11 章），周少华参加了部分习题的选编工作。全书由李中发任主编，负责全书的组织、修改和定稿工作；胡锦、谢胜曙、方厚辉、杨华任副主编。

限于编者水平，书中缺点错误在所难免，恳请广大读者提出宝贵意见，以便修改。

编　者
2003 年 5 月

目　　录

第 1 章　直流电路

- 理解电压、电流的概念及参考方向的意义，电功率的概念及其计算。
- 理解电路基本元件的电压电流关系，了解实际电源的两种模型。
- 理解并能熟练应用基尔霍夫电流定律和基尔霍夫电压定律。
- 掌握支路电流法、节点电压法、叠加定理、等效电源定理等常用电路分析方法。
- 理解电路等效的概念，掌握用电路等效概念分析计算电路的方法。

本章介绍电路的基本物理量、电路基本元件的电压电流关系、基尔霍夫定律和常用的电路分析方法和电路定理。虽然本章讨论的是直流电路，但这些基本规律和分析方法只要稍加扩展，对交流电路的分析计算同样适用。

1.1　电路基本物理量

电路是为了某种需要而由电源、负载和导线、开关等按一定方式组合起来的电流的通路。其中电源是提供电能的设备，如发电机、电池等。负载是取用电能的设备，如电灯、电炉、电动机等。电路的结构形式和所能完成的任务是多种多样的。电路的主要功能有两类：一是进行能量的转换、传输和分配，如电力系统电路，可将发电机发出的电能经过输电线传输到各个用电设备，再经用电设备转换成热能、光能、机械能等；二是实现信号的传递和处理等，如电视机电路，可将接收到的信号经过处理后转换成图像和声音。

研究电路的基本规律，首先要掌握电路中的电流、电压和功率等基本物理量。

1.1.1　电流

电流是由电荷有规则地定向运动形成的。电流是一种物理现象，又是一个表示电流强弱的物理量，在数值上等于单位时间内通过某一导体横截面的电量。

在如图 1.1 所示的导体内，设在时间 dt 内，通过导体横截面 S 的电量为 dq，则导体中的电流为：

$$i = \frac{\mathrm{d}q}{\mathrm{d}t}$$

如果电流不随时间变化，即 $\frac{\mathrm{d}q}{\mathrm{d}t} = $ 常数，则这种电流称为恒定电流，简称直流。直流电流用大写字母 I 表示，所以上式可改写为：

$$I = \frac{q}{t}$$

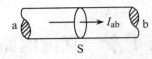

图 1.1 导体中的电流

如果电流的大小和方向都随时间变化，则称为交变电流或交流电流，简称交流。交流电流用小写字母 i 表示。

在国际单位制中，电流的单位是安培，简称安（A）。计量微小电流时，常以毫安（mA）或微安（μA）为单位。它们之间的关系为：

$$1A = 10^3 mA = 10^6 \mu A$$

习惯上把正电荷定向运动的方向（或负电荷运动的相反方向）规定为电流的实际方向。在分析较为复杂的直流电路时，往往难以事先判断各支路中电流的实际方向；对于交流电流，其方向不断改变，在电路图中很难表示它的实际方向。为此，在对电路进行分析计算时，常任意选定某一方向作为电流的方向，称为电流的正方向或参考方向，它并不一定与电流的实际方向一致。当电流的实际方向与参考方向一致时，电流为正值，如图 1.2（a）所示；当电流的实际方向与参考方向相反时，电流为负值，如图 1.2（b）所示。可见，在参考方向（正方向）选定之后，电流的值才有正负之分。

正值   负值

（a）实际方向与参考方向一致   （b）实际方向与参考方向相反

图 1.2 电流的实际方向与参考方向的关系

电流的参考方向除了用箭头表示外，还可用双下标的变量表示。如图 1.1 中的 I_{ab} 即表示参考方向由 a 指向 b 的电流。如果参考方向选定为由 b 指向 a，则为 I_{ba}。I_{ab} 和 I_{ba} 两者之间相差一个负号，即：

$$I_{ab} = -I_{ba}$$

今后在电路中所标注的电流方向都是参考方向，不一定是电流的实际方向。在未标定参考方向的情况下，电流的正负值毫无意义。

1.1.2 电压、电位和电动势

1. 电压与电位

电压是衡量电场力做功能力的物理量。如图 1.3 所示，a 和 b 是电源的两个电极，设 a 极带正电，b 极带负电，因此在两极之间产生电场，其方向从 a 指向 b。如果用导线将 a 和 b 连接起来，在电场力的作用下，正电荷将从 a 极沿导线移至 b 极（实际上是导线中的自由电子从 b 极经导线移至 a 极，两者是等效的），这表明电场力对电荷做了功。

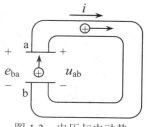

图 1.3　电压与电动势

为了表示电场力做功的能力，引入电压这一物理量。电场力把单位正电荷从 a 点移动到 b 点所做的功，称为 a、b 两点间的电压，用 u 表示。设电场力将正电荷 $\mathrm{d}q$ 从 a 点移动到 b 点所做的功为 $\mathrm{d}W$，则 a、b 两点间的电压 u 为：

$$u = \frac{\mathrm{d}W}{\mathrm{d}q}$$

大小和极性都不随时间变化的电压称为恒定电压或直流电压，直流电压用大写字母 U 表示，所以上式可改写为：

$$U = \frac{W}{q}$$

大小和极性都随时间变化的电压称为交流电压，交流电压用小写字母 u 表示。

在国际单位制中，电压的单位为伏特，简称伏（V），也可用千伏（kV）、毫伏（mV）或微伏（μV）表示。它们之间的关系为：

$$1\mathrm{kV} = 10^3\,\mathrm{V}$$

$$1\mathrm{V} = 10^3\mathrm{mV} = 10^6\mathrm{μV}$$

电路中某一点到参考点之间的电压，称为该点的电位。参考点也称零电位点，所以电位还可以定义为：在电路中，电场力把单位正电荷从某一点 a 移到零电位点所做的功等于该点的电位。

电路中任何一点的电位值是与参考点相比较而得出的，比其高者为正，比其低者为负。电位的单位与电压相同，用伏特（V）表示。

电路中两点间的电压也可用这两点间的电位差来表示，即：

$$U_{\mathrm{ab}} = U_{\mathrm{a}} - U_{\mathrm{b}}$$

电路中任意两点间的电压是不变的，与参考点的选择无关，但电位是一个相对量，其值随参考点选择的不同而不同。

习惯上把电位降低的方向规定为电压的实际方向，用＋、－号表示，也可用箭头或双下标的变量表示。

计算较复杂的电路时，电压与电流一样，实际方向较难确定，因此任意选定某一方向作为电压的参考方向，当电压实际方向与参考方向一致时，电压为正值；当电压实际方向与参考方向相反时，电压为负值。

电压、电流的参考方向都是任意的，彼此可互相独立假设，但为了方便起见，常采用关联参考方向。关联参考方向是指假定的电压正极到负极的方向也是假定电流的流动方向，即电流与电压降参考方向一致，如图 1.4（a）所示；若电压与电流参考方向不一致，则称非关联参考方向，如图 1.4（b）所示。图中方框加两个端钮，表示任意二端元件。

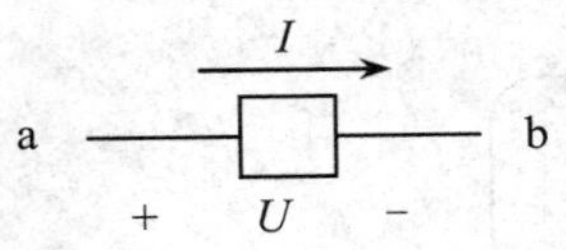

（a）关联参考方向 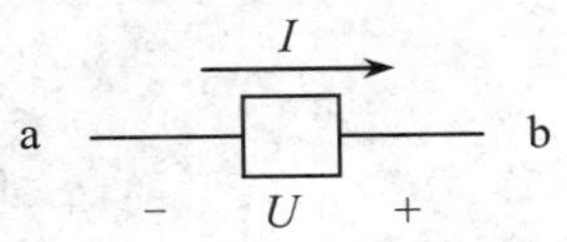　　　　　　　　　　（b）非关联参考方向

图 1.4　关联参考方向和非关联参考方向

当电压与电流参考方向关联时，为了简便起见，只需要在电路图上标出电流参考方向或电压参考方向中的任何一种即可，如图 1.5 所示。

（a）仅标出电压参考方向　　　　　　　（b）仅标出电流参考方向

图 1.5　关联参考方向

2．电动势

如图 1.3 所示，在电场力的作用下，正电荷从高电位端 a 沿着导线向低电位端 b 移动，电极 a 因正电荷的减少而使电位逐渐降低，电极 b 因正电荷的增多而使电位逐渐升高，其结果是 a 和 b 两电极间的电位差逐渐减小到零。与此同时，导线中的电流也会相应减小到零。

为了维持导线中的电流连续并保持恒定，必须使 a、b 间的电压保持恒定，即必须有另一种力能克服电场力而使电极 b 上的正电荷经过另一路径移向电极 a。电源就能产生这种力，称为电源力。电源力将单位正电荷由低电位端 b 经过电源内部移动到高电位端 a 所做的功，称为电源的电动势，用 e 表示。

在发电机中，电源力由原动机（内燃机、水轮机、汽轮机）提供，推动发电机转子切割磁力线产生电动势。在电池中，电源力由电极与电解液接触处的化学反应产生。电源力克服电场力所做的功使电荷得到能量，把非电能转化为电能。

电动势的实际方向与电压实际方向相反，规定为在电源内部由低电位端指向高电位端，即电位升高的方向。

电动势的单位与电压相同，用伏特（V）表示。

1.1.3　电功率

一个电路最终的目的是要将一定的功率传送给负载，供负载将电能转换成工作时所需形式的能量。因此，电能传送和负载消耗功率是一个很重要的问题。

电场力在单位时间内所做的功称为电功率，简称功率，用 p 表示。设电场力在 dt 时间内所做的功为 dW，则功率为：

$$p = \frac{dW}{dt}$$

在国际单位制中，功率的单位为瓦特，简称瓦（W）。

在电路中，人们更关注的是功率与电流和电压之间的关系。根据电流和电压的定义式，可推出功率与电流和电压之间的关系。

设元件的电压和电流为关联参考方向，由 $u = \dfrac{\mathrm{d}W}{\mathrm{d}q}$ 得 $\mathrm{d}W = u\mathrm{d}q$ ，所以：

$$p = \frac{\mathrm{d}W}{\mathrm{d}t} = u\frac{\mathrm{d}q}{\mathrm{d}t}$$

因为：

$$i = \frac{\mathrm{d}q}{\mathrm{d}t}$$

故得：

$$p = ui$$

值得注意的是，如果元件的电压和电流为非关联参考方向，则功率计算公式应为：

$$p = -ui$$

根据以上两式计算，$p > 0$ 表示元件吸收功率，起负载作用；$p < 0$ 表示元件放出功率，起电源作用。

例 1.1 计算如图 1.6 所示各元件的功率，并指出该元件是作为电源还是作为负载。

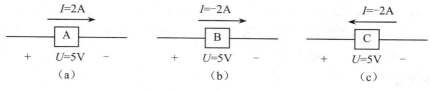

图 1.6 例 1.1 的图

解 图 1.6（a）中电流 I 与电压 U 是关联参考方向，所以：

$$P = UI = 5 \times 2 = 10 \ (\mathrm{W})$$

$P > 0$ ，说明元件 A 吸收功率，为负载。

图 1.6（b）中电流 I 与电压 U 是关联参考方向，所以：

$$P = UI = 5 \times (-2) = -10 \ (\mathrm{W})$$

$P < 0$ ，说明元件 B 产生功率，为电源。

图 1.6（c）中电流 I 与电压 U 是非关联参考方向，所以：

$$P = -UI = -5 \times (-2) = 10 \ (\mathrm{W})$$

$P > 0$ ，说明元件 C 吸收功率，为负载。

例 1.2 在如图 1.7 所示的电路中，已知 $I = 1\mathrm{A}$ ，$U_1 = 10\mathrm{V}$ ，$U_2 = 6\mathrm{V}$ ，$U_3 = 4\mathrm{V}$ 。求各元件的功率，并分析电路的功率平衡关系。

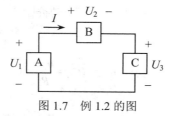

图 1.7 例 1.2 的图

解 由于元件 A 的电流与电压是非关联参考方向，所以：

$$P_1 = -U_1 I = -10 \times 1 = -10 \ (\mathrm{W})$$

$P_1 < 0$，说明元件 A 产生功率，为电源。

由于元件 B、C 的电流与电压是关联参考方向，所以：

$$P_2 = U_2 I = 6 \times 1 = 6 \ (\text{W})$$

$$P_3 = U_3 I = 4 \times 1 = 4 \ (\text{W})$$

P_2 和 P_3 均为正值，说明元件 B、C 均吸收功率，为负载。

各元件的功率之和为：

$$P_1 + P_2 + P_3 = -10 + 6 + 4 = 0$$

计算结果表明，该电路中产生的功率与吸收的功率相等，符合功率平衡关系。

1.2　电路基本元件

由于电路是由电特性相当复杂的实际电路元件或器件组成的，为了用数学方法进行分析，获得具有普遍意义的规律，常将电路中的各种电路元件用一些能反映其主要特性的理想电路元件（称为模型）来代替。理想电路元件简称电路元件。通常采用的电路元件有电阻元件、电感元件、电容元件、理想电压源、理想电流源。前 3 种元件均不产生能量，称为无源元件，后两种元件是电路中提供能量的元件，称为有源元件。元件有线性和非线性之分，线性元件的参数是常数，与所施加的电压和电流无关。

1.2.1　无源元件

1. 电阻元件

电阻元件是反映消耗电能这一物理现象的电路元件，符号如图 1.8 所示。在电压、电流为关联参考方向时，如图 1.8（a）所示，线性电阻元件的电压与电流成正比，即：

$$u = iR$$

这个关系称为欧姆定律，比例常数 R 称为电阻，是表征电阻元件特性的参数。当电压的单位为 V，电流的单位为 A 时，电阻的单位为欧姆，简称欧（Ω）。

如果电阻元件的电压、电流为非关联参考方向，如图 1.8（b）所示，这时欧姆定律应写为：

$$u = -iR$$

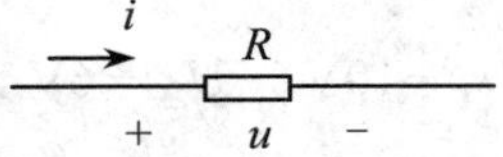

（a）关联参考方向 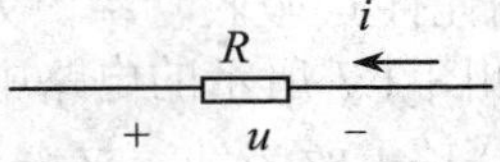　　　　　　　　　　（b）非关联参考方向

图 1.8　电阻元件的符号

电阻元件的功率为：

$$p = ui = Ri^2 = \frac{u^2}{R}$$

可见电阻元件总是消耗电能的。

当电阻两端的电压与流过电阻的电流不成正比时，电阻不是一个常数，而是随电压、电流变动，称为非线性电阻。

2．电感元件

将导线绕成螺旋状或将导线绕在铁心或磁心上，就构成常用的电感器。当线圈中有电流流过时，就会在线圈内部产生磁场。电感元件就是反映电流产生磁场、存储磁场能量这一物理现象的电路元件，符号如图 1.9 所示。

当电流 i 变化时，磁场也随之变化，并在线圈中产生自感电动势 e_L。根据法拉第电磁感应定律，当电压、电流为关联参考方向时，如图 1.9（a）所示，有：

$$e_L = -L \frac{\mathrm{d}i}{\mathrm{d}t}$$

所以，电感两端的电压为：

$$u = -e_L = L \frac{\mathrm{d}i}{\mathrm{d}t}$$

式中比例常数 L 称为电感，是表征电感元件特性的参数。当电压的单位为 V，电流的单位为 A 时，电感的单位为亨利，简称亨（H）。

上式表明，电感两端的电压与流过电感的电流对时间的变化率成正比，也就是说，电感元件任一瞬间电压的大小并不取决于这一瞬间电流的大小，而是与这一瞬间电流的变化率成正比。电感电流变化越快，电压越大；电感电流变化越慢，电压越小。在直流电路中，电感元件虽有电流，但电流不变，故其电压为零，这时电感元件相当于短路。

如果电感元件的电压、电流为非关联参考方向，如图 1.9（b）所示，则其电压、电流关系为：

$$u = -L \frac{\mathrm{d}i}{\mathrm{d}t}$$

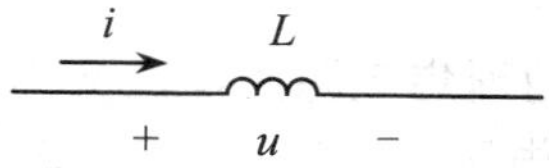

（a）关联参考方向 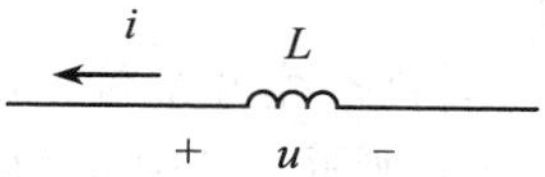　　　　　　　（b）非关联参考方向

图 1.9　电感元件

设 $t=0$ 时流过电感的电流为零，则在任意时刻 t，电感元件中存储的磁场能量为：

$$W_L = \int_0^t p\mathrm{d}t = \int_0^t ui\mathrm{d}t = \int_0^t L \frac{\mathrm{d}i}{\mathrm{d}t} i\mathrm{d}t = \int_0^t Li\mathrm{d}i = \frac{1}{2} Li^2$$

3．电容元件

由相互绝缘且靠近的两块金属极板构成常用的电容器。当在电容器两端加电压时，两块极板上将出现等量的异性电荷，并在两极板间形成电场。电容元件就是反映电荷产生电场、存储电场能量这一物理现象的电路元件，符号如图 1.10 所示。

电容器极板上的电量 q 与外加电压 u 成正比，即：

$$q = Cu$$

式中比例常数 C 称为电容，是表征电容元件特性的参数。当电压的单位为 V，电量的单位为库仑（C）时，电容的单位为法拉（F）。

当电容上的电压和电流为关联参考方向时，如图 1.10（a）所示，两者的关系为：

$$i = \frac{\mathrm{d}q}{\mathrm{d}t} = C\frac{\mathrm{d}u}{\mathrm{d}t}$$

上式表明，流过电容的电流与电容两端电压的变化率成正比。也就是说，电容元件任一瞬间电流的大小并不取决于这一瞬间电压的大小，而是取决于这一瞬间电压变化率的大小。电容电压变化越快，电流越大；电容电压变化越慢，电流越小。在直流电路中，电容元件上虽然有电压，但电压不变化，故其电流为零，这时电容元件相当于开路。

如果电容元件的电压、电流为非关联参考方向，如图 1.10（b）所示，则其电压、电流关系为：

$$i = -C\frac{\mathrm{d}u}{\mathrm{d}t}$$

（a）关联参考方向　　　　（b）非关联参考方向

图 1.10　电容元件

设 $t = 0$ 时电容两端的电压为零，则在任意时刻 t，电容元件中存储的电场能量为：

$$W_C = \int_0^t p\mathrm{d}t = \int_0^t ui\mathrm{d}t = \int_0^t C\frac{\mathrm{d}u}{\mathrm{d}t}u\mathrm{d}t = \int_0^t Cu\mathrm{d}u = \frac{1}{2}Cu^2$$

1.2.2　有源元件

1. 理想电压源

理想电压源是一种能产生并维持一定输出电压的理想电源元件，又称恒压源。理想电压源的符号如图 1.11（a）所示，其中 u_s 为理想电压源电压。

理想电压源电压 u_s 为确定的时间函数，与流过的电流无关。如果理想电压源电压是定值 U_s，则称之为理想直流电压源。理想直流电压源也可用图 1.11（b）所示的符号表示，图 1.11（c）是理想直流电压源的伏安特性。

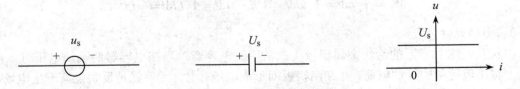

（a）理想电压源的符号　　　（b）理想直流电压源的符号　　　（c）理想直流电压源的伏安关系

图 1.11　理想电压源的符号及伏安特性

理想电压源不能短路，否则流过的电流为无限大。根据理想电压源所连接的外电路，如果电流的实际方向由低电位端流向高电位端，则理想电压源发出功率；如果电流的实际方向由高电位端流向低电位端，则理想电压源吸收功率，这时理想电压源是电路的负载，如蓄电池被充电。理想电压源上的电流可为任意值，其值由外电路决定。

2．理想电流源

理想电流源是一种能产生并维持一定输出电流的理想电源元件，又称恒流源。理想电流源的符号如图 1.12（a）所示，其中 i_s 为理想电流源电流。

理想电流源电流 i_s 为确定的时间函数，与两端的电压无关。如果理想电流源电流是定值 I_s，则称之为理想直流电流源。图 1.12（b）是理想直流电流源的伏安特性。

（a）理想电流源的符号   （b）理想直流电流源的伏安关系

图 1.12　理想电流源的符号及伏安特性

理想电流源不能开路，否则其两端的电压为无限大。若理想电流源两端电压的实际方向与电流方向相反，则理想电流源发出功率；若理想电流源两端电压的实际方向与电流方向相同，则理想电流源吸收功率。理想电流源两端的电压可为任意值，其值由外电路决定。

1.3　基尔霍夫定律

基尔霍夫定律是分析电路问题的最基本的定律。基尔霍夫定律有两条，即基尔霍夫电流定律和基尔霍夫电压定律。在介绍基尔霍夫定律之前，先结合图 1.13 所示的电路介绍几个电路的名词。

（1）支路。电路中通过同一电流的每个分支称为支路。图 1.13 中有 aeb、acb、adb 共 3 条支路。其中 aeb 支路不含电源，称无源支路；acb、adb 支路含有电源，称为有源支路。

（2）节点。3 条或 3 条以上支路的连接点称为节点，图 1.13 中有 a、b 共两个节点。

（3）回路。电路中任一闭合的路径称为回路。图 1.13 中有 acbda、acbea、aebda 共 3 个回路。

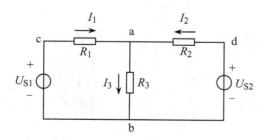

图 1.13　具有节点的多回路电路

1.3.1　基尔霍夫电流定律（KCL）

基尔霍夫电流定律是描述电路中任一节点处各支路电流之间相互关系的定律。

因为电流具有连续性，在电路中任一节点上均不可能发生电荷堆积现象，所以在任一瞬时流入节点的电流之和必定等于从该节点流出的电流之和，即：

$$\sum I_\text{入} = \sum I_\text{出}$$

这一关系称为基尔霍夫电流定律，通常又称基尔霍夫第一定理，简写为 KCL。KCL 实质上是电流连续性原理的具体反映。

在图 1.13 中，根据图中所示电流 I_1、I_2、I_3 的参考方向，对节点 a 运用 KCL，有：

$$I_1 + I_2 = I_3$$

或

$$I_1 + I_2 - I_3 = 0$$

上式可写成：

$$\sum I = 0$$

所以 KCL 还可以表述为：在任一瞬时，通过任意一个节点电流的代数和恒等于零。

在运用 KCL 时，可假定流入节点的电流为正，流出节点的电流为负；也可以作相反的假定，即设流出节点的电流为正，流入节点的电流为负。

根据计算的结果，有些支路的电流可能是负值，这是由于选定的电流参考方向与实际方向相反所致。

基尔霍夫电流定律可推广应用于包围部分电路的任一假设的闭合面。例如，在如图 1.14 所示的电路中，设流入节点的电流为正，流出节点的电流为负，分别对节点 a、b、c 列基尔霍夫电流定律方程，有：

$$I_1 - I_4 - I_6 = 0$$
$$I_2 + I_4 - I_5 = 0$$
$$I_3 + I_5 + I_6 = 0$$

将以上 3 式相加，得：

$$I_1 + I_2 + I_3 = 0$$

这一结果与把封闭区域看成一个节点，应用 KCL 列方程的结果完全相同，所以基尔霍夫电流定律不仅适用于节点，也可推广应用于包围部分电路的任一假设的封闭面，不论被包围部分的电路结构如何，流入此封闭面的电流代数和恒等于零。

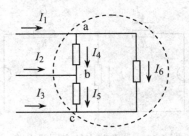

图 1.14　KCL 的推广应用

1.3.2　基尔霍夫电压定律（KVL）

基尔霍夫电压定律是描述电路中任一回路上各段电压之间相互关系的定律。

能量守恒定律是自然界中普遍存在的规律，电路也必须遵守能量守恒法则。若某段时间内电路中某些元件得到的能量有所增加，则其他一些元件的能量必然有所减少，以保持能量的守恒，这就要求电路中各电压之间必须满足一定的关系。

从回路中任意一点出发，以顺时针方向或逆时针方向沿回路绕行一周，在这个方向上升高的电压之和应等于降低的电压之和，回到原来的出发点时，该点的电位值不发生变化，即电路中任意一点的瞬时电位具有单值性，所以：

$$\sum U_{升} = \sum U_{降}$$

这一关系称为基尔霍夫电压定律，通常又称基尔霍夫第二定理，简写为 KVL。KVL 实质上是能量守恒定律的具体反映。

从图 1.13 所示的电路中取出一个回路 adbca，并重新画在图 1.15 中，依次标出各元件上的电压 U_1、U_2、U_{S1}、U_{S2}。对每个回路要规定绕行方向，在图中用虚线和箭头表示。

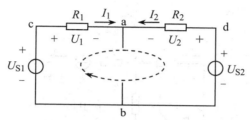

图 1.15　基尔霍夫电压定律用图

在图 1.15 中，设各电压、电流的参考方向及回路绕行方向如图所示，运用 KVL，有：

$$U_1 + U_{S2} = U_{S1} + U_2$$

上式可改写为：

$$U_1 - U_2 - U_{S1} + U_{S2} = 0$$

即：

$$\sum U = 0$$

所以 KVL 还可以表述为：在任一瞬间，沿任一回路绕行方向绕行一周，回路中各段电压的代数和恒等于零。

运用 KVL 时，一般假设电压参考方向与回路绕行方向一致时电压取正号，电压参考方向与回路绕行方向相反时电压取负号。

根据欧姆定律，$U_1 = I_1 R_1$，$U_2 = I_2 R_2$，所以上式又可改写为：

$$I_1 R_1 - I_2 R_2 = U_{S1} - U_{S2}$$

即：

$$\sum IR = \sum U_S$$

上式为 KVL 在电阻电路中的另一种表达式，它表示在任一回路绕行方向上，回路中电阻上电压降的代数和等于回路中电压源电压的代数和。运用上式时，电流参考方向与回路绕行方向一致时 IR 前取正号，相反时取负号；电压源电压方向与回路绕行方向一致时 U_S 前取负号，相反时取正号。

基尔霍夫电压定律不仅适用于闭合回路，也可推广应用到不闭合的电路上，但要将开口处的电压列入方程。例如，在如图 1.16 所示的电路中，a、b 两点没有闭合，沿着图示回路方向绕行，可得方程：

$$U_{ab} + U_{S3} + I_3R_3 - I_2R_2 - U_{S2} - I_1R_1 - U_{S1} = 0$$

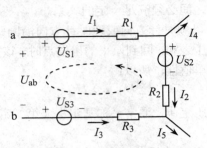

图 1.16　KVL 的推广应用

例 1.3　在如图 1.17 所示的电路中，$U_{S1} = 12\,\text{V}$，$U_{S2} = 3\,\text{V}$，$R_1 = 3\,\Omega$，$R_2 = 9\,\Omega$，$R_3 = 10\,\Omega$，试求开口处 ab 两端的电压 U_{ab}。

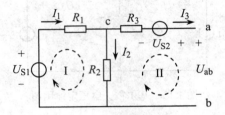

图 1.17　例 1.3 的图

解　设电流 I_1、I_2、I_3 的参考方向及回路 I、II 的绕行方向如图所示。因 ab 处开路，所以 $I_3 = 0$。对节点 c 列 KCL 方程，有：

$$I_1 = I_2$$

对回路 I 列 KVL 方程，有：

$$I_1R_1 + I_2R_2 = U_{S1}$$

所以：

$$I_2 = I_1 = \frac{U_{S1}}{R_1 + R_2} = \frac{12}{3 + 9} = 1 \ (\text{A})$$

对回路 II 列 KVL 方程，有：

$$U_{ab} - I_2R_2 + I_3R_3 - U_{S2} = 0$$

所以：

$$U_{ab} = I_2R_2 - I_3R_3 + U_{S2} = 1 \times 9 - 0 \times 10 + 3 = 12 \ (\text{V})$$

1.4　简单电阻电路分析

电路的结构形式一般可分为简单电路和复杂电路。只含电源和电阻的电路称为电阻电路，若电阻电路中的电源为直流电源，则称为直流电阻电路。简单电阻电路就是可以利用电阻串并联方法进行分析的电路。应用这种方法对电路进行分析时，一般可先利用电阻串并联公式求出该电路的总电阻，然后根据欧姆定律求出总电流，最后利用欧姆定律或分压公式和分流公式计算各个电阻的电压或电流。

1.4.1 电阻的串联

电阻串联电路的特点是通过各个电阻的电流为同一个电流。在如图 1.18（a）所示的电路中，n 个电阻 R_1、R_2、$\cdots$、R_n 串联，各电阻电流均为 I，由 KVL，有：

$$U = U_1 + U_2 + \cdots + U_n$$

根据欧姆定律，$U_1 = R_1 I$、$U_2 = R_2 I$、$\cdots$、$U_n = R_n I$，代入上式得：

$$U = (R_1 + R_2 + \cdots + R_n)I$$

设：

$$R = R_1 + R_2 + \cdots + R_n$$

R 称为这 n 个串联电阻的等效电阻或总电阻，即在电压 U 一定的情况下，用阻值为 R 的等效电阻代替图 1.18（a）中 R_1、R_2、$\cdots$、R_n 串联的电路后，电路中的电流不变，如图 1.18（b）所示，所以上式又可写为：

$$U = RI$$

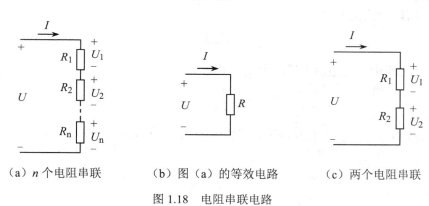

（a）n 个电阻串联　　　（b）图（a）的等效电路　　　（c）两个电阻串联

图 1.18　电阻串联电路

电阻串联电路中，各电阻两端的电压与其电阻值成正比，即：

$$U_k = R_k I = \frac{R_k}{R} U$$

该式称为分压公式。在如图 1.18（c）所示的电路中，因为 $R = R_1 + R_2$，所以：

$$U_1 = \frac{R_1}{R_1 + R_2} U$$

$$U_2 = \frac{R_2}{R_1 + R_2} U$$

分压公式是研究串联电路中各电阻上电压分配关系的依据，许多实际电路就是利用分压原理工作的。例如，电源电压为 $U_S = 24\,\text{V}$，而负载工作时只要求 10V 电压，为满足负载要求，可以利用电阻串联构成一个分压电路，如图 1.18（c）所示。当 $R_1 = 1.4 R_2$ 时，电阻 R_2 两端输出的电压值就是 10V。如果 R_2 是一个可变电阻器（称为电位器），则从电阻 R_2 两端输出的电压可以在 0~10V 之间变化。

1.4.2　电阻的并联

电阻并联电路的特点是各个电阻两端的电压为同一个电压。在如图 1.19（a）所示的电路中，n 个电阻 R_1、R_2、$\cdots$、R_n 并联，各电阻电压均为 U，由 KCL，有：

$$I = I_1 + I_2 + \cdots + I_n$$

根据欧姆定律，$I_1 = \dfrac{U}{R_1}$、$I_2 = \dfrac{U}{R_2}$、$\cdots$、$I_n = \dfrac{U}{R_n}$，代入上式得：

$$I = \left(\frac{1}{R_1} + \frac{1}{R_2} + \cdots + \frac{1}{R_n} \right) U$$

设：

$$\frac{1}{R} = \frac{1}{R_1} + \frac{1}{R_2} + \cdots + \frac{1}{R_n}$$

R 称为这 n 个并联电阻的等效电阻或总电阻，即在电压 U 一定的情况下，用阻值为 R 的等效电阻代替图 1.19（a）中 R_1、R_2、$\cdots$、R_n 并联的电路后，该电路中的电流不变，如图 1.19（b）所示，所以上式又可写为：

$$I = \frac{U}{R}$$

电阻并联电路中，各电阻流过的电流与其电阻值成反比，即：

$$I_k = \frac{U}{R_k} = \frac{R}{R_k} I$$

该式称为分流公式。在图 1.19（c）所示的电路中，因为 $R = \dfrac{R_1 R_2}{R_1 + R_2}$，所以：

$$I_1 = \frac{R_2}{R_1 + R_2} I$$

$$I_2 = \frac{R_1}{R_1 + R_2} I$$

分流公式是研究并联电路中各电阻上电流分配关系的依据，许多实际电路就是利用分流原理工作的。例如，电源提供的电流为 $I = 10\,\text{A}$，而负载工作时只要求 2A 电流，为满足负载要求，可以利用电阻并联构成一个分流电路，如图 1.19（c）所示。当 $R_1 = 0.25 R_2$ 时，流过电阻 R_2 的电流就是 2A。

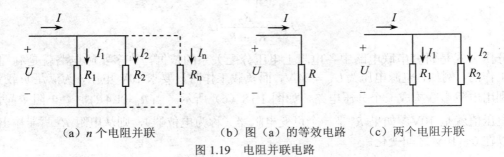

（a）n 个电阻并联　　　（b）图（a）的等效电路　　（c）两个电阻并联

图 1.19　电阻并联电路

1.5　复杂电阻电路分析

复杂电阻电路就是不能利用电阻串并联方法化简，然后应用欧姆定律进行分析的电路。如图 1.20 所示的电路，各支路的电流和电压不可能用电阻串并联方法化简求解。

解决复杂电路问题的方法有两种：一种方法是根据电路待求的未知量直接应用基尔霍夫定律列出足够的独立方程式，然后联立求解出各未知量；另一种方法是应用等效变换的概念将电路化简或进行等效变换后，再通过欧姆定律、基尔霍夫定律或分压、分流公式求解出结果。

直接应用基尔霍夫定律列写方程式求解各未知量时，由于选取的未知量不同，解题的方法也有所不同。本书介绍支路电流法和节点电压法。

1.5.1　支路电流法

在分析计算复杂电路的各种方法中，支路电流法是最基本的方法。支路电流法是以支路电流为未知量，根据基尔霍夫电流定律和基尔霍夫电压定律分别列出电路中的节点电流方程和回路电压方程，然后联立求解出各支路中的电流。

今以图 1.20 为例，说明支路电流法的应用。

电路中有几条支路，就有几个未知量。在如图 1.20 所示的电路中，支路数 $b=3$，节点数 $n=2$，共要列出 3 个独立方程。电源电压和各电流的参考方向如图所示。

首先，应用基尔霍夫电流定律分别对节点 a、b 列方程，有：

$$I_1 + I_2 - I_3 = 0$$
$$-I_1 - I_2 + I_3 = 0$$

以上两式是等价的，其中一个方程式可由另一个方程式变换得到，是非独立方程。一般来说，对具有 n 个节点的电路应用基尔霍夫电流定律只能列出 $(n-1)$ 个独立方程。

其次，应用基尔霍夫电压定律列出其余 $b-(n-1)$ 个方程。普遍采用的方法是取网孔（内部没有包含任何支路的特殊回路，也称为单孔回路）列出电压方程。图 1.20 中有两个网孔。分别对左侧和右侧网孔列出基尔霍夫电压方程，有：

$$U_{S1} = I_1 R_1 + I_3 R_3$$
$$U_{S2} = I_2 R_2 + I_3 R_3$$

网孔的数目恰好等于 $b-(n-1)$。

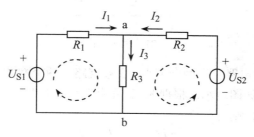

图 1.20　支路电流法用图

应用基尔霍夫电流定律和电压定律一共可列出 $(n-1)+[b-(n-1)]=b$ 个独立方程，所以

能求出 b 个支路电流。

本例中，可得出以下方程组：

$$I_1 + I_2 - I_3 = 0$$
$$R_1 I_1 + R_3 I_3 = U_{S1}$$
$$R_2 I_2 + R_3 I_3 = U_{S2}$$

解联立方程组，求出各支路电流为：

$$I_1 = \frac{U_{S1}}{R_1 + \dfrac{R_2 R_3}{R_2 + R_3}} - \frac{U_{S2}}{R_2 + \dfrac{R_1 R_3}{R_1 + R_3}} \cdot \frac{R_3}{R_1 + R_3}$$

$$I_2 = \frac{U_{S2}}{R_2 + \dfrac{R_1 R_3}{R_1 + R_3}} - \frac{U_{S1}}{R_1 + \dfrac{R_2 R_3}{R_2 + R_3}} \cdot \frac{R_3}{R_2 + R_3}$$

$$I_3 = \frac{U_{S1}}{R_1 + \dfrac{R_2 R_3}{R_2 + R_3}} \cdot \frac{R_2}{R_2 + R_3} + \frac{U_{S2}}{R_2 + \dfrac{R_1 R_3}{R_1 + R_3}} \cdot \frac{R_1}{R_1 + R_3}$$

对于复杂电路，一般采用行列式计算较方便。

最后验算，将求出的各支路电流代入未按电压定律列方程的回路中，若方程两边平衡，则结果正确，否则结果有误。

用支路电流法求解电路的步骤归纳如下：

（1）判定电路的支路数 b 和节点数 n。

（2）在电路图中标出各支路电流的参考方向和各回路绕行方向。

（3）根据 KCL 列出 $(n-1)$ 个独立的节点电流方程式。

（4）根据 KVL 列出 $b-(n-1)$ 个独立的回路电压方程式。

（5）解联立方程组，求出各支路电流，必要时可求出各元件的电压和功率。

例 1.4　电路如图 1.21 所示，用支路电流法求各支路电流及各元件的功率。

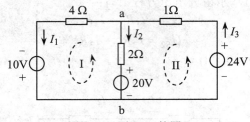

图 1.21　例 1.4 的图

解　如图 1.21 所示的电路共有两个节点、3 条支路、两个网孔。各支路电流 I_1、I_2、I_3 的参考方向及回路绕行方向如图所示。根据 KCL 列出节点 a 的电流方程，设流出节点的电流为负，流入节点的电流为正，则有：

$$-I_1 - I_2 + I_3 = 0$$

根据 KVL 列出回路 I、II 的电压方程为：

$$4I_1 - 2I_2 = 30$$

$$I_3 + 2I_2 = 4$$

联立以上 3 式，解之得：

$$I_1 = 7 \text{（A）}$$

$$I_2 = -1 \text{（A）}$$

$$I_3 = 6 \text{（A）}$$

$I_2 < 0$ 说明其实际方向与图示方向相反。

4Ω电阻的功率为：

$$P_1 = 4I_1^2 = 4 \times 7^2 = 196 \text{（W）}$$

2Ω电阻的功率为：

$$P_2 = 2I_2^2 = 2 \times (-1)^2 = 2 \text{（W）}$$

1Ω电阻的功率为：

$$P_3 = 1 \times I_3^2 = 1 \times 6^2 = 36 \text{（W）}$$

10V 电压源的功率为：

$$P_4 = -10I_1 = -10 \times 7 = -70 \text{（W）}$$

20V 电压源的功率为：

$$P_5 = 20I_2 = 20 \times (-1) = -20 \text{（W）}$$

24V 电压源的功率为：

$$P_6 = -24I_3 = -24 \times 6 = -144 \text{（W）}$$

由以上计算可知，3 个电源均发出功率，共 234W，3 个电阻总共吸收的功率也是 234W，可见电路的功率平衡。

1.5.2 节点电压法

对于有多个支路，但只有两个节点的电路，可以不需要解联立方程组直接求出两个节点间的电压，十分方便。

如图 1.22 所示为只有两个节点的电路，电压源、电流源、电阻均为已知，求各支路电流。设未知电流 I_1、I_2、I_3 的参考方向如图所示，根据 KCL 有：

$$I_1 + I_2 - I_3 - I_{S1} + I_{S2} = 0$$

设节点 a、b 间电压为 U，参考方向如图 1.22 所示，根据 KVL 有：

$$U_{S1} - I_1R_1 - U = 0$$

$$-U_{S2} - I_2R_2 - U = 0$$

$$U = I_3R_3$$

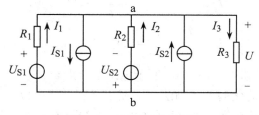

图 1.22 节点电压法用图

所以：

$$I_1 = \frac{U_{S1} - U}{R_1}$$

$$I_2 = \frac{-U_{S2} - U}{R_2}$$

$$I_3 = \frac{U}{R_3}$$

将以上 3 式代入 KCL 方程，得：

$$\frac{U_{S1} - U}{R_1} + \frac{-U_{S2} - U}{R_2} - \frac{U}{R_3} - I_{S1} + I_{S2} = 0$$

整理后得：

$$U = \frac{\dfrac{U_{S1}}{R_1} - \dfrac{U_{S2}}{R_2} - I_{S1} + I_{S2}}{\dfrac{1}{R_1} + \dfrac{1}{R_2} + \dfrac{1}{R_3}}$$

推广到一般情况，对于任何只有两个节点的电路，两节点间的电压为：

$$U = \frac{\sum \dfrac{U_S}{R} + \sum I_S}{\sum \dfrac{1}{R}}$$

上式称为弥尔曼公式，适用于任何只有两个节点的电路。式中分母的各项总为正，分子中各项的正负符号为：电压源 U_S 的参考方向与节点电压 U 的参考方向相同时取正号，反之取负号；电流源 I_S 的参考方向与节点电压 U 的参考方向相反时取正号，反之取负号。

例 1.5　在如图 1.22 所示的电路中，已知 $U_{S1} = 6\,V$，$U_{S2} = 8\,V$，$I_{S1} = 2\,A$，$I_{S2} = 2.4\,A$，$R_1 = 1\,\Omega$，$R_2 = 6\,\Omega$，$R_3 = 10\,\Omega$，用节点电压法求各支路电流。

解　根据弥尔曼公式，得 a、b 两点之间的电压为：

$$U = \frac{\dfrac{U_{S1}}{R_1} - \dfrac{U_{S2}}{R_2} - I_{S1} + I_{S2}}{\dfrac{1}{R_1} + \dfrac{1}{R_2} + \dfrac{1}{R_3}} = \frac{\dfrac{6}{1} - \dfrac{8}{6} - 2 + 2.4}{\dfrac{1}{1} + \dfrac{1}{6} + \dfrac{1}{10}} = 4 \ (V)$$

由此可以计算出各支路电流分别为：

$$I_1 = \frac{U_{S1} - U}{R_1} = \frac{6 - 4}{1} = 2 \ (A)$$

$$I_2 = \frac{-U_{S2} - U}{R_2} = \frac{-8 - 4}{6} = -2 \ (A)$$

$$I_3 = \frac{U}{R_3} = \frac{4}{10} = 0.4 \ (A)$$

例 1.6　用节点电压法求图 1.23（a）所示电路中节点 a 的电位 U_a。

解　电子电路常采用简化的习惯画法，即在电路图上将电位参考点用接地符号"⊥"表示，电压源不用画图形符号表示，而改为只标出其极性和电压值。因此，图 1.23（a）所示电路可还原成图 1.23（b）所示，由图可得：

$$U_a = \frac{\dfrac{15}{3} + \dfrac{8}{4} - \dfrac{6}{6}}{\dfrac{1}{3} + \dfrac{1}{4} + \dfrac{1}{6} + \dfrac{1}{4}} = 6 \ （V）$$

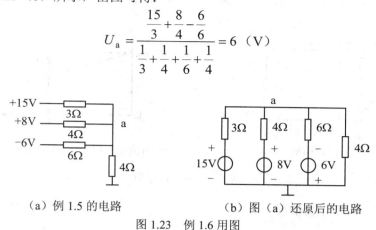

（a）例 1.5 的电路　　　　　　　（b）图（a）还原后的电路

图 1.23　例 1.6 用图

1.6　电压源与电流源的等效变换

　　虽然支路电流法是分析计算复杂电路最基本的方法，但有时会显得太繁且不便于分析。在这种情况下，尤其是在电子电路中，往往采用等效变换的方法对电路进行分析计算。电压源与电流源的等效变换，以及前面介绍的电阻串联电路和并联电路的等效变换，就是采用等效变换的方法对电路进行分析计算。

1.6.1　实际电源模型

1. 电压源

　　理想电压源实际上是不存在的，电源内部总是存在一定的电阻，称为内阻，用 R_0 表示。以电池为例，当电池两端接上负载并有电流通过时，内阻就会有能量损耗，电流越大，损耗越大，输出端电压就越低，因此电池不具有恒压输出的特性。由此可见，实际电压源可以用一个恒压源 U_S 和内阻 R_0 串联的电路模型来表示，如图 1.24（a）所示虚线框内的电路。图中 R_L 为负载，即电源的外电路。

　　分析该电路的功率平衡情况，有：

$$U_S I = UI + I^2 R_0$$

从而得电压源的伏安关系为：

$$U_S = U + IR_0$$

　　上式说明，实际电压源端电压 U 低于恒压源的电压 U_S，其原因是存在内阻压降 IR_0。如图 1.24（b）所示为实际直流电压源的伏安特性曲线。由上式或伏安特性曲线可以看出，IR_0 越小，其特性越接近恒压源。工程中常用的稳压电源及大型电网工作时，输出电压基本不随外电路变化，在一定范围内可近似看做恒压源。

2. 电流源

　　理想电流源实际上也是不存在的，由于内阻的存在，电流源的电流并不能全部输出，有一部分将在内部分流。实际电流源可用一个恒流源 I_S 与内阻 R'_0 并联的电路模型来表示，如图

1.25（a）所示虚线框内的电路表示一个实际电流源的电路模型。

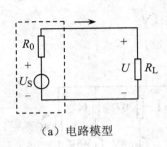
（a）电路模型

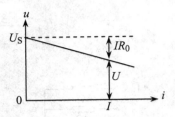
（b）直流电压源的伏安特性曲线

图 1.24　实际电压源

分析该电路的功率平衡情况，有：

$$UI_S = UI + \frac{U^2}{R_0'}$$

从而得电流源的伏安关系为：

$$I_S = I + \frac{U}{R_0'}$$

显然，实际电流源输出到外电路的电流 I 小于恒流源电流 I_S，其原因是内阻 R_0' 上产生分流 $I_0 = \dfrac{U}{R_0'}$。如图 1.25（b）所示是实际直流电流源的伏安特性曲线，实际电流源的内阻 R_0' 越大，内部分流越小，其特性就越接近恒流源。晶体管稳流电源及光电池等器件在一定范围内可近似看做恒流源。

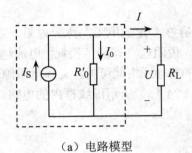
（a）电路模型

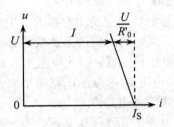
（b）直流电流源的伏安特性曲线

图 1.25　实际电流源

实际使用电源时，应注意以下 3 点：

（1）电工技术中，实际电压源简称电压源，常指相对负载而言具有较小内阻的电压源；实际电流源简称电流源，常指相对于负载而言具有较大内阻的电流源。

（2）实际电压源不允许短路。由 $U_S = U + IR_0 = IR_L + IR_0$ 可以看出，当负载电阻 R_L 很小甚至为零时，端电压 U 为零，这种情况叫电源短路，短路电流 $I_{SC} = \dfrac{U_S}{R_0}$，由于一般电压源的内阻 R_0 很小，短路电流将很大，会烧毁电源，这是不允许的。平时，实际电压源不使用时应开路放置，因电流为零，不消耗电源的电能。

（3）实际电流源不允许开路处于空载状态。由式 $I_S = I + \dfrac{U}{R_0'}$ 可以看出，负载电流 I 越小，内阻上的电流 I_0 就越大，内部损耗 $I_0^2 R_0'$ 就越大，所以不应使实际电流源处于空载状态。空载时，电源内阻把电流源的能量消耗掉，而电源对外没有送出电能。平时，实际电流源不使用时应短路放置，因实际电流源的内阻 R_0' 一般都很大，电流源被短路后，通过内阻的电流很小，损耗很小，而外电路上短路后电压为零，不消耗电能。

1.6.2　电压源与电流源的等效变换

分别用一个电压源和一个电流源向同一个负载电阻供电，若能产生相同的供电效果，即负载电阻上的电压 U 和电流 I 分别相同，则称这两个电源是相互等效的。既然相互等效的电压源和电流源对同一个负载电阻具有完全相同的效果，则在分析计算时就可以将一种电源用与其等效的另一种电源替换，这个替换过程称为等效变换。

实际电源的两种电路模型：一种是电压为 U_S 的恒压源与内阻 R_0 串联的电路，另一种是电流为 I_S 的恒流源与内阻 R_0' 并联的电路，分别如图 1.24（a）和图 1.25（a）所示，这两种电源模型可以进行等效变换。

由电压源的伏安关系式 $U_S = U + IR_0$ 可得：

$$I = \frac{U_S}{R_0} - \frac{U}{R_0}$$

式中，R_0 为电压源的内阻。

对于电流源，其伏安关系可改写为：

$$I = I_S - \frac{U}{R_0'}$$

式中，R_0' 为电流源的内阻。

若电压源和电流源对外电路等效，则以上两式的对应项应该相等，因此可求得等效变换的条件为：

$$I_S = \frac{U_S}{R_0}$$

或

$$U_S = I_S R_0'$$

且

$$R_0 = R_0'$$

这就是电压源与电流源的等效变换公式。

电压源与电流源的等效变换并不限于内阻，只要是电压为 U_S 的恒压源与某个电阻 R 串联的电路，都可以利用电压源与电流源的等效变换公式将其转换为电流为 I_S 的恒流源与电阻 R 并联的电路，反之亦然，如图 1.26 所示。

电压源和电流源作等效变换时要注意以下几点：

（1）电压源和电流源间的等效关系是仅对外电路而言的，对于电源内部，则是不等效的。例如，外电路开路时，电压源内部不发出功率，内阻 R_0 上不消耗功率；但对于电流源来说，当外电路开路时，内部有电流通过，内阻 R_0' 上有功率损耗。

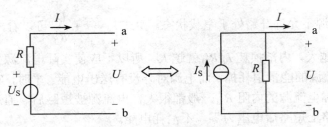

图 1.26　电压源和电流源的等效变换

（2）注意电源的极性。因为对外电路产生的电流方向相同，所以电压源的正极性端与电流源电流流出的一端相对应。

（3）理想电压源和理想电流源之间没有等效关系。理想电压源短路电流 I_{SC} 为无穷大；理想电流源开路电压 U_{OC} 为无穷大，都不能得到有限的数值，故两者不存在等效变换的条件。

例 1.7　有一直流电压源，$U_S = 230\,V$，$R_0 = 1\,\Omega$，负载电阻 $R_L = 22\,\Omega$。

（1）求此电源的两种等效电路并作图。

（2）用电源的两种等效电路分别求电压 U 和电流 I。

（3）比较电源两种等效电路的内部电流、电压和消耗的功率。

解　（1）由题可知，电压源的两个参数为：

$$U_S = 230\,V$$

$$R_0 = 1\,\Omega$$

电压源变换成等效电流源后的两个参数为：

$$I_S = \frac{U_S}{R_0} = \frac{230}{1} = 230 \ （A）$$

$$R_0' = R_0 = 1\,\Omega$$

电源的两种等效电路如图 1.27 所示。

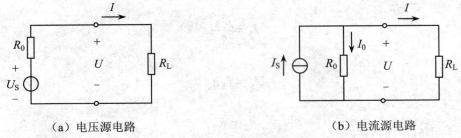

（a）电压源电路　　　　　　　　　　（b）电流源电路

图 1.27　例 1.7 的图

（2）计算电压 U 和电流 I。

在图 1.27（a）所示的电压源中：

$$I = \frac{U_S}{R_0 + R_L} = \frac{230}{1 + 22} = 10 \ （A）$$

$$U = IR_L = 10 \times 22 = 220 \ （V）$$

在图 1.27（b）所示的电流源中：

$$I = \frac{R_0}{R_0 + R_L} I_S = \frac{1}{1+22} \times 230 = 10 \quad (A)$$

$$U = IR_L = 10 \times 22 = 220 \quad (A)$$

此电源的两种等效电路在负载 R_L 上的电压和电流分别相等，即对外电路是等效的。

（3）计算内阻压降和电源内部损耗的功率。

在图 1.27（a）中，通过电压源的电流为 10A，理想电压源 U_S 供给电路的功率为：

$$P = IU_S = 10 \times 230 = 2300 \quad (W)$$

内阻 R_0 的压降为：

$$U_0 = IR_0 = 10 \times 1 = 10 \quad (V)$$

消耗在内阻 R_0 上的功率为：

$$P_0 = I^2 R_0 = 10^2 \times 1 = 100 \quad (W)$$

在图 1.27（b）中，理想电流源 I_S 供给电路的功率为：

$$P = I_S U = 230 \times 220 = 50600 \quad (W)$$

内阻 R_0 的电流为：

$$I_0 = \frac{U}{R_0} = \frac{220}{1} = 220 \quad (A)$$

消耗在内阻 R_0 上的功率为：

$$P_0 = \frac{U^2}{R_0} = \frac{220^2}{1} = 48400 \quad (W)$$

以上结果说明电源的两种等效电路在电源内部的电流、电压、功率都不相等，即对电源内部来说是不等效的。

例 1.8 试用电压源与电流源等效变换的方法计算图 1.28（a）中的电流 I。

解 根据图 1.28 的变换次序，最后化简为图 1.28（e）所示的电路。

在变换过程中，当有多个恒流源并联时，可等效为一个恒流源，如由图 1.28（b）变换到图 1.28（c），等效后的恒流源的电流等于原来的多个恒流源电流的代数和；当有多个恒压源串联时，可等效为一个恒压源，如由图 1.28（d）变换到图 1.28（e），等效后的恒压源的电压等于原来的多个恒压源电压的代数和。

由图 1.28（e）可得：

$$I = \frac{2}{4+6} = 0.2 \quad (A)$$

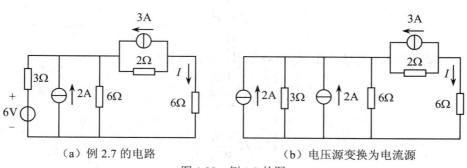

（a）例 2.7 的电路　　　　　　　（b）电压源变换为电流源

图 1.28　例 1.8 的图

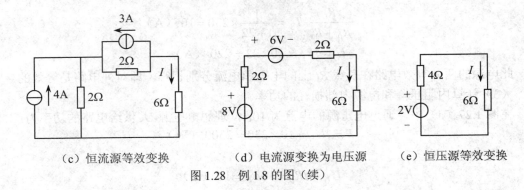

（c）恒流源等效变换　　　　（d）电流源变换为电压源　　　（e）恒压源等效变换

图 1.28　例 1.8 的图（续）

1.7　电路定理

电路分析理论中已将一些分析方法总结为电路定理。本节介绍叠加定理和等效电源定理，它们是电路理论中最重要的两个定理。在只需求解电路中某一支路的电压、电流时，运用叠加定理或等效电源定理有时更加方便。

1.7.1　叠加定理

如果线性电路中有多个电源共同作用，则任何一条支路的电流或电压等于电路中各个电源分别单独作用时在该支路所产生的电流或电压的代数和，这就是叠加定理。叠加定理是反映线性电路基本性质的一个重要定理。

当某电源单独作用于电路时，其余电源应该除去，称为除源。对电压源来说，令电压源电压 U_S 为零值，相当于短路；对电流源来说，令电流源电流 I_S 为零值，相当于开路。

现以如图 1.20 所示的电路为例，来证明叠加定理的正确性。为了清楚，将图 1.20 重新画出，如图 1.29（a）所示。

图 1.29（b）所示的电路只有 U_{S1} 单独作用，可以计算出：

$$I_1' = \frac{U_{S1}}{R_1 + \dfrac{R_2 R_3}{R_2 + R_3}}$$

$$I_2' = I_1' \frac{R_3}{R_2 + R_3}$$

$$I_3' = I_1' \frac{R_2}{R_2 + R_3}$$

图 1.29（c）所示的电路只有 U_{S2} 单独作用，可以计算出：

$$I_2'' = \frac{U_{S2}}{R_2 + \dfrac{R_1 R_3}{R_1 + R_3}}$$

$$I_1'' = I_2'' \frac{R_3}{R_1 + R_3}$$

$$I_3'' = I_2'' \frac{R_1}{R_1 + R_3}$$

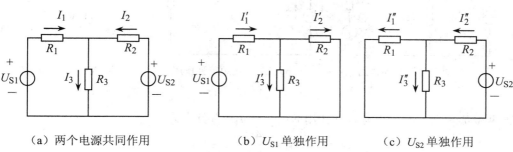

（a）两个电源共同作用　　　（b）U_{S1} 单独作用　　　（c）U_{S2} 单独作用

图 1.29　叠加定理用图

按图 1.29（a）、（b）、（c）所标电流的参考方向，可以写出当 U_{S1} 和 U_{S2} 同时作用时各支路的电流分别为：

$$I_1 = I_1' - I_1''$$
$$I_2 = -I_2' + I_2''$$
$$I_3 = I_3' + I_3''$$

其中 I_1' 与 I_1 参考方向相同，所以取正号，而 I_1'' 与 I_1 参考方向相反，所以取负号，另外两式类似。

由以上各式就可以得到用支路电流法所得到的各支路电流的表达式，这就证明了叠加定理的正确性。

最后着重指出，叠加定理只适用于线性电路，线性电路中的电流和电压可以用叠加定理来求解，但功率的计算不能用叠加定理。例如，图 1.29（a）中电阻 R_3 上的功率计算为：

$$P_3 = I_3^2 R_3 = (I_3' + I_3'')^2 R_3 = I_3'^2 R_3 + 2I_3'I_3''R_3 + I_3''^2 R_3$$

对于图 1.29（b）和（c）可分别写出：

$$P_3' = I_3'^2 R_3$$
$$P_3'' = I_3''^2 R_3$$

显然：

$$P_3 \neq P_3' + P_3''$$

例 1.9　用叠加定理求如图 1.30（a）所示电路的电流 I_1、I_2。

解　2A 电流源单独作用时的电路如图 1.30（b）所示，由图可得：

$$I_1' = -\frac{10}{10+5} \times 2 = -\frac{4}{3} \text{（A）}$$

$$I_2' = \frac{5}{10+5} \times 2 = \frac{2}{3} \text{（A）}$$

5V 电压源单独作用时的电路如图 1.30（c）所示，由图可得

$$I_1'' = I_2'' = \frac{5}{10+5} = \frac{1}{3} \text{（A）}$$

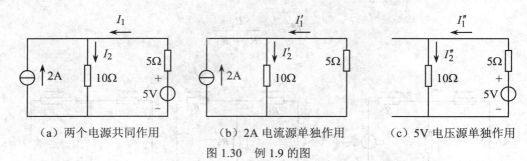

（a）两个电源共同作用　　　（b）2A 电流源单独作用　　　（c）5V 电压源单独作用

图 1.30　例 1.9 的图

根据叠加定理，两个电源共同作用时的电流 I_1、I_2 分别为：

$$I_1 = I_1' + I_1'' = -\frac{4}{3} + \frac{1}{3} = -1 \text{（A）}$$

$$I_2 = I_2' + I_2'' = \frac{2}{3} + \frac{1}{3} = 1 \text{（A）}$$

1.7.2　戴维南定理

当需要计算复杂电路中的某一支路时，可将该支路划出（如图 1.31 所示电路中的 R_L 支路），其余部分就是一个有源二端网络（如图 1.31（a）所示虚线方框内的部分）。有源二端网络对于所要计算的支路而言，仅相当一个电源，因此，可以简化为一个电源。经过等效变换后，待求支路 R_L 中的电流及其两端电压没有变动。

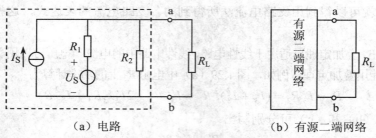

（a）电路　　　　　　　　　（b）有源二端网络

图 1.31　复杂电路的分解

戴维南定理指出，任何一个线性有源二端网络都可以用一个电压源即恒压源与内阻串联的电源等效代替。恒压源与内阻的串联组合称为戴维南等效电路。恒压源的电压等于该有源二端网络的开路电压 U_{OC}，串联的内阻等于该有源二端网络去除所有电源（恒压源短路，恒流源开路）后得到的无源二端网络 a、b 两端之间的等效电阻 R_0，如图 1.32 所示。

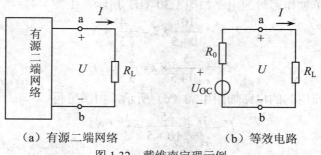

（a）有源二端网络　　　　　　（b）等效电路

图 1.32　戴维南定理示例

例 1.10 用戴维南定理求如图 1.33（a）所示电路中通过 5Ω电阻的电流 I。

解 （1）断开待求支路，得如图 1.33（b）所示的有源二端网络，其开路电压 U_{OC} 为：

$$U_{OC} = 2 \times 3 + \frac{3}{6+3} \times 24 = 14 \text{ （V）}$$

（2）将图 1.33（b）中的恒压源短路，恒流源开路，得如图 1.33（c）所示除源后的无源二端网络，其等效电阻 R_0 为：

$$R_0 = 3 + \frac{6 \times 3}{6+3} = 3 + 2 = 5 \text{ （Ω）}$$

（3）根据 U_{OC} 和 R_0 画出戴维南等效电路，并接上待求支路，得图 1.33（a）的等效电路，如图 1.33（d）所示，可求得电流 I 为：

$$I = \frac{14}{5+5} = 1.4 \text{ （A）}$$

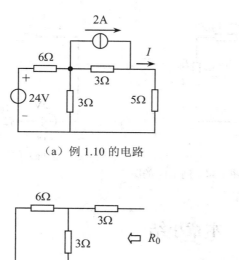

（a）例 1.10 的电路

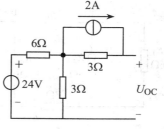

（b）求 U_{OC} 的电路

（c）求 R_0 的电路

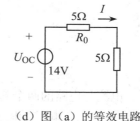

（d）图（a）的等效电路

图 1.33 例 1.10 的图

例 1.11 用戴维南定理求如图 2.34（a）所示电路中通过 R_L 支路的电流 I_L。

解 （1）断开待求支路，得如图 2.34（b）所示的有源二端网络，其开路电压 U_{OC} 为：

$$U_{OC} = \frac{R_2}{R_1 + R_2} U_{S1} + U_{S2} - \frac{R_4}{R_4 + R_5 + R_6} U_{S3} = \frac{3}{6+3} \times 18 + 26 - \frac{10}{10+8+2} \times 20 = 22 \text{ （V）}$$

（2）将图 2.34（b）中的恒压源短路，恒流源开路，得如图 2.34（c）所示除源后的无源二端网络，其等效电阻 R_0 为：

$$R_0 = \frac{R_1 R_2}{R_1 + R_2} + R_3 + \frac{R_4 (R_5 + R_6)}{R_4 + R_5 + R_6} = \frac{6 \times 3}{6+3} + 3 + \frac{10 \times (8+2)}{10+8+2} = 10 \text{ （Ω）}$$

（3）根据 U_{OC} 和 R_0 画出戴维南等效电路，并接上待求支路，得图 2.34（a）的等效电路，如图 2.34（d）所示，可求得电流 I 为：

$$I = \frac{U_{OC}}{R_0 + R_L} = \frac{22}{10+1} = 2 \ （A）$$

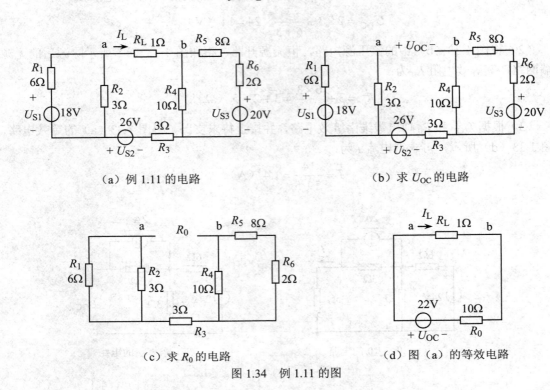

（a）例 1.11 的电路　　　　　　　（b）求 U_{OC} 的电路

（c）求 R_0 的电路　　　　　（d）图（a）的等效电路

图 1.34　例 1.11 的图

本章小结

（1）电压、电流是电路的两个基本物理量。电压、电流的参考方向是假定的方向。在电路分析中引入参考方向后，电压、电流是代数量。电压、电流为正值表示它们的实际方向与参考方向一致；电压、电流为负值表示它们的实际方向与参考方向相反。

（2）电阻、电感、电容和理想电压源、理想电流源基本电路元件。在关联参考方向的情况下，各种电路元件的电压、电流关系分别为：

电阻元件：$u = Ri$

电感元件：$u = L\dfrac{\mathrm{d}i}{\mathrm{d}t}$

电容元件：$i = C\dfrac{\mathrm{d}u}{\mathrm{d}t}$

理想直流电压源：两端的电压不变，流过的电流可以改变。

理想直流电流源：发出的电流不变，两端的电压可以改变。

（3）基尔霍夫定律包括基尔霍夫电流定律和基尔霍夫电压定律，是分析电路问题最基本的定律。

基尔霍夫电流定律描述了电路中任意节点处各支路电流之间的相互关系。基尔霍夫电流定律说明，在任意瞬间，通过任意节点电流的代数和恒等于零，即 $\sum I = 0$。基尔霍夫电流定律可推广应用于假设的闭合面。

基尔霍夫电压定律描述了电路中任意回路上各段电压之间的相互关系。基尔霍夫电压定律说明，在任意瞬间，沿任一回路方向绕行一周，回路中各段电压的代数和恒等于零，即 $\sum U = 0$。基尔霍夫电压定律可推广应用于假想的闭合回路。

（4）支路电流法是直接运用基尔霍夫定律和元件伏安关系列方程求解电路的方法，是分析电路的最基本的方法。用支路电流法求解电路时，先要判定电路的支路数 b 和节点数 n，并在电路图中标出各未知支路电流的参考方向和各回路绕行方向，然后根据 KCL 列 $(n-1)$ 个独立的节点电流方程，根据 KVL 列 $b-(n-1)$ 个独立的回路电压方程，最后联立这些方程，即可求出各支路电流，必要时再求出各元件电压和功率。

（5）对于有多个支路但只有两个节点的电路，可以不需要解联立方程组，运用弥尔曼公式 $U = \dfrac{\sum \dfrac{U_S}{R} + \sum I_S}{\sum \dfrac{1}{R}}$ 可直接求出两个节点间的电压，进而可求出各支路电流。

（6）具有相同伏安关系的不同电路称为等效电路，将某一电路用与其等效的电路替换的过程称为等效变换。将电路进行适当的等效变换，可以使电路的分析计算得到简化。

多个电阻串联时，可等效为一个电阻，等效电阻 $R = \sum R_k$。两个电阻串联时，电压分配公式为：$U_1 = \dfrac{R_1}{R_1 + R_2} U$，$U_2 = \dfrac{R_2}{R_1 + R_2} U$。

多个电阻并联时，也可等效为一个电阻，等效电阻 R 可由公式 $\dfrac{1}{R} = \sum \dfrac{1}{R_k}$ 求得。两个电阻并联时，电流分配公式为：$I_1 = \dfrac{R_2}{R_1 + R_2} I$，$I_2 = \dfrac{R_1}{R_1 + R_2} I$。

一个实际电源可以用恒压源 U_S 与内阻 R_0 串联的模型表示，也可用恒流源 I_S 与内阻 R_0 并联的模型表示，这两种电路模型可以等效变换，等效变换的条件为：$I_S = \dfrac{U_S}{R_0}$ 或 $U_S = I_S R_0'$，且 $R_0 = R_0'$。

（7）叠加定理是反映线性电路基本性质的一个重要定理。根据叠加定理，在多个电源共同作用于线性电路时，任何一条支路的电流或电压等于电路中各个电源分别单独作用时在该支路所产生的电流或电压的代数和。运用叠加定理，可将一个复杂的电路分解为若干较简单的电路，从而简化了电路的分析计算。

（8）戴维南定理是用等效方法分析电路最常用的定理。戴维南定理表明：任何一个线性有源二端网络可以用一个恒压源与内阻串联的等效电源代替。恒压源的电压等于该有源二端网络的开路电压，串联的内阻等于该二端网络去除所有电源后所得无源二端网络两端之间的等效电阻。运用戴维南定理分析计算电路时，关键在于求开路电压和等效内阻。注意在求等效内阻时，二端网络内部含有的所有理想电压源短路，理想电流源开路，电阻不动。

习题一

1.1 在如图 1.35 所示的各电路中：

（1）元件 1 消耗 10W 功率，求电压 U_{ab}。

（2）元件 2 消耗 -10 W 功率，求电压 U_{ab}。

（3）元件 3 产生 10W 功率，求电流 I。

（4）元件 4 产生 -10 W 功率，求电流 I。

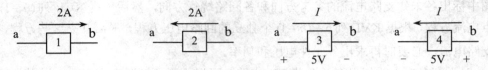

图 1.35 习题 1.1 的图

1.2 求如图 1.36 所示的各电路中各电源的功率，并指出是吸收功率还是放出功率。

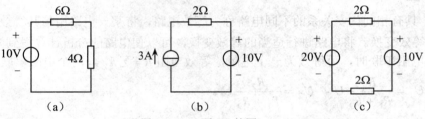

图 1.36 习题 1.2 的图

1.3 在图 1.37 中，5 个元件电流和电压的参考方向如图中所示，今通过实验测量得知 $I_1 = -4$A，$I_2 = 6$A，$I_3 = 10$A，$U_1 = 140$V，$U_2 = -90$V，$U_3 = 60$V。

（1）试标出各电流的实际方向和各电压的实际极性（可另画一图）。

（2）判断哪些元件是电源？哪些元件是负载？

（3）计算各元件的功率，电源发出的功率和负载取用的功率是否平衡？

1.4 在图 1.38 中，已知 $I_1 = 3$mA，$I_2 = 1$mA。试确定元件 N 中的电流 I_3 和它两端的电压 U_3，并说明它是电源还是负载。校验整个电路中的功率是否平衡。

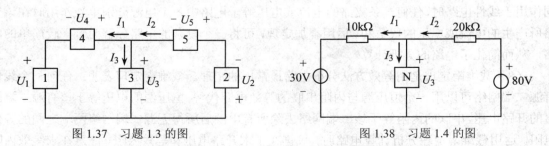

图 1.37 习题 1.3 的图   图 1.38 习题 1.4 的图

1.5 求如图 1.39 所示电路中负载吸收的功率。

1.6 求如图 1.40 所示电路中的电压 U_{ac} 和 U_{bd}。

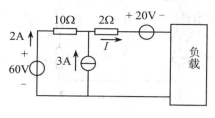

图 1.39　习题 1.5 的图

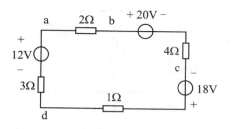

图 1.40　习题 1.6 的图

1.7　在如图 1.41 所示的电路中，已知 $U_{S1} = 12V$，$U_{S2} = 8V$，$R_1 = 0.2\,\Omega$，$R_2 = 1\,\Omega$，$I_1 = 5\,A$，求 U_{ab}、I_2、I_3、R_3。

1.8　计算如图 1.42 所示电路各电源的功率。

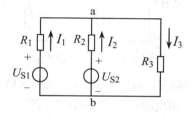

图 1.41　习题 1.7 的图

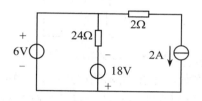

图 1.42　习题 1.8 的图

1.9　指出如图 1.43 所示电路有多少节点和支路，并求电压 U_{ab} 和电流 I。

1.10　在如图 1.44 所示的电路中，已知流过电阻 R 的电流 $I = 0$，求 U_{S2}。

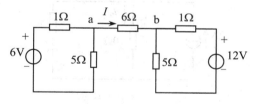

图 1.43　习题 1.9 的图

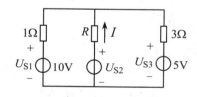

图 1.44　习题 1.10 的图

1.11　试求如图 1.45 所示各电路 a、b 两端的等效电阻。

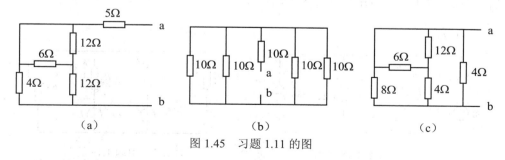

（a）　　　　　　　　　（b）　　　　　　　　　（c）

图 1.45　习题 1.11 的图

1.12　试求如图 1.46 所示电路中的电压 U。

1.13　试求如图 1.47 所示电路中的电流 I 和电压 U_{ab}。

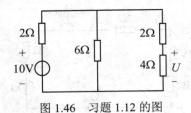

图 1.46　习题 1.12 的图

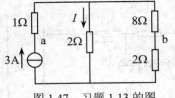

图 1.47　习题 1.13 的图

1.14 试求如图 1.48 所示电路中的电流 I。

1.15 试求如图 1.49 所示电路中的电压 U_{ab}。

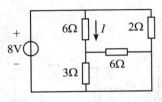

图 1.48　习题 1.14 的图

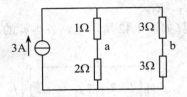

图 1.49　习题 1.15 的图

1.16 在如图 1.50 所示的电路中，已知 $U_{S1}=244\ V$，$U_{S2}=252\ V$，$R_1=8\ \Omega$，$R_2=4\ \Omega$，$R_3=20\ \Omega$，试用支路电流法计算各支路电流，并证明电源产生的功率等于所有电阻消耗的总功率。

1.17 在如图 1.51 所示的电路中，试用支路电流法计算各支路电流。

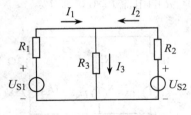

图 1.50　习题 1.16 的图

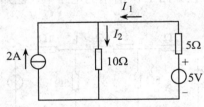

图 1.51　习题 1.17 的图

1.18 在如图 1.52 所示的电路中，试用支路电流法计算各支路电流。

1.19 在如图 1.53 所示的电路中，已知 $U_{S1}=U_{S3}=6\ V$，$U_{S2}=24\ V$，$R_1=R_4=1\ \Omega$，$R_2=R_3=2\ \Omega$，试用节点电压法计算各支路电流。

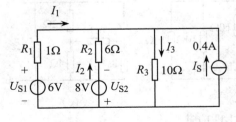

图 1.52　习题 1.18 的图

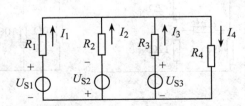

图 1.53　习题 1.19 的图

1.20 将如图 1.54 所示的两个电路分别化为一个恒压源与一个电阻串联的电路。

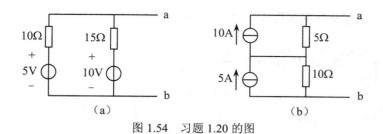

图 1.54　习题 1.20 的图

1.21　试用电压源与电流源等效变换的方法求如图 1.55 所示各电路中的电流 I。

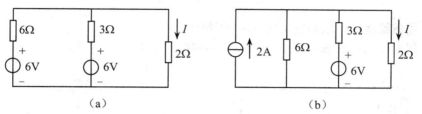

图 1.55　习题 1.21 的电路

1.22　试用叠加定理计算如图 1.56 所示电路中流过 4Ω 电阻的电流 I。

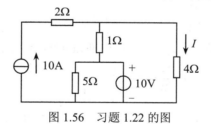

图 1.56　习题 1.22 的图

1.23　试用叠加定理计算如图 1.57 所示电路中流过 3Ω 电阻的电流 I。

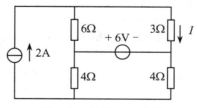

图 1.57　习题 1.23 的图

1.24　用戴维南定理化简如图 1.58 所示的各电路。

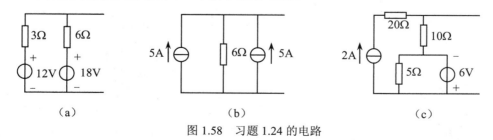

图 1.58　习题 1.24 的电路

1.25 用戴维南定理化简如图 1.59 所示的各电路。

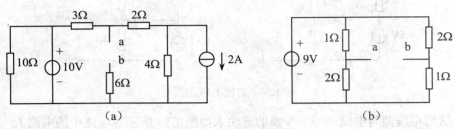

（a）   （b）

图 1.59 习题 1.25 的图

1.26 用戴维南定理求如图 1.60 所示电路中的电流 I。

1.27 用戴维南定理求如图 1.61 所示电路中的电流 I。

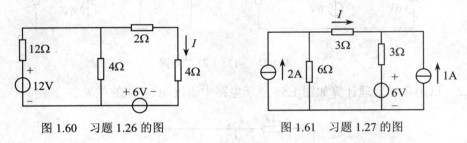

图 1.60 习题 1.26 的图   图 1.61 习题 1.27 的图

1.28 用戴维南定理求如图 1.62 所示电路中通过 12Ω 电阻的电流 I。

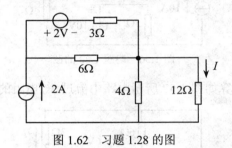

图 1.62 习题 1.28 的图

第2章 正弦交流电路

- 理解正弦交流电的幅值与有效值、频率与周期、初相与相位差等特征量。
- 掌握正弦交流电的相量表示法。
- 掌握电路 KCL、KVL 和元件伏安关系的相量形式，理解阻抗的概念。
- 掌握用相量图和相量关系式分析和计算简单正弦交流电路的方法。
- 掌握正弦交流电路的有功功率和功率因数的含义与计算。
- 了解串联谐振和并联谐振的条件与特征。
- 掌握对称三相交流电路电压、电流和功率的计算方法。

在直流电路中，电压、电流和电动势等的大小和方向都是不随时间变化的恒定值，称为直流电。大小和方向都随时间变化的电压和电流称为交流电。若电压或电流随时间按正弦规律变化，则称为正弦交流电。在线性电路中，若电源（激励）为时间的正弦函数，则稳定状态下由电源产生的电压和电流（响应）也必为时间的正弦函数，这样的电路称为正弦交流稳态电路，简称正弦交流电路。

正弦交流电路和直流电路具有根本的区别，但直流电路的分析方法原则上也适用于正弦交流电路。由于正弦交流电路中电压和电流的大小与方向随时间按正弦规律变化，因此分析和计算比直流电路要复杂得多。

本章介绍正弦交流电路的分析方法，包括正弦交流电的基本概念、正弦量的相量表示方法、基尔霍夫定律及元件伏安关系的相量形式、阻抗串并联电路的分析、正弦交流电路的功率及提高功率因数的意义和方法、电路的谐振现象、对称三相正弦交流电路的分析计算。

2.1 正弦量的基本概念

大小和方向随时间按正弦规律变化的电压和电流称为正弦电压和正弦交流电流。按正弦规律变化的电压、电流等统称为正弦量。

图 2.1（a）是流过正弦交流电流的一条支路，正弦交流电流的波形称为正弦波，如图 2.1（b）所示。在图示参考方向下，正弦交流电流 i 的瞬时表达式为：

$$i = I_m \sin(\omega t + \theta_i)$$

式中 I_m 是正弦交流电流的最大值，称为振幅，ω 称为角频率，θ_i 称为初相角，简称初相。正弦量在任一瞬时的值完全取决于振幅、角频率和初相，通常把这 3 个量称为正弦量的三要素。

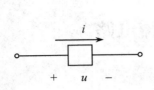
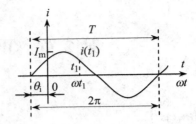

（a）正弦交流电流电路　　　　（b）正弦交流电流波形

图 2.1　正弦交流电流及其波形

2.1.1　周期与频率

正弦量完整变化一周所需的时间 T 称为周期，如图 2.1（b）所示。周期的大小反映了正弦量变化的快慢，其单位为秒（s）。

正弦量在单位时间内变化的周数称为频率，记为 f，单位为赫兹（Hz）。频率也是反映正弦量变化快慢的一个物理量。

周期与频率互为倒数，即：

$$f = \frac{1}{T}$$

我国电力系统所用的频率标准为 50Hz，称为工频。通常的交流电动机和照明负荷都采用这种频率。在其他技术领域内使用各种不同的频率，例如，电子技术中常用的音频信号发生器的频率为 20Hz～20kHz；无线电工程上用的频率则高达 $10^4 \sim 30 \times 10^{10}$Hz。

正弦量变化的快慢除用周期和频率表示外，还可以用角频率 ω 表示。角频率 ω 在数值上等于每秒内所经历的电角度（弧度数），单位为弧度/秒（rad/s）。因为交流电变化一个周期的角度相当于 2π 弧度，如图 2.1（b）所示，即：

$$[\omega(t+T) + \theta_i] - (\omega t + \theta_i) = 2\pi$$

所以 ω 与 T 和 f 的关系为：

$$\omega = \frac{2\pi}{T} = 2\pi f$$

因为角频率与频率或周期之间是 2π 的倍数关系，所以也把振幅、频率（或周期）和初相称为正弦量的三要素。

2.1.2　相位、初相和相位差

正弦量表达式中的角度称为相位角，简称相位，表示正弦量变化的进程。正弦电流 $i = I_m \sin(\omega t + \theta_i)$ 的相位为 $\omega t + \theta_i$，而正弦电压 $u = U_m \sin(\omega t + \theta_u)$ 的相位为 $\omega t + \theta_u$。相位的单位一般用弧度（rad），有时为了方便，也可以用度为单位。

$t = 0$ 时刻的相位称为初相位，简称初相。正弦电流 $i = I_m \sin(\omega t + \theta_i)$ 的初相为 θ_i，而正弦电压 $u = U_m \sin(\omega t + \theta_u)$ 的初相为 θ_u。

一个正弦量的振幅确定后，其初始值由初相决定。如正弦电流 $i = I_m \sin(\omega t + \theta_i)$ 的初始值为：

$$i(0) = I_\mathrm{m} \sin(\omega \times 0 + \theta_\mathrm{i}) = I_\mathrm{m} \sin \theta_\mathrm{i}$$

可见，所取的计时起点不同，正弦量的初相不同，其初始值也不同。

两个同频率正弦量的相位之差称为相位差，用 φ 表示。设同频率的正弦电压 u 和正弦电流 i 分别为：

$$u = U_\mathrm{m} \sin(\omega t + \theta_\mathrm{u})$$
$$i = I_\mathrm{m} \sin(\omega t + \theta_\mathrm{i})$$

则它们的相位差 φ 为：

$$\varphi = (\omega t + \theta_\mathrm{u}) - (\omega t + \theta_\mathrm{i}) = \theta_\mathrm{u} - \theta_\mathrm{i}$$

即两个同频率正弦量的相位差等于它们的初相之差。可见，虽然一个正弦量的初相与计时起点的选择有关，但两个同频率正弦量的相位差却并不因计时起点的改变而改变。

相位差描述了两个同频率正弦量随时间变化步调上的先后。以正弦电压 u 和正弦电流 i 的相位差 $\varphi = \theta_\mathrm{u} - \theta_\mathrm{i}$ 为例，有以下几种情况：

（1）如果 $\varphi = 0$，则称 u 与 i 同相，如图 2.2（a）所示，这时 u 与 i 同时达到正最大值，同时达到零值，步调完全一致。

（2）如果 $\varphi > 0$，则称 u 超前 i，或称 i 滞后 u，如图 2.2（b）所示。

（3）如果 $\varphi = \pm\pi$，则称 u 与 i 反相，如图 2.2（c）所示。

（4）如果 $\varphi = \pm\dfrac{\pi}{2}$，则称 u 与 i 正交，如图 2.2（d）所示。

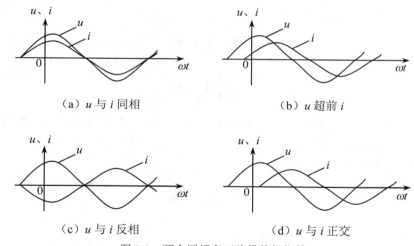

（a）u 与 i 同相 　　　　　　　　　　　（b）u 超前 i

（c）u 与 i 反相 　　　　　　　　　　　（d）u 与 i 正交

图 2.2　两个同频率正弦量的相位差

讨论相位差问题时应当注意，只有同频率正弦量才能对相位进行比较。这是因为只有同频率正弦量在任意时刻的相位差是恒定的，能够确定超前、滞后的关系，而不同频率正弦量的相位差是随时间变化的，无法确定超前、滞后的关系，因此不能进行相位的比较。

例 2.1　设有两个同频率的正弦交流电流分别为：

$$i_1 = 6\cos(\omega t + 80°) \quad (\mathrm{A})$$
$$i_2 = 8\sin(\omega t + 30°) \quad (\mathrm{A})$$

问哪一个电流滞后，滞后的角度是多少？

解　在比较正弦量的相位关系时，首先应使各个正弦量的函数形式一致。此例中，两个电流的函数形式不同，i_1 为余弦函数，i_2 为正弦函数。把 i_1 改写成用正弦函数表示，即：

$$i_1 = 6\cos(\omega t + 80°) = 6\sin(90° + \omega t + 80°) = 6\sin(\omega t + 170°)\ (\text{A})$$

所以相位差为：

$$\varphi = \theta_1 - \theta_2 = 170° - 30° = 140°$$

电流 i_2 滞后，滞后的角度是 $140°$。

2.1.3　有效值

正弦量的瞬时值是随时间而变的，不论是测量还是计算都不方便。对于像正弦量这类随时间按周期变化的量，测量及计算时一般都采用有效值。

周期电流的有效值定义为：让周期电流 i 和直流电流 I 分别通过两个阻值相等的电阻 R，如果在相同的时间 T 内（T 可取为周期电流的周期），两个电阻消耗的能量相等，则称该直流电流 I 的值为周期电流 i 的有效值。

当周期电流 i 流过电阻 R 时，在一个周期 T 的时间内电阻 R 上消耗的能量为：

$$W_i = \int_0^T p\,\mathrm{d}t = \int_0^T i^2 R\,\mathrm{d}t$$

当直流电流 I 流过电阻 R 时，在相同的时间 T 内电阻 R 上消耗的能量为：

$$W_I = I^2 R T$$

根据周期电流有效值的定义，有：

$$I^2 R T = \int_0^T i^2 R\,\mathrm{d}t$$

$$I = \sqrt{\frac{1}{T}\int_0^T i^2\,\mathrm{d}t}$$

可见周期电流的有效值是瞬时值的平方在一个周期内的平均值再开方，故周期电流的有效值又称为方均根值或均方根值。

同理，周期电压的有效值为：

$$U = \sqrt{\frac{1}{T}\int_0^T u^2\,\mathrm{d}t}$$

如果周期电流、周期电压为正弦量，即：

$$i = I_m \sin(\omega t + \theta_i)$$
$$u = U_m \sin(\omega t + \theta_u)$$

则正弦交流电流的有效值为：

$$I = \sqrt{\frac{1}{T}\int_0^T I_m^2 \sin^2(\omega t + \theta_i)\,\mathrm{d}t} = \frac{I_m}{\sqrt{2}} = 0.707 I_m$$

同理，正弦电压的有效值为：

$$U = \frac{U_m}{\sqrt{2}} = 0.707 U_m$$

例 2.2 已知正弦电压 u 在 $t = 0$ 时的值为 8.66V，初相 $\theta_\mathrm{u} = 60°$，经过 $t = \dfrac{1}{600}$ s，u 达到第一个正的最大值，求 u 的有效值、角频率、频率和周期。

解 根据题意，可以写出该电压的正弦表达式为：

$$u = \sqrt{2}U \sin(\omega t + \theta_\mathrm{u}) = \sqrt{2}U \sin(\omega t + 60°) \quad （V）$$

当 $t = 0$ 时：

$$u(0) = \sqrt{2}U \sin 60° = 8.66 \quad （V）$$

故得 u 的有效值为：

$$U = \frac{8.66}{\sqrt{2}\sin 60°} = 5\sqrt{2} \quad （V）$$

所以：

$$u = 5\sqrt{2} \times \sqrt{2}\sin(\omega t + 60°) = 10\sin(\omega t + 60°) \quad （V）$$

因为当 $t = \dfrac{1}{600}$ s 时 $u = U_\mathrm{m} = 10\mathrm{V}$，所以：

$$\frac{1}{600}\omega + \frac{\pi}{3} = \frac{\pi}{2}$$

角频率为：

$$\omega = \left(\frac{\pi}{2} - \frac{\pi}{3}\right) \times 600 = 100\pi \quad （rad/s）$$

频率为：

$$f = \frac{\omega}{2\pi} = 50 \quad （Hz）$$

周期为：

$$T = \frac{1}{f} = 0.02 \quad （s）$$

2.2 正弦量的相量表示法

在分析正弦交流电路时，必然涉及正弦量的代数运算，甚至还有微分运算、积分运算。如果用三角函数来表示正弦量进行运算，将使运算显得十分复杂。采用复数来代表正弦量可以使正弦稳态电路的分析和计算得到简化。

2.2.1 复数及其运算

1．复数的表示

复数可以用复平面上的有向线段表示。设 A 为一复数，a_1 和 a_2 分别为其实部和虚部，则复数 A 可用如图 2.3 所示的有向线段表示。该有向线段的长度 a 称为复数 A 的模，该有向线段与实轴正方向的夹角 θ 称为复数 A 的辐角。

由图 2.3 可得复数 A 的直角坐标形式（代数型）为：

$$A = a_1 + \mathrm{j}a_2$$

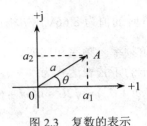

图 2.3　复数的表示

其中 $j = \sqrt{-1}$ 为虚部单位。由图 2.3 可得：

$$\left.\begin{array}{l} a_1 = a\cos\theta \\ a_2 = a\sin\theta \end{array}\right\}$$

因此复数 A 又可表示为三角函数型，即：

$$A = a\cos\theta + ja\sin\theta$$

其中：

$$\left.\begin{array}{l} a = \sqrt{a_1^2 + a_2^2} \\ \theta = \arctan\dfrac{a_2}{a_1} \end{array}\right\}$$

根据欧拉公式：

$$e^{j\theta} = \cos\theta + j\sin\theta$$

复数 A 也可表示为指数型：

$$A = ae^{j\theta}$$

因为：

$$e^{\pm j90°} = \cos 90° \pm j\sin 90° = 0 \pm j = \pm j$$

可见，任意一个复数乘上 +j 后逆时针旋转 90°，乘上 −j 后顺时针旋转 90°。

在工程上，常把指数型简写为极坐标型：

$$A = a\angle\theta$$

利用复数对正弦稳态电路进行分析和计算时，常常需要在代数型和指数型之间进行转换。转换时需要注意，复数的模只取正值，辐角的取值根据复数在复平面上的象限而定。

2. 复数的四则运算

（1）相等。若两复数的实部和虚部分别相等，则两复数相等。

例如，有两复数分别为 $A = a_1 + ja_2$、$B = b_1 + jb_2$，若 $a_1 = b_1$、$a_2 = b_2$，则 $A = B$。

当复数表示为指数型时，若两复数的模和辐角分别相等，则两复数相等。

（2）加减运算。几个复数相加或相减，就是把它们的实部和虚部分别相加或相减。因此，必须将复数事先化成代数型才能进行加减运算。

例如，若 $A = a_1 + ja_2$、$B = b_1 + jb_2$，则：

$$A \pm B = (a_1 + ja_2) \pm (b_1 + jb_2) = (a_1 \pm b_1) + j(a_2 \pm b_2)$$

复数的加减运算也可以采用平行四边形法则在复平面上进行。例如，计算复数 A 和复数 B 的和 $A + B$，以 A 和 B 为邻边作平行四边形，如图 2.4（a）所示，该平行四边形的对角线 0C 在实轴上的投影为 $a_1 + b_1$，在虚轴上的投影为 $a_2 + b_2$，所以该有向线段 0C 所代表的复数 C

就是复数 A 和复数 B 的和 $A+B$，即：

$$C = A + B = (a_1 + b_1) + j(a_2 + b_2)$$

两复数相减，如 $A-B$，可看成是 $A+(-B)$，作为加法处理，如图 2.4（b）所示。注意，复数 B 与 $-B$ 的关系是它们的模相等，但方向相反。

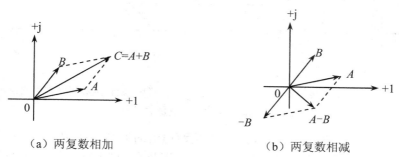

（a）两复数相加   （b）两复数相减

图 2.4　复数的加减运算

（3）乘法运算。设 $A = a_1 + ja_2$、$B = b_1 + jb_2$，则：

$$A \cdot B = (a_1 + ja_2)(b_1 + jb_2)$$
$$= a_1 b_1 + ja_1 b_2 + ja_2 b_1 + j^2 a_2 b_2$$

因为 $j^2 = -1$，所以：

$$A \cdot B = (a_1 b_1 - a_2 b_2) + j(a_1 b_2 + a_2 b_1)$$

若 $A = a\angle\theta_1$、$B = b\angle\theta_2$，则：

$$A \cdot B = a e^{j\theta_1} \cdot b e^{j\theta_2} = ab e^{j(\theta_1 + \theta_2)} = ab\angle(\theta_1 + \theta_2)$$

可见，两复数相乘，等于其模相乘，其辐角相加。

（4）除法运算。设 $A = a_1 + ja_2$、$B = b_1 + jb_2$，则：

$$\frac{A}{B} = \frac{a_1 + ja_2}{b_1 + jb_2} = \frac{(a_1 + ja_2)(b_1 - jb_2)}{(b_1 + jb_2)(b_1 - jb_2)} = \frac{a_1 b_1 + a_2 b_2}{b_1^2 + b_2^2} + j\frac{a_2 b_1 - a_1 b_2}{b_1^2 + b_2^2}$$

若 $A = a\angle\theta_1$、$B = b\angle\theta_2$，则：

$$\frac{A}{B} = \frac{a e^{j\theta_1}}{b e^{j\theta_2}} = \frac{a}{b} e^{j(\theta_1 - \theta_2)} = \frac{a}{b}\angle(\theta_1 - \theta_2)$$

可见，两复数相除，等于其模相除，其辐角相减。

一般来说，复数的乘、除运算采用指数型比较方便。

2.2.2　正弦量的相量表示法

如果将复数 $I_m e^{j\theta_i}$ 乘上因子 $e^{j\omega t}$，则得到一个与时间有关的复数 $I_m e^{j(\theta_i + \omega t)}$。该复数的模不变，但辐角 $\theta_i + \omega t$ 却随时间均匀增加，即在复平面上该复数以恒定角速度 ω 逆时针旋转，如图 2.5（a）所示。显然，复数 $I_m e^{j(\theta_i + \omega t)}$ 在虚轴上的投影就等于 $I_m \sin(\omega t + \theta_i)$，正好是用正弦函数表示的正弦电流 i，如图 2.5（b）所示。可见复数 $I_m e^{j\theta_i}$ 与正弦交流电流 $i = I_m \sin(\omega t + \theta_i)$ 是相互对应的关系，可以用复数 $I_m e^{j\theta_i}$ 来表示正弦交流电流 i，记为：

$$\dot{I}_m = I_m e^{j\theta_i} = I_m\angle\theta_i$$

为了与一般复数区别，将这种代表正弦量的复数称为相量，并在大写字母上加一点来表示相量。相量在复平面上的图示称为相量图。

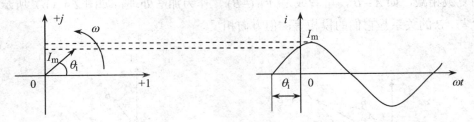

（a）以角速度 ω 旋转的复数   （b）旋转复数在虚轴上的投影

图 2.5　旋转复数与正弦量的对应关系

正弦交流电流 i 的相量的模 I_m 正好是正弦交流电流的振幅，辐角 θ_i 是正弦交流电流的初相。因为在线性电路中，如果全部电源都是频率相同的正弦量，则电路中各处的电流和电压也全部是同一频率的正弦量。这样，在正弦交流电流、电压的三要素中，只需确定振幅和初相这两个要素，而相量也正好包括这两个要素。

同样，正弦电压 $u = U_m \sin(\omega t + \theta_u)$ 可用相量表示为：

$$\dot{U}_m = U_m e^{j\theta_u} = U_m \angle \theta_u$$

所以，只要知道了正弦量的瞬时表达式，就可以写出代表它的相量；反之，若已知相量，可以写出它所代表的正弦量的瞬时表达式。值得注意的是，相量只是代表正弦量，并不等于正弦量。

相量也可用有效值来定义，即：

$$\dot{I} = I e^{j\theta_i} = I \angle \theta_i$$

$$\dot{U} = U e^{j\theta_u} = U \angle \theta_u$$

式中，$\dot{I}$ 和 $\dot{U}$ 分别称为电流和电压的有效值相量，它们的模分别为电流和电压的有效值。相应地，$\dot{I}_m$ 和 $\dot{U}_m$ 分别称为电流和电压的振幅相量。显然，有效值相量和振幅相量的关系为：

$$\dot{I}_m = \sqrt{2} \dot{I}$$

$$\dot{U}_m = \sqrt{2} \dot{U}$$

今后如无特别说明，凡相量均是指有效值相量。

2.3　KCL、KVL 及元件伏安关系的相量形式

用相量表示正弦量实质上是一种数学变换，变换的目的是为了简化运算。

在正弦交流电路中，电阻、电感、电容的电压、电流都是同频率的正弦量，为了用相量来分析计算正弦交流电路，必须要知道 KCL、KVL 及上述 3 种元件伏安关系的相量形式。

2.3.1　相量运算规则

为了求出 KCL、KVL 及上述 3 种元件伏安关系的相量形式，下面不加证明地给出同频率

正弦量对应的相量运算规则。

规则 1 若 i 为正弦量，代表它的相量为 $\dot{I}$，则 ki 也是同频率的正弦量（k 为实常数），代表它的相量为 $k\dot{I}$。

规则 2 若 i_1 为正弦量，代表它的相量为 $\dot{I}_1$，i_2 为另一同频率的正弦量，代表它的相量为 $\dot{I}_2$，则 $i_1 + i_2$ 也是同频率的正弦量，其相量为 $\dot{I}_1 + \dot{I}_2$。

规则 3 若 i_1 为正弦量，代表它的相量为 $\dot{I}_1$，i_2 为另一同频率的正弦量，代表它的相量为 $\dot{I}_2$，则 $i_1 = i_2$ 的充分必要条件是代表它们的相量相等，即 $\dot{I}_1 = \dot{I}_2$。

规则 4 若 i 是角频率为 ω 的正弦量，代表它的相量为 $\dot{I}$，则 $\dfrac{\mathrm{d}i}{\mathrm{d}t}$ 也是同频率的正弦量，其相量为 $j\omega\dot{I}$。

2.3.2 KCL、KVL 的相量形式

在正弦交流电路中，对于任意时刻的任意节点，KCL 的表达式为：

$$\sum i = 0$$

根据相量运算的规则 2 和规则 3，有：

$$\sum \dot{I} = 0$$

上式称为 KCL 的相量形式，它可以表述为：在正弦交流电路中，对于任意时刻的任意节点，流入或流出该节点的各支路电流相量的代数和恒等于零。

同理可知 KVL 的相量形式为：

$$\sum \dot{U} = 0$$

上式称为 KVL 的相量形式，它可以表述为：在正弦交流电路中，对于任意时刻的任意回路，各段电压相量的代数和恒等于零。

例 2.3 如图 2.6（a）所示，已知 i_1 和 i_2 分别为：

$$i_1 = 6\sqrt{2}\sin(\omega t + 30°) \quad (\text{A})$$
$$i_2 = 8\sqrt{2}\sin(\omega t - 60°) \quad (\text{A})$$

求电流 i，并画出相量图。

解 根据 KCL，$i = i_1 + i_2$，用相量来表示 i_1、i_2：

$$\dot{I}_1 = 6\angle 30° = 5.196 + j3 \quad (\text{A})$$
$$\dot{I}_2 = 8\angle -60° = 4 - j6.928 \quad (\text{A})$$

根据 KCL 的相量形式，有：

$$\dot{I} = \dot{I}_1 + \dot{I}_2 = (5.196 + j3) + (4 - j6.928) = 9.196 - j3.928 = 10\angle -23.1° \quad (\text{A})$$

所以：

$$i = 10\sqrt{2}\sin(\omega t - 23.1°) \quad (\text{A})$$

相量图如图 2.6（b）所示。

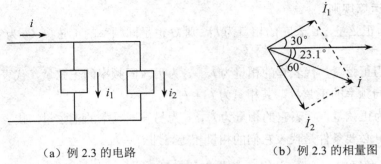

（a）例 2.3 的电路　　　　　　　（b）例 2.3 的相量图

图 2.6　例 2.3 的图

可见，利用相量来分析和计算正弦交流电路，过程简洁、运算方便。

2.3.3　元件伏安关系的相量形式

在以下推导过程中，设元件两端的电压和流过元件的电流均采用关联参考方向，并设电压、电流的正弦表达式分别为：

$$u = \sqrt{2}U \sin(\omega t + \theta_u)$$
$$i = \sqrt{2}I \sin(\omega t + \theta_i)$$

代表它们的相量分别为：

$$\dot{U} = U\angle\theta_u$$
$$\dot{I} = I\angle\theta_i$$

1．电阻元件

如图 2.7（a）所示，根据欧姆定律，任意时刻电阻 R 的电压和电流之间的关系为：

$$u = Ri$$

根据相量运算的规则 1 和规则 3，有：

$$\dot{U} = R\dot{I}$$

上式称为电阻元件欧姆定律的相量形式。将 $\dot{U} = U\angle\theta_u$、$\dot{I} = I\angle\theta_i$ 代入上式，得：

$$U\angle\theta_u = RI\angle\theta_i$$

根据复数相等的定义，可得如下两个关系式：

（1）电压与电流之间的有效值关系：

$$U = RI$$

（2）电压与电流之间的相位关系：

$$\theta_u = \theta_i$$

说明电阻元件的电压与电流同相。

可见电阻元件欧姆定律的相量形式不仅表明了电阻上电压与电流之间的有效值关系，还表明了电压与电流的相位关系。

根据电阻元件欧姆定律的相量形式可以出电阻元件的模型，如图 2.7（b）所示。由于电流、电压均用相量表示，故称为相量模型。

电阻元件的相量图如图 2.7（c）所示。

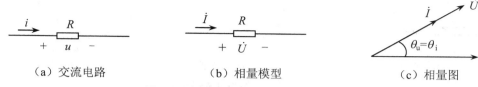

(a) 交流电路 　　　　　(b) 相量模型 　　　　　(c) 相量图

图 2.7　电阻元件的相量模型和相量图

2．电感元件

如图 2.8（a）所示，在任意时刻电感 L 上电压与电流之间的关系为：

$$u = L\frac{\mathrm{d}i}{\mathrm{d}t}$$

根据相量运算的规则 1、规则 3 和规则 4，有：

$$\dot{U} = \mathrm{j}\omega L\dot{I}$$

上式就是电感元件伏安关系的相量形式。将 $\dot{U} = U\angle\theta_\mathrm{u}$、$\dot{I} = I\angle\theta_\mathrm{i}$ 代入上式，得：

$$U\angle\theta_\mathrm{u} = \mathrm{j}\omega LI\angle\theta_\mathrm{i} = \omega LI\angle(\theta_\mathrm{i} + 90°)$$

根据复数相等的定义，可得如下两个关系式：

（1）电压与电流之间的有效值关系：

$$U = \omega LI$$

可见，当电压一定时，ωL 越大，电感中的电流越小，ωL 具有阻止电流通过的性质，称为感抗，用 X_L 表示，即：

$$X_\mathrm{L} = \omega L = 2\pi fL$$

当 ω 的单位为 rad/s，L 的单位为 H 时，感抗 X_L 的单位为 Ω。

引入感抗后，电感元件电压与电流之间的有效值关系可写为：

$$U = X_\mathrm{L}I$$

上式在形式上与直流电路中的欧姆定律相同，但必须注意，感抗 X_L 与电阻 R 虽然具有相同的量纲，但性质却有很大区别。感抗 X_L 与电感 L 及频率 f 成正比，因此频率越高，电感对电流的阻碍作用越大。而对直流来讲，由于频率 $f = 0$，感抗 $X_\mathrm{L} = 0$，电感相当于短路。因此，电感元件有阻交流、通直流的作用。

（2）电压与电流之间的相位关系：

$$\theta_\mathrm{u} = \theta_\mathrm{i} + 90°$$

说明电感上电压的相位超前电流 90°。

可见电感元件伏安关系的相量形式不仅表明了电感上电压与电流之间的有效值关系，而且表明了电压与电流的相位关系。

引入感抗后，电感元件伏安关系的相量形式可进一步写为：

$$\dot{U} = \mathrm{j}X_\mathrm{L}\dot{I}$$

上式称为电感元件欧姆定律的相量形式。

将电流、电压均用相量表示，电感用 $\mathrm{j}X_\mathrm{L}$ 表示，则得电感元件的相量模型，如图 2.8（b）所示。电感元件的相量图如图 2.8（c）所示。

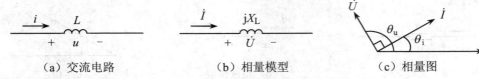

（a）交流电路　　　　　（b）相量模型　　　　　（c）相量图

图 2.8　电感元件的相量模型和相量图

3．电容元件

如图 2.9（a）所示，在任意时刻电容 C 上电压与电流之间的关系为：

$$i = C\frac{\mathrm{d}u}{\mathrm{d}t}$$

根据相量运算的规则 1、规则 3 和规则 4，有：

$$\dot{I} = \mathrm{j}\omega C\dot{U}$$

上式就是电容元件伏安关系的相量形式。将 $\dot{U} = U\angle\theta_\mathrm{u}$、$\dot{I} = I\angle\theta_\mathrm{i}$ 代入上式，得：

$$I\angle\theta_\mathrm{i} = \mathrm{j}\omega CU\angle\theta_\mathrm{u} = \omega CU\angle(\theta_\mathrm{u} + 90°)$$

根据复数相等的定义，可得如下两个关系式：

（1）电压与电流之间的有效值关系：

$$U = \frac{1}{\omega C}I$$

可见，当电压一定时，$\dfrac{1}{\omega C}$ 越大，电容中的电流越小，$\dfrac{1}{\omega C}$ 具有阻止电流通过的性质，故称为容抗，用 X_C 表示，即：

$$X_\mathrm{C} = \frac{1}{\omega C} = \frac{1}{2\pi fC}$$

当 ω 的单位为 rad/s，C 的单位为 F 时，容抗 X_C 的单位为 Ω。

引入容抗后，电容元件电压与电流之间的有效值关系可写为：

$$U = X_\mathrm{C}I$$

上式在形式上与直流电路中的欧姆定律也相同，但必须注意，容抗 X_C 与电阻 R 的性质也有很大的区别。容抗 X_C 与电容 C 及频率 f 成反比，因此频率越低，电容对电流的阻碍作用越大。而对直流来讲，由于频率 $f = 0$，容抗 $X_\mathrm{C} = \infty$，电容相当于开路。因此，电容元件有通交流、隔直流的作用，与电感元件的特性正好相反。

（2）电压与电流之间的相位关系：

$$\theta_\mathrm{i} = \theta_\mathrm{u} + 90°$$

说明电容上电流的相位超前电压 90°。

可见电容元件伏安关系的相量形式不仅表明了电容上电压与电流之间的有效值关系，而且表明了电压与电流的相位关系。

引入容抗后，电容元件伏安关系的相量形式可进一步写为：

$$\dot{U} = -\mathrm{j}X_\mathrm{C}\dot{I}$$

上式称为电容元件欧姆定律的相量形式。

将电流、电压均用相量表示，电容用 $-\mathrm{j}X_\mathrm{C}$ 表示，则得电容元件的相量模型，如图 2.9（b）所示。电容元件的相量图如图 2.9（c）所示。

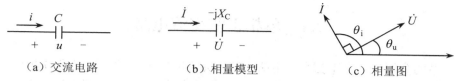

（a）交流电路　　　　（b）相量模型　　　　（c）相量图

图 2.9　电容元件的相量模型和相量图

电阻、电感、电容这 3 种元件伏安关系的相量形式以及 KCL、KVL 的相量形式是分析一般交流电路的基础。

例 2.4　在如图 2.10（a）所示的 RC 串联电路中，已知电阻 $R = 100\ \Omega$，电容 $C = 100\mu F$，电源电压 $u_s = 100\sqrt{2}\sin 100t$ V，求 i、u_R 和 u_C，并画出相量图。

解　（1）写出已知正弦量的相量，为：

$$\dot{U}_s = 100\angle 0°\ （V）$$

（2）根据相量关系式进行计算。电路的相量模型如图 2.10（b）所示。图中容抗为：

$$X_C = \frac{1}{\omega C} = \frac{1}{100 \times 100 \times 10^{-6}} = 100\ （\Omega）$$

根据 KVL 的相量形式，有：

$$\dot{U}_s = \dot{U}_R + \dot{U}_C$$

根据元件伏安关系的相量形式，有：

$$\dot{U}_R = R\dot{I}$$
$$\dot{U}_C = -jX_C\dot{I}$$

所以：

$$\dot{U}_s = \dot{U}_R + \dot{U}_C = R\dot{I} - jX_C\dot{I} = (R - jX_C)\dot{I}$$

$$\dot{I} = \frac{\dot{U}_s}{R - jX_C} = \frac{100\angle 0°}{100 - j100} = \frac{100\angle 0°}{100\sqrt{2}\angle -45°} = 0.5\sqrt{2}\angle 45°\ （A）$$

$$\dot{U}_R = R\dot{I} = 100 \times 0.5\sqrt{2}\angle 45° = 50\sqrt{2}\angle 45°\ （V）$$

$$\dot{U}_C = -jX_C\dot{I} = -j100 \times 0.5\sqrt{2}\angle 45° = 50\sqrt{2}\angle -45°\ （V）$$

（3）根据求出的相量写出对应的正弦表达式，为：

$$i = \sin(100t + 45°)\ （A）$$
$$u_R = 100\sin(100t + 45°)\ （V）$$
$$u_C = 100\sin(100t - 45°)\ （V）$$

相量图如图 2.10（c）所示。

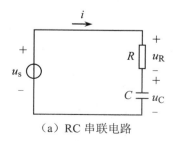
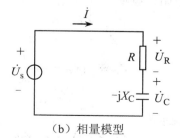
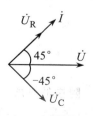

（a）RC 串联电路　　　　（b）相量模型　　　　（c）相量图

图 2.10　例 2.4 的图

2.4　单相正弦交流电路

从上一节的分析可知，正弦交流电路中基本元件欧姆定律的相量形式与直流电路中的欧姆定律具有相似的形式，不同之处在于正弦交流电路中的电压、电流用相量表示，元件参数分别用 R、jX_L、$-jX_C$ 表示。运用基尔霍夫定律的相量形式和元件欧姆定律的相量形式来求解正弦交流电路的方法称为相量法。运用相量法分析正弦交流电路时，直流电路中的结论、定理和分析方法同样适用。

2.4.1　阻抗

1．阻抗的定义

设正弦交流电路中有一无源二端网络，其端口电压和端口电流均用相量表示，且采用关联参考方向，如图 2.11（a）所示。定义端口电压相量 $\dot{U}$ 和端口电流相量 $\dot{I}$ 的比值为该无源二端网络的阻抗，并用字母 Z 表示，即：

$$Z = \frac{\dot{U}}{\dot{I}}$$

其模型如图 2.11（b）所示。

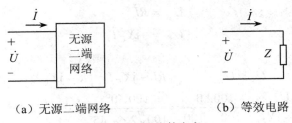

（a）无源二端网络　　　　　　（b）等效电路

图 2.11　阻抗的定义

上式可改写为：

$$\dot{U} = Z\dot{I}$$

上式与电阻电路中的欧姆定律相似，只是电流和电压都用相量表示，称为欧姆定律的相量形式。

显然，阻抗的单位为欧姆（Ω）。由于电压相量 $\dot{U}$ 和电流相量 $\dot{I}$ 一般为复数，所以阻抗 Z 一般也为复数，故又称为复阻抗。

根据阻抗的定义，可知电阻、电感、电容的阻抗分别为：

$$Z_R = R$$
$$Z_L = jX_L = j\omega L$$
$$Z_C = -jX_C = -j\frac{1}{\omega C}$$

2．阻抗的性质

阻抗 Z 是一个复数，可表示为：

$$Z = R + jX = |Z| \angle \varphi_z$$

其中，实部 R 称为阻抗的电阻部分，虚部 X 称为阻抗的电抗部分，$|Z|$ 称为阻抗模，φ_z 称为阻抗角，它们之间的关系为：

$$\left.\begin{array}{l} |Z| = \sqrt{R^2 + X^2} \\ \varphi_z = \arctan\dfrac{X}{R} \\ R = |Z|\cos\varphi_z \\ X = |Z|\sin\varphi_z \end{array}\right\}$$

根据阻抗的定义，有：

$$Z = \frac{\dot{U}}{\dot{I}} = \frac{U\angle\theta_u}{I\angle\theta_i} = \frac{U}{I}\angle(\theta_u - \theta_i) = Z\angle\varphi_z$$

式中：

$$|Z| = \frac{U}{I}$$
$$\varphi_z = \theta_u - \theta_i$$

由此可见，在正弦交流电路中，对于一个无源二端网络，阻抗模等于其端口的正弦电压与正弦电流的有效值（或振幅）之比，阻抗角等于电压超前电流的相位角，所以根据阻抗 Z 的电抗部分 X 即可知道无源二端网络（阻抗）的性质。若 $X > 0$，则 $\varphi_z > 0$，说明电压超前电流，所以无源二端网络呈电感的性质（感性），可等效成电阻与电感相串联的电路；若 $X < 0$，则 $\varphi_z < 0$，说明电压滞后电流，所以无源二端网络呈电容的性质（容性），可等效成电阻与电容相串联的电路；若 $X = 0$，则 $\varphi_z = 0$，说明电压与电流同相，所以无源二端网络呈纯电阻的性质，可等效成一个电阻。

2.4.2 RLC 串联电路

RLC 串联电路如图 2.12（a）所示，图 2.12（b）所示为其相量模型，电路中电流和电压用相量表示，电阻、电感、电容分别用阻抗表示。

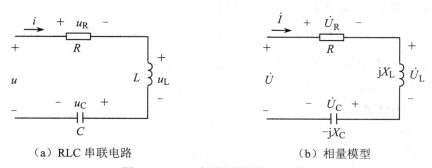

（a）RLC 串联电路　　　　　　　　　　（b）相量模型

图 2.12　RLC 串联电路及其相量模型

设电路中的电流为：

$$i = \sqrt{2}I\sin(\omega t + \theta_i)$$

电流相量为：

$$\dot{I} = I\angle\theta_i$$

由 KVL，得：

$$\dot{U} = \dot{U}_R + \dot{U}_L + \dot{U}_C$$

根据 R、L、C 元件的伏安关系，有：

$$\dot{U}_R = R\dot{I}$$
$$\dot{U}_L = jX_L\dot{I}$$
$$\dot{U}_C = -jX_C\dot{I}$$

式中 $X_L = \omega L$，$X_C = \dfrac{1}{\omega C}$。

所以：

$$\dot{U} = [R + j(X_L - X_C)]\dot{I} = Z\dot{I}$$

可见 RLC 串联电路的总阻抗 Z 为：

$$Z = Z_R + Z_L + Z_C = R + j(X_L - X_C) = R + jX$$

由于电抗部分 $X = X_L - X_C = \omega L - \dfrac{1}{\omega C}$ 是一个与频率有关的量，因此，在不同频率下阻抗 Z 有不同的性质。

（1）当 $\omega L > \dfrac{1}{\omega C}$ 时，$X > 0$，$\varphi_z > 0$，电压超前电流，电路呈感性，相量图如图 2.13（a）所示。图中设电流相量为参考相量，即 $\dot{I} = I\angle 0°$。电阻上的电压 $\dot{U}_R$ 与 $\dot{I}$ 同相，有效值为 $U_R = RI$；电感电压 $\dot{U}_L$ 超前电流相量 90°，有效值为 $U_L = X_L I$；电容电压 $\dot{U}_C$ 滞后电流相量 90°，有效值为 $U_C = X_C I$。由于 $X_L > X_C$，所以 $U_L > U_C$，故电感电压相量 $\dot{U}_L$ 的长度要比电容电压相量 $\dot{U}_C$ 长一些。总电压相量 $\dot{U} = \dot{U}_R + \dot{U}_L + \dot{U}_C$，符合平行四边形法则。从相量图看出，电压 $\dot{U}$ 超前于电流 $\dot{I}$。

（2）当 $\omega L < \dfrac{1}{\omega C}$ 时，$X < 0$，$\varphi_z < 0$，电压滞后于电流，电路呈容性，相量图如图 2.13（b）所示。此时，由于 $X_L < X_C$，所以 $U_L < U_C$，故电容电压相量 $\dot{U}_C$ 的长度要比电感电压相量 $\dot{U}_L$ 长一些。从相量图看出，电压 $\dot{U}$ 滞后于电流 $\dot{I}$。

（3）当 $\omega L = \dfrac{1}{\omega C}$ 时，$X = 0$，$\varphi_z = 0$，电压与电流同相，电路呈纯电阻性，相量图如图 2.13（c）所示。此时，由于 $X_L = X_C$，所以 $U_L = U_C$，故电感电压相量 $\dot{U}_L$ 与电容电压相量 $\dot{U}_C$ 大小相等，方向相反。总电压相量 $\dot{U}$ 等于电阻电压相量 $\dot{U}_R$，且与电流相量 $\dot{I}$ 同相，这时称 RLC 串联电路发生了串联谐振。

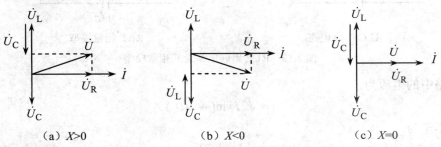

（a）$X>0$　　　　　　（b）$X<0$　　　　　　（c）$X=0$

图 2.13　RLC 串联电路的相量图

值得注意的是，尽管总电压相量 $\dot{U} = \dot{U}_R + \dot{U}_L + \dot{U}_C$，但是从相量图可知，它们的有效值（相量图中各电压相量的长度）之间的关系为：

$$U = \sqrt{U_R^2 + (U_L - U_C)^2}$$

例 2.5　RLC 串联电路如图 2.12（a）所示。已知电阻 $R = 5\,\text{k}\Omega$，电感 $L = 6\,\text{mH}$，电容 $C = 0.001\,\mu\text{F}$，电压 $u = 5\sqrt{2}\sin 10^6 t\ \text{V}$。

（1）求电流 i 和各元件上的电压，并画出相量图。

（2）当角频率变为 $\omega = 2 \times 10^5\,\text{rad/s}$ 时，电路的性质有无改变？

解　（1）写出已知正弦量的相量，为：

$$\dot{U} = 5\angle 0°\ \text{（V）}$$

根据相量关系式进行计算。

$$X_L = \omega L = 10^6 \times 6 \times 10^{-3} = 6\ \text{（k}\Omega\text{）}$$

$$X_C = \frac{1}{\omega C} = \frac{1}{10^6 \times 0.001 \times 10^{-6}} = 1\ \text{（k}\Omega\text{）}$$

$$Z = R + j(X_L - X_C) = 5 + j(6-1) = 5 + j5 = 5\sqrt{2}\angle 45°\ \text{（k}\Omega\text{）}$$

阻抗角 $\varphi_z = 45°$，所以该电路呈感性。

电流相量：

$$\dot{I} = \frac{\dot{U}}{Z} = \frac{5\angle 0°}{5\sqrt{2}\angle 45°} = 0.5\sqrt{2}\angle -45°\ \text{（mA）}$$

电阻电压相量、电感电压相量和电容电压相量分别为：

$$\dot{U}_R = R\dot{I} = 5 \times 0.5\sqrt{2}\angle -45° = 2.5\sqrt{2}\angle -45°\ \text{（V）}$$

$$\dot{U}_L = jX_L\dot{I} = j6 \times 0.5\sqrt{2}\angle -45° = 3\sqrt{2}\angle 45°\ \text{（V）}$$

$$\dot{U}_C = -jX_C\dot{I} = -j1 \times 0.5\sqrt{2}\angle -45° = 0.5\sqrt{2}\angle -135°\ \text{（V）}$$

根据求出的相量写出对应的正弦表达。所求的电流、电压瞬时值分别为：

$$i = \sin(10^6 t - 45°)\ \text{（mA）}$$

$$u_R = 5\sin(10^6 t - 45°)\ \text{（V）}$$

$$u_L = 6\sin(10^6 t + 45°)\ \text{（V）}$$

$$u_C = \sin(10^6 t - 135°)\ \text{（V）}$$

相量图如图 2.14 所示。

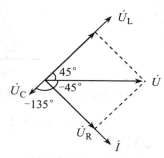

图 2.14　例 2.5 的相量图

（2）$\omega = 2 \times 10^5 \text{ rad/s}$ 时，电路的阻抗 Z 为：

$$Z = R + j(X_L - X_C)$$

$$= 5 + j\left(2 \times 10^5 \times 6 \times 10^{-3} - \frac{1}{2 \times 10^5 \times 0.001 \times 10^{-6}}\right)$$

$$= 5 - j8.8 = 10.12\angle -60.4° \quad (\text{k}\Omega)$$

阻抗角 $\varphi = -60.4°$，可见此时电路呈容性，电路的性质发生了变化。

2.4.3 RLC 并联电路

RLC 并联电路如图 2.15（a）所示，图 2.15（b）所示为其相量模型，电路中电流和电压用相量表示，电阻、电感、电容分别用阻抗表示。

设电路中的电压为：

$$u = \sqrt{2}U\sin(\omega t + \theta_u)$$

电压相量为：

$$\dot{U} = U\angle\theta_u$$

由 KCL，得：

$$\dot{I} = \dot{I}_R + \dot{I}_L + \dot{I}_C$$

根据 R、L、C 元件的伏安关系，有：

$$\dot{I}_R = \frac{\dot{U}}{R}$$

$$\dot{I}_L = \frac{\dot{U}}{jX_L}$$

$$\dot{I}_C = \frac{\dot{U}}{-jX_C}$$

式中 $X_L = \omega L$，$X_C = \dfrac{1}{\omega C}$。

所以：

$$\dot{I} = \dot{U}\left[\frac{1}{R} + j\left(\frac{1}{X_C} - \frac{1}{X_L}\right)\right]$$

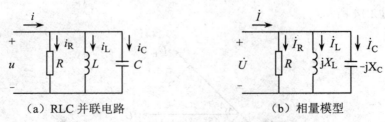

（a）RLC 并联电路　　　　　　　　　　（b）相量模型

图 2.15　RLC 并联电路及其相量模型

例 2.6　RLC 并联电路如图 2.15（a）所示。已知 $R = 5\,\Omega$，$L = 5\,\mu\text{H}$，$C = 0.4\,\mu\text{F}$，$U = 10\,\text{V}$，$\omega = 10^6\,\text{rad/s}$，求总电流 i，并说明电路的性质。

解　（1）写出已知正弦量的相量。在正弦交流电路中，若不加说明，则电流、电压的大小都是指有效值，如本例中的 $U = 10\,\text{V}$ 是指电压 u 的有效值。设电压的初相为 $0°$，则电压相量为：

$$\dot{U} = 10\angle 0°\ \text{（V）}$$

（2）根据相量关系式进行计算。

$$X_{\text{L}} = \omega L = 10^6 \times 5 \times 10^{-6} = 5\ \text{（Ω）}$$

$$X_{\text{C}} = \frac{1}{\omega C} = \frac{1}{10^6 \times 0.4 \times 10^{-6}} = 2.5\ \text{（Ω）}$$

$$\dot{I}_{\text{R}} = \frac{\dot{U}}{R} = \frac{10\angle 0°}{5} = 2\ \text{（A）}$$

$$\dot{I}_{\text{L}} = \frac{\dot{U}}{jX_{\text{L}}} = \frac{10\angle 0°}{j5} = -j2\ \text{（A）}$$

$$\dot{I}_{\text{C}} = \frac{\dot{U}}{-jX_{\text{C}}} = \frac{10\angle 0°}{-j2.5} = j4\ \text{（A）}$$

$$\dot{I} = \dot{I}_{\text{R}} + \dot{I}_{\text{L}} + \dot{I}_{\text{C}} = 2 - j2 + j4 = 2 + j2 = 2\sqrt{2}\angle 45°\ \text{（A）}$$

（3）根据求出的相量写出对应的正弦表达式。

$$i = 4\sin(10^6 t + 45°)\ \text{（A）}$$

因为电流的相位超前电压 $45°$，所以该电路呈容性。

2.4.4 阻抗的串联及并联

1. 阻抗的串联

设两阻抗 Z_1、Z_2 串联，如图 2.16（a）所示。根据 KVL 和欧姆定律的相量形式可得：

$$\dot{U} = \dot{U}_1 + \dot{U}_2 = Z_1\dot{I} + Z_2\dot{I} = (Z_1 + Z_2)\dot{I}$$

根据阻抗的定义，总的端口阻抗 Z 为：

$$Z = Z_1 + Z_2$$

其等效电路如图 2.16（b）所示。

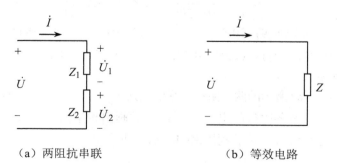

（a）两阻抗串联　　　　　　　（b）等效电路

图 2.16　阻抗的串联

引入相量和阻抗的概念后，正弦交流电路的分析方法与电阻电路完全相同，很多公式的形式也完全一致。例如，两阻抗串联的分压公式为：

$$\dot{U}_1 = \frac{Z_1}{Z_1 + Z_2}\dot{U}$$

$$\dot{U}_2 = \frac{Z_2}{Z_1 + Z_2}\dot{U}$$

2. 阻抗的并联

同样,两个阻抗并联,如图 2.17(a)所示,也可得出总阻抗 Z 为:

$$Z = \frac{Z_1 Z_2}{Z_1 + Z_2}$$

其等效电路图 2.17(b)所示。

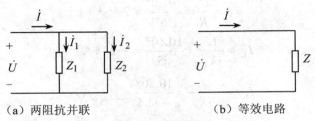

(a)两阻抗并联 　　　　　　(b)等效电路

图 2.17 　阻抗的并联

两阻抗并联的分流公式为:

$$\dot{I}_1 = \frac{Z_2}{Z_1 + Z_2}\dot{I}$$

$$\dot{I}_2 = \frac{Z_1}{Z_1 + Z_2}\dot{I}$$

例 2.7 在如图 2.16(a)所示的两个阻抗串联的电路中,已知 $Z_1 = (6.16 + j9)\,\Omega$, $Z_2 = (2.5 - j4)\,\Omega$,$\dot{U} = 100\angle 30°\,\mathrm{V}$,求总电流 $\dot{I}$ 及各阻抗的电压 $\dot{U}_1$ 和 $\dot{U}_2$,并画出相量图。

解 电路的总阻抗为:

$$Z = Z_1 + Z_2 = 6.16 + j9 + 2.5 - j4 = 8.66 + j5 = 10\angle 30°\ (\Omega)$$

所以:

$$\dot{I} = \frac{\dot{U}}{Z} = \frac{100\angle 30°}{10\angle 30°} = 10\angle 0°\ (\mathrm{A})$$

$$\dot{U}_1 = Z_1\dot{I} = (6.16 + j9)\times 10\angle 0° = 10.9\angle 55.6°\times 10\angle 0° = 109\angle 55.6°\ (\mathrm{V})$$

$$\dot{U}_2 = Z_2\dot{I} = (2.5 - j4)\times 10\angle 0° = 4.72\angle -58°\times 10\angle 0° = 47.2\angle -58°\ (\mathrm{V})$$

相量图如图 2.18 所示。

例 2.8 在如图 2.17(a)所示的两个阻抗并联的电路中,已知 $Z_1 = (1 - j1)\,\Omega$,$Z_2 = (3 + j4)\,\Omega$, $\dot{U} = 10\angle 0°\,\mathrm{V}$,求总电流 $\dot{I}$ 及各阻抗的电流 $\dot{I}_1$ 和 $\dot{I}_2$,并画出相量图。

解 本题可先求出 $\dot{I}_1$ 和 $\dot{I}_2$,然后利用 KCL 求 $\dot{I}$,即:

$$\dot{I}_1 = \frac{\dot{U}}{Z_1} = \frac{10\angle 0°}{1 - j1} = \frac{10\angle 0°}{\sqrt{2}\angle -45°} = 5\sqrt{2}\angle 45° = 5 + j5\ (\mathrm{A})$$

$$\dot{I}_2 = \frac{\dot{U}}{Z_2} = \frac{10\angle 0°}{3 + j4} = \frac{10\angle 0°}{5\angle 53.1°} = 2\angle -53.1° = 1.2 - j1.6\ (\mathrm{A})$$

$$\dot{I} = \dot{I}_1 + \dot{I}_2 = 5 + j5 + 1.2 - j1.6 = 6.2 + j3.4 = 5\sqrt{2}\angle 28.8°\ (\mathrm{A})$$

相量图如图 2.19 所示。

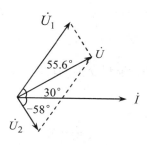

图 2.18 例 2.7 的相量图

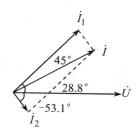

图 2.19 例 2.8 的相量图

2.5 正弦电路的功率

因为电阻是耗能元件，而电感、电容是储能元件，所以，在包含电阻、电感、电容的正弦交流电路中，从电源获得的能量有一部分被电阻消耗，另一部分则被电感和电容存储起来。可见，正弦交流电路中的功率问题要比纯电阻电路复杂得多。

2.5.1 二端网络的功率

1. 平均功率

设正弦电路中二端网络端口的电压和电流采用关联参考方向，其电压的相位超前电流为 $\varphi = \theta_u - \theta_i$，则电流、电压可分别表示为：

$$i = \sqrt{2}I \sin \omega t$$
$$u = \sqrt{2}U \sin(\omega t + \varphi)$$

瞬时功率为：

$$p = ui = \sqrt{2}I \sin \omega t \times \sqrt{2}U \sin(\omega t + \varphi)$$
$$= UI[\cos \varphi - \cos(2\omega t + \varphi)]$$

平均功率（又称有功功率）为：

$$P = \frac{1}{T} \int_0^T p \mathrm{d}t = \frac{1}{T} \int_0^T UI[\cos \varphi - \cos(2\omega t + \varphi)]\mathrm{d}t$$
$$= UI \cos \varphi$$

可见正弦电路的平均功率不但与电流和电压的有效值有关，还与电压和电流相位差的余弦 $\cos\varphi$ 有关，$\cos\varphi$ 称为电路的功率因数。

如果该二端网络为无源二端网络，则可用阻抗 Z 等效。此时阻抗 Z 的阻抗角 φ_z 正好等于电压与电流的相位差 φ。

对电阻元件 R，$\varphi = 0$，$P = UI$。

对电感元件 L，$\varphi = 90°$，$P = 0$。

对电容元件 C，$\varphi = -90°$，$P = 0$。

从平均功率可以清楚地看出，电阻总是消耗能量的，而电感和电容是不消耗能量的，其平均功率都为 0。所以，平均功率就是反映电路实际消耗的功率，对于一个无源二端网络，各电阻所消耗的平均功率之和就是该电路所消耗的平均功率。平均功率的单位是 W。

2. 无功功率

二端网络的无功功率 Q 定义为：

$$Q = UI \sin \varphi$$

单位为乏（Var）。无功功率是二端网络与电源之间进行能量交换的功率，表示二端网络与电源进行能量交换的程度。

对电阻元件 R，$\varphi = 0$，$Q = 0$。

对电感元件 L，$\varphi = 90°$，$Q = UI$。

对电容元件 C，$\varphi = -90°$，$Q = -UI$。

从无功功率可以清楚地看出，电阻与电源之间没有能量交换，而电感和电容与电源之间有能量交换。由于电感的无功功率为正，电容的无功功率为负，因此可以在电感负载中增添电容元件，以减少电源给予负载的无功功率。功率因数的提高就是基于这一原理。

3. 视在功率

对于电源来说，其输出电压为 U，输出电流为 I，两者的乘积 UI 虽然具有功率的量纲，但一般并不表示电路实际消耗的有功功率，也不表示电路进行能量转换的无功功率，它反映的是电气设备的容量，称为视在功率，用 S 表示，即：

$$S = UI$$

其单位为伏安（VA）。对于任何一个电气设备而言，视在功率都有一个额定值，称为额定视在功率，额定视在功率等于电气设备端口上所能承受的最大电压（即额定电压）与最大电流（即额定电流）的乘积，即：

$$S_N = U_N I_N$$

平均功率 P、无功功率 Q 和视在功率 S 之间的关系为：

$$S^2 = P^2 + Q^2$$

例 2.9 在如图 2.20（a）所示的电路中，$u = 10\sqrt{2} \sin 2t$（V），$R = 2\,\Omega$，$L = 1\,H$，$C = 0.25\,F$，求电路的有功功率 P、无功功率 Q、视在功率 S 和功率因数 λ。

解 电路的相量模型如图 2.20（b）所示，图中：

$$\dot{U} = 10\angle 0° \text{ V}$$

$$X_L = \omega L = 2 \times 1 = 2 \ (\Omega)$$

$$X_C = \frac{1}{\omega C} = \frac{1}{2 \times 0.25} = 2 \ (\Omega)$$

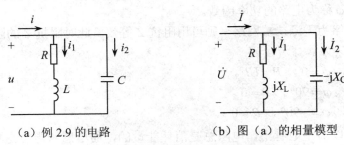

（a）例 2.9 的电路　　　（b）图（a）的相量模型

图 2.20　例 2.9 的图

所以，电路的总阻抗为：

$$Z = \frac{(R + jX_L)(-jX_C)}{R + jX_L - jX_C} = \frac{(2 + j2)(-j2)}{2 + j2 - j2} = 2 - j2 = 2\sqrt{2}\angle -45° \ （\Omega）$$

电路的总电流相量为：

$$\dot{I} = \frac{\dot{U}}{Z} = \frac{10\angle 0°}{2\sqrt{2}\angle -45°} = 2.5\sqrt{2}\angle 45° \ （A）$$

根据已知的电压有效值（$U = 10V$）、求出的阻抗角（$\varphi_z = -45°$）和电流有效值（$I = 2.5\sqrt{2}A$），可以求出电路的功率因数λ、有功功率P、无功功率Q和视在功率S，分别为：

$$\lambda = \cos\varphi_z = \cos(-45°) = 0.707$$

$$P = UI\cos\varphi_z = 10 \times 2.5\sqrt{2} \times 0.707 = 25 \ （W）$$

$$Q = UI\sin\varphi_z = 10 \times 2.5\sqrt{2} \times (-0.707) = -25 \ （Var）$$

$$S = UI = 10 \times 2.5\sqrt{2} = 25\sqrt{2} \ （VA）$$

2.5.2 功率因数的提高

1．提高功率因数的意义

一方面，提高功率因数可以提高电气设备的利用率。例如，某电源的额定视在功率$S = 3000kVA$，若负载为纯电阻，其功率因数$\cos\varphi = 1$，则该电源能输出的功率为3000kW；若负载为感性负载，其功率因数$\cos\varphi = 0.5$，则该电源最多只能输出1500kW的功率，即该电源的供电容量未能充分利用。因此，要充分利用供电设备的能力，应当尽量提高负载的功率因数。

另一方面，提高功率因数可以减少功率损耗。例如，电源电压和输出功率一定时，负载的功率因数越低，线路和电源上的功率损耗越大，这是因为$I = \dfrac{P}{U\cos\varphi}$，当功率因数$\cos\varphi$较小时，$I$较大，线路和电源内阻上的电压降也较大，当供电电压一定时，负载的端电压将减小，导致负载不能正常工作；同时，I较大将导致功率损耗增大。

综上所述，提高功率因数对国民经济具有极其重要的意义。按照供电规则，高压供电的工业企业平均功率因数不得低于0.95，其他单位不得低于0.9。但是生产中广泛使用的交流异步电动机的功率因数为0.3～0.85，荧光灯的功率因数为0.4～0.6，这些都不符合要求，所以要采取措施提高功率因数。

2．提高功率因数的方法

实际负载多为电感性负载。要提高电感性负载的功率因数，可在电感性负载两端并联适当的电容器，这样可使电感性负载所需的无功功率不从供电电源处获得，而是从并联的电容处获得补偿，换句话说，就是使电感性负载中的大部分磁场能量与电容的电场能量进行交换，从而减少电感性负载与供电电源之间的能量交换。

如图2.21（a）所示，在电感性负载两端并联电容器前后，因为电感性负载的参数及其两端所加的电压均没有变化，所以电感性负载中的电流（$I_L = \dfrac{U}{\sqrt{R^2 + X_L^2}}$）和功率因数

（$\cos\varphi_1 = \dfrac{R}{\sqrt{R^2 + X_L^2}}$）也都不会发生变化。但是并联电容器之后，电压 $\dot{U}$ 和总电流 $\dot{I}$ 之间的

相位差却从 φ_1 减小到 φ_2，如图 2.21（b）所示，所以整个电路的功率因数由 $\cos\varphi_1$ 提高到 $\cos\varphi_2$。需要并联的电容器的大小为：

$$C = \frac{Q_C}{\omega U^2} = \frac{P}{2\pi f U^2}(\tan\varphi_1 - \tan\varphi_2)$$

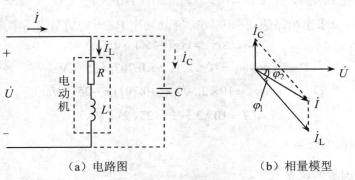

（a）电路图　　　　　　（b）相量模型

图 2.21　功率因数的提高

例 2.10　一台功率为 11kW 的感应电动机，接在 220V、50Hz 的电路中，电动机需要的电流为 100A。

（1）求电动机的功率因数。

（2）若要将功率因数提高到 0.9，应在电动机两端并联一个多大的电容器？

（3）计算并联电容器后的电流值。

（4）若再将功率因数提高到 1，应再在电动机两端并联一个多大的电容器？

解　（1）已知 $P = 11\,\text{kW}$，$U = 220\,\text{V}$，$I_L = 100\,\text{A}$，$\omega = 2\pi f = 2\pi \times 50 = 314\,\text{rad/s}$。由 $P = UI_L\cos\varphi_1$，得电动机的功率因数为：

$$\cos\varphi_1 = \frac{P}{UI_L} = \frac{11\times 10^3}{220\times 100} = 0.5$$

功率因数角为：

$$\varphi_1 = \arccos 0.5 = 60°$$

（2）若要将功率因数提高到 $\cos\varphi_2 = 0.9$，则功率因数角为：

$$\varphi_2 = \arccos 0.9 = 25.8°$$

所以，应在电动机两端并联的电容器的大小为：

$$C = \frac{P}{2\pi f U^2}(\tan\varphi_1 - \tan\varphi_2) = \frac{11\times 10^3}{2\times 3.14\times 50\times 220^2}(\tan 60° - \tan 25.8°) \approx 900 \ (\mu\text{F})$$

（3）并联电容器后电路中的电流值为：

$$I = \frac{P}{U\cos\varphi_2} = \frac{11\times 10^3}{220\times 0.9} = 55.6 \ (\text{A})$$

可见，并联电容器后电路中的电流大大减小。

（4）若将功率因数从 0.9 提高到 1，即 $\cos\varphi_3 = 1$，$\varphi_3 = 0°$，这时应再在电动机两端并联

的电容器的大小为：

$$C = \frac{P}{2\pi f U^2}(\tan\varphi_2 - \tan\varphi_3) = \frac{11\times10^3}{2\times3.14\times50\times220^2}(\tan 25.8° - \tan 0°) \approx 350 \quad (\mu F)$$

这时电路中的电流值为：

$$I' = \frac{P}{U\cos\varphi_3} = \frac{11\times10^3}{220\times1} = 50 \quad (A)$$

计算结果表明，在功率因数接近 1 时，再继续提高，则所需增加的电容值相对来讲较大，而收到的效果并不显著（电流只略微减小），所以一般不必提高到 1。

2.6　谐振电路

由电阻、电感、电容组成的电路中，在正弦电源的作用下，当端口电压与端口电流同相时，电路呈电阻性，通常把此时电路的工作状态称为谐振。发生在串联电路中的谐振称为串联谐振，发生在并联电路中的谐振称为并联谐振。谐振广泛应用在无线电工程中。

2.6.1　串联谐振电路

图 2.22 所示的 RLC 串联电路的阻抗为：

$$Z = R + j(X_L - X_C) = R + j(\omega L - \frac{1}{\omega C})$$

当电抗部分 $X_L - X_C = \omega L - \frac{1}{\omega C} = 0$ 时，$\varphi = \arctan\frac{X_L - X_C}{R} = 0$，电压与电流同相，电路呈电阻性，即电路发生谐振。由此可见，调节 ω、L、C 三个参数中的任意一个，都能使电路产生谐振，这种调节过程称为调谐。

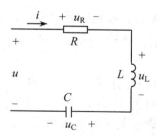

图 2.22　串联谐振电路

电路谐振时的角频率称为谐振角频率，用 ω_0 表示，即：

$$\omega_0 L = \frac{1}{\omega_0 C}$$

所以谐振角频率 ω_0 为：

$$\omega_0 = \frac{1}{\sqrt{LC}}$$

而谐振频率 f_0 为：

$$f_0 = \frac{1}{2\pi\sqrt{LC}}$$

可见，谐振频率 f_0 只与电路的 L、C 参数有关，而与电阻 R 无关。

电路谐振时的感抗 X_L 或容抗 X_C 称为特性阻抗 ρ：

$$\rho = \omega_0 L = \frac{1}{\omega_0 C} = \sqrt{\frac{L}{C}}$$

特性阻抗 ρ 与电阻 R 的比值称为谐振电路的品质因数 Q：

$$Q = \frac{\rho}{R} = \frac{\omega_0 L}{R} = \frac{1}{R\omega_0 C} = \frac{1}{R}\sqrt{\frac{L}{C}}$$

设谐振时电路中的电流为 I_0，称为串联谐振电流。

串联谐振具有以下特征：

（1）谐振时阻抗 $Z = R$，阻抗的模最小。当外加电压一定时，电流达到最大值，为：

$$I = \frac{U}{|Z|} = \frac{U}{R} = I_0$$

I_0 称为串联谐振电流。

（2）因为电压与电流同相（ $\varphi = 0$ ），整个电路呈现纯电阻性质，电源供给电路的能量全部被电阻消耗。电源与电路之间没有能量交换，能量交换只发生在电感与电容之间。

（3）由于 $X_L = X_C$，因此 $U_L = U_C$。而 $\dot{U}_L$ 与 $\dot{U}_C$ 的相位相反，互相抵消，对整个电路不起作用，电源电压 $\dot{U} = \dot{U}_R + \dot{U}_L + \dot{U}_C = \dot{I}Z = \dot{I}_0 R = \dot{U}_R$。

$\dot{U}_L$ 与 $\dot{U}_C$ 虽然对整个电路不起作用，但它们的单独作用不容忽视，因为：

$$U_L = IX_L = \frac{U}{R}X_L = QU$$

$$U_C = IX_C = \frac{U}{R}X_C = QU$$

当电阻较小，即 $X_L = X_C \gg R$ 时，品质因数 $Q \gg 1$，将有 $U_L = U_C \gg U_R = U$，即电感和电容上的电压远远高于电源电压，一般为电源电压的几十倍到几百倍，因此，串联谐振又称电压谐振。

过高的电压可能会破坏这些电路元件的绝缘，因此，在电力工程中要避免谐振或接近谐振情况的发生，但在无线电、通信技术等领域，则广泛利用串联谐振来选择所需的信号，例如，无线电广播和电视接收机都调谐在某种频率或频带上，以使该频率或频带内的信号特别增强，而把非谐振频率的其他信号滤去，这称为谐振电路的选择性。

2.6.2　并联谐振电路

在工程实际中，常用线圈与电容并联组成并联谐振电路，如图 2.23 所示，图中用电阻 R 和电感 L 串联表示线圈。

线圈和电容的阻抗分别为：

$$Z_1 = R + \mathrm{j}\omega L$$

$$Z_C = \frac{1}{\mathrm{j}\omega C}$$

由图 2.23 得电路的总阻抗为：

$$Z = \frac{Z_1 Z_C}{Z_1 + Z_C} = \frac{(R + j\omega L)\dfrac{1}{j\omega C}}{R + j\omega L + \dfrac{1}{j\omega C}}$$

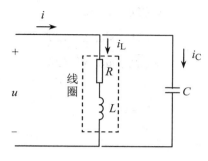

图 2.23　并联谐振电路

一般情况下，线圈本身的电阻 R 很小，特别是在频率较高时，$\omega L \gg R$，这时：

$$Z \approx \frac{\dfrac{L}{C}}{R + j\omega L + \dfrac{1}{j\omega C}} = \frac{1}{\dfrac{RC}{L} + j\left(\omega C - \dfrac{1}{\omega L}\right)}$$

谐振时，阻抗的虚部为零，故有：

$$\omega_0 C - \frac{1}{\omega_0 L} = 0$$

谐振角频率为：

$$\omega_0 = \frac{1}{\sqrt{LC}}$$

谐振频率为：

$$f_0 = \frac{1}{2\pi\sqrt{LC}}$$

在 $\omega L \gg R$ 的情况下，并联谐振电路与串联谐振电路的谐振频率相同。并联谐振时，$\varphi = 0$，电压与电流同相，阻抗为 $Z = \dfrac{L}{RC}$，阻抗的模最大，在外加电压一定时，电路的总电流最小。

2.7　三相正弦交流电路

由 3 个频率相同、振幅相同、相位互差 120° 的正弦电压源所构成的电源称为三相正弦交流电源，简称三相电源。由三相正弦交流电源供电的电路称为三相正弦交流电路，简称三相电路。现在，世界上的电力网几乎都是采用三相正弦交流电向用户供电，这是因为在输送功率相同、电压相同、距离相同、功率因数和线路损耗相等的情况下，采用三相输电比用单相输电节省输电材料，且三相电动机比同容量的单相电动机结构简单、性能好、工作可靠、造价低。

2.7.1 三相电源

三相电源一般是由三相交流发电机产生的。在三相交流发电机中有 3 个相同的绕组（即线圈），3 个绕阻的首端分别用 A、B、C 表示，末端分别用 X、Y、Z 表示。这 3 个绕组分别称为 A 相、B 相、C 相，所产生的三相电压分别为：

$$u_A = \sqrt{2}U_p \sin \omega t$$

$$u_B = \sqrt{2}U_p \sin(\omega t - 120°)$$

$$u_C = \sqrt{2}U_p \sin(\omega t + 120°)$$

用相量表示为：

$$\dot{U}_A = U_p \angle 0° = U_p$$

$$\dot{U}_B = U_p \angle -120° = -\frac{1}{2}U_p - j\frac{\sqrt{3}}{2}U_p$$

$$\dot{U}_C = U_p \angle 120° = -\frac{1}{2}U_p + j\frac{\sqrt{3}}{2}U_p$$

三相电压的波形图和相量图如图 2.24 所示。

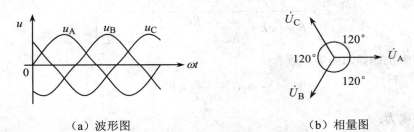

（a）波形图 　　　　　　　　　　　（b）相量图

图 2.24　三相电压的波形图和相量图

在电工技术中，把这种频率相同、振幅相等、相位彼此间相差 120° 的三相电源称为对称三相电源。对称三相电源 3 个电压相量之和为：

$$\dot{U}_A + \dot{U}_B + \dot{U}_C = 0$$

瞬时值之和也为零，即：

$$u_A + u_B + u_C = 0$$

三相电源出现幅值（或相应零值）的先后次序称为三相电源的相序，上述三相电源的相序是 A→B →C。在配电装置的三相母线上，以黄、绿、红 3 种颜色分别表示 A、B、C 三相。

三相电源的连接方式有星形（Y 形）和三角形（△形）两种。

1. 三相电源的星形连接

将发电机三相绕组的 3 个末端 X、Y、Z 连接在一起，分别由 3 个首端 A、B、C 引出 3 条输电线的连接方式称为星形连接，如图 2.25（a）所示。末端的连接点称为中性点，用 N 表示，其引出线称为中性线；首端 A、B、C 引出的输电线称为相线或端线，俗称火线。相线与中性线之间的电压称为相电压，分别为 $\dot{U}_A$、$\dot{U}_B$、$\dot{U}_C$。相线与相线之间的电压称为线电压，分别用 $\dot{U}_{AB}$、$\dot{U}_{BC}$、$\dot{U}_{CA}$ 表示。由图 2.25（a）可知线电压与相电压的关系为：

$$\dot{U}_{AB} = \dot{U}_A - \dot{U}_B$$
$$\dot{U}_{BC} = \dot{U}_B - \dot{U}_C$$
$$\dot{U}_{CA} = \dot{U}_C - \dot{U}_A$$

线电压也是对称的，相量图如图 2.25（b）所示。由图可得：

$$\dot{U}_{AB} = \sqrt{3}\dot{U}_A \angle 30° = \sqrt{3}U_p \angle 30°$$
$$\dot{U}_{BC} = \sqrt{3}\dot{U}_B \angle 30° = \sqrt{3}U_p \angle -90°$$
$$\dot{U}_{CA} = \sqrt{3}\dot{U}_C \angle 30° = \sqrt{3}U_p \angle 150°$$

可见对称三相电源作星形连接时，线路存在着 3 个对称的相电压和 3 个对称的线电压。若以 U_L 表示线电压的有效值，U_P 表示相电压的有效值，则由相量图可得：

$$\frac{1}{2}U_L = U_P \cos 30° = \frac{\sqrt{3}}{2}U_P$$

即：

$$U_L = \sqrt{3}U_p$$

在我国的低压供电系统中，相电压有效值为 $U_p = 220$ V，线电压有效值为 $U_L = \sqrt{3} \times 220 = 380$ V。

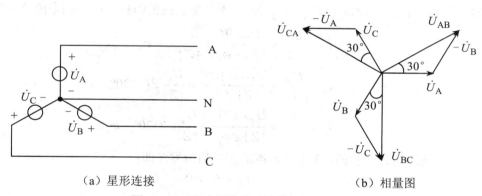

（a）星形连接　　　　　　　　　　（b）相量图

图 2.25　三相电源的星形连接与相量图

2．三相电源的三角形连接

将发电机三相绕组的首、末端依次相连，从各连接点 A、B、C 引出 3 条输电线的连接方式称为三角形连接，如图 2.26（a）所示。这种供电方式只用 3 根输电线，称为三相三线制供电。从图 2.26（a）可以看出，三相电源三角形连接时，线电压等于相电压，即：

$$U_L = U_p$$

电源为三角形连接时，在三相绕组的闭合回路中同时作用着 3 个电压源，但由于三相电压瞬时值的代数和或其相量和均等于零，如图 2.26（b）所示，所以回路中不会发生短路而引起很大的电流。但若任何一相绕组接反，3 个电压的相量和不为零，在三相绕组中便产生很大的环流，致使发电机烧坏，因此使用时应加以注意。

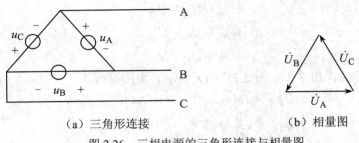

（a）三角形连接 　　　　　　　（b）相量图

图 2.26　三相电源的三角形连接与相量图

2.7.2　对称三相电路的计算

三相电路的负载由 3 部分组成，每一部分称为一相负载。如果三相负载的阻抗相等，则称为对称三相负载。由对称三相电源和对称三相负载组成的三相电路称为对称三相电路。与三相电源一样，三相负载也有星形连接和三角形连接两种形式。

1．对称三相负载的星形连接

如图 2.27 所示的三相电路称为三相四线制供电系统。在三相电路中，火线电流称为线电流，流过各相负载的电流称为相电流。显然，在负载为星形连接时，线电流等于相电流，即：

$$I_L = I_p$$

设负载阻抗为 $Z = |Z| \angle \varphi_z$，$\dot{U}_A = U_p \angle 0°$，不计中性线的阻抗，则各相电流分别为：

$$\dot{I}_A = \frac{\dot{U}_A}{Z} = \frac{U_p \angle 0°}{|Z| \angle \varphi_z} = \frac{U_p}{|Z|} \angle -\varphi_z$$

$$\dot{I}_B = \frac{\dot{U}_B}{Z} = \frac{U_p \angle -120°}{|Z| \angle \varphi_z} = \frac{U_p}{|Z|} \angle (-120° - \varphi_z)$$

$$\dot{I}_C = \frac{\dot{U}_C}{Z} = \frac{U_p \angle 120°}{|Z| \angle \varphi_z} = \frac{U_p}{|Z|} \angle (120° - \varphi_z)$$

亦即三相电流也是对称的，3 个线电流的相量和为零，即：

$$\dot{I}_A + \dot{I}_B + \dot{I}_C = 0$$

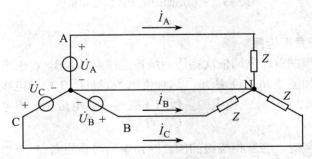

图 2.27　对称三相四线制供电系统

中性线没有电流，也没有存在的必要，这样由三根相线供电的方式称为三相三线制，三相三线制供电广泛应用在三相电动机电路中。

由于每相负载取用的功率相等，所以电路总功率为：

$$P = 3P_p = 3U_pI_p\cos\varphi_z = \sqrt{3}U_LI_L\cos\varphi_z$$

2. 对称三相负载的三角形连接

负载三角形连接如图 2.28（a）所示。显然，在负载为三角形连接时，线电压等于相电压。线电流 $\dot{I}_A$、$\dot{I}_B$、$\dot{I}_C$ 与相电流为 $\dot{I}_{AB}$、$\dot{I}_{BC}$、$\dot{I}_{CA}$ 有如下的关系式：

$$\dot{I}_A = \dot{I}_{AB} - \dot{I}_{CA}$$
$$\dot{I}_B = \dot{I}_{BC} - \dot{I}_{AB}$$
$$\dot{I}_C = \dot{I}_{CA} - \dot{I}_{BC}$$

相量图如图 2.28（b）所示，由图可得：

$$\dot{I}_A = \sqrt{3}\dot{I}_{AB}\angle -30°$$
$$\dot{I}_B = \sqrt{3}\dot{I}_{BC}\angle -30°$$
$$\dot{I}_C = \sqrt{3}\dot{I}_{CA}\angle -30°$$

可见在对称三相负载的三角形连接中，线电流 I_L 是相电流 I_P 的 $\sqrt{3}$ 倍，即：

$$I_L = \sqrt{3}I_P$$

在相位上比对应的相电流滞后 30°。

设负载阻抗为 $Z = |Z|\angle\varphi_z$，$\dot{U}_{AB} = U_p\angle 0°$，则各相电流分别为：

$$\dot{I}_{AB} = \frac{\dot{U}_{AB}}{Z} = \frac{U_p\angle 0°}{|Z|\angle\varphi_z} = \frac{U_p}{|Z|}\angle -\varphi_z$$

$$\dot{I}_{BC} = \frac{\dot{U}_{BC}}{Z} = \frac{U_p\angle -120°}{|Z|\angle\varphi_z} = \frac{U_p}{|Z|}\angle(-120° -\varphi_z)$$

$$\dot{I}_{CA} = \frac{\dot{U}_{CA}}{Z} = \frac{U_p\angle 120°}{|Z|\angle\varphi_z} = \frac{U_p}{|Z|}\angle(120° -\varphi_z)$$

由于每相负载取用的功率相等，所以电路总功率为：

$$P = 3P_p = 3U_pI_p\cos\varphi_z = \sqrt{3}U_LI_L\cos\varphi_z$$

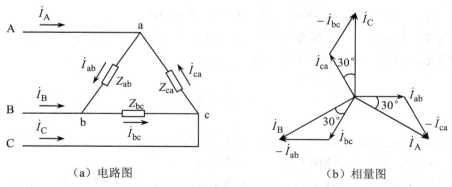

（a）电路图 　　　　　　　　　（b）相量图

图 2.28　负载三角形连接的三相电路与相量图

例 2.11　对称三相三线制的线电压 $U_L = 100\sqrt{3}$ V，每相负载阻抗为 $Z = 10\angle 60°$ Ω，求负载为星形连接及三角形连接两种情况下的电流和三相功率。

解　在正弦电路中若不加说明，电流、电压的大小都是指有效值。

（1）当负载为星形连接时，相电压的有效值为：

$$U_\mathrm{P} = \frac{U_\mathrm{L}}{\sqrt{3}} = 100 \quad (\mathrm{V})$$

设 $\dot{U}_\mathrm{A} = 100\angle 0° \,\mathrm{V}$。线电流等于相电流，为：

$$\dot{I}_\mathrm{A} = \frac{\dot{U}_\mathrm{A}}{Z} = \frac{100\angle 0°}{10\angle 60°} = 10\angle -60° \quad (\mathrm{A})$$

$$\dot{I}_\mathrm{B} = \frac{\dot{U}_\mathrm{B}}{Z} = \frac{100\angle -120°}{10\angle 60°} = 10\angle -180° \quad (\mathrm{A})$$

$$\dot{I}_\mathrm{C} = \frac{\dot{U}_\mathrm{C}}{Z} = \frac{100\angle 120°}{10\angle 60°} = 10\angle 60° \quad (\mathrm{A})$$

三相总功率为：

$$P = \sqrt{3}U_\mathrm{L}I_\mathrm{L}\cos\varphi_\mathrm{z} = \sqrt{3}\times 100\sqrt{3}\times 10\times\cos 60° = 1500 \quad (\mathrm{W})$$

（2）当负载为三角形连接时，相电压等于线电压，设 $\dot{U}_\mathrm{AB} = 100\sqrt{3}\angle 0° \,\mathrm{V}$。相电流为：

$$\dot{I}_\mathrm{AB} = \frac{\dot{U}_\mathrm{AB}}{Z} = \frac{100\sqrt{3}\angle 0°}{10\angle 60°} = 10\sqrt{3}\angle -60° \quad (\mathrm{A})$$

$$\dot{I}_\mathrm{BC} = \frac{\dot{U}_\mathrm{BC}}{Z} = \frac{100\sqrt{3}\angle -120°}{10\angle 60°} = 10\sqrt{3}\angle -180° \quad (\mathrm{A})$$

$$\dot{I}_\mathrm{CA} = \frac{\dot{U}_\mathrm{CA}}{Z} = \frac{100\sqrt{3}\angle 120°}{10\angle 60°} = 10\sqrt{3}\angle 60° \quad (\mathrm{A})$$

线电流为：

$$\dot{I}_\mathrm{A} = \sqrt{3}\dot{I}_\mathrm{AB}\angle -30° = 30\angle -90° \quad (\mathrm{A})$$

$$\dot{I}_\mathrm{B} = \sqrt{3}\dot{I}_\mathrm{BC}\angle -30° = 30\angle -210° = 30\angle 150° \quad (\mathrm{A})$$

$$\dot{I}_\mathrm{C} = \sqrt{3}\dot{I}_\mathrm{CA}\angle -30° = 30\angle 30° \quad (\mathrm{A})$$

三相总功率为：

$$P = \sqrt{3}U_\mathrm{L}I_\mathrm{L}\cos\varphi_\mathrm{z} = \sqrt{3}\times 100\sqrt{3}\times 30\times\cos 60° = 4500 \quad (\mathrm{W})$$

由此可知，负载由星形连接改为三角形连接后，相电流增加到原来的 $\sqrt{3}$ 倍，线电流增加到原来的 3 倍，功率也增加到原来的 3 倍。

本章小结

（1）在正弦电流表达式 $i = I_\mathrm{m}\sin(\omega t + \theta_\mathrm{i}) = \sqrt{2}I\sin(\omega t + \theta_\mathrm{i})$ 中，振幅 I_m（有效值 I）、角频率 ω（周期 T 或频率 f）和初相 θ_i 称为正弦电流的三要素。

若两个同频率的正弦电流 i_1 和 i_2 的初相分别为 θ_1 和 θ_2，则这两个电流的相位差等于它们的初相之差，即 $\varphi = \theta_1 - \theta_2$。若 $\varphi > 0$，表示 i_1 的相位超前 i_2（i_2 的相位滞后 i_1），$\varphi = 0$ 表示 i_1 与 i_2 同相，$\varphi = \pm\pi$ 表示 i_1 与 i_2 反相。

（2）正弦电流 $i = \sqrt{2}I\sin(\omega t + \theta_\mathrm{i})$ 的相量为 $\dot{I} = I\angle\theta_\mathrm{i}$。正弦量与相量之间是相互对应的关系，不是相等的关系。将正弦量用相量表示，可以将正弦量的三角函数运算转化为相量的复数运算。在相量的运算中，可以借助相量图简化计算。

（3）基尔霍夫定律的相量形式以及 R、L、C 元件上电压与电流之间的相量关系是分析正弦电路的基础，应该很好地理解和掌握。

KCL、KVL 的相量形式分别为：$\sum \dot{I} = 0$、$\sum \dot{U} = 0$。

R、L、C 元件上电压与电流之间的相量关系、有效值关系及相位关系分别为：

电阻元件：$\dot{U} = R\dot{I}$，$U = RI$，$\theta_{u} = \theta_{i}$

电感元件：$\dot{U} = jX_{L}\dot{I}$，$U = X_{L}I$，$\theta_{u} = \theta_{i} + 90°$，其中 $X_{L} = \omega L$

电容元件：$\dot{U} = -jX_{C}\dot{I}$，$U = X_{C}I$，$\theta_{u} = \theta_{i} - 90°$，其中 $X_{C} = \dfrac{1}{\omega C}$

（4）一个无源二端网络可以等效为一个阻抗：$Z = \dfrac{\dot{U}}{\dot{I}} = |Z| \angle \varphi_{z}$。

阻抗模 $|Z|$ 及阻抗角 φ_{z} 与电压、电流的关系为：

$$|Z| = \frac{U}{I} = \frac{U_{m}}{I_{m}}, \quad \varphi_{z} = \theta_{u} - \theta_{i}$$

$\varphi_{z} > 0$ 表示电压超前电流，阻抗呈电感性；$\varphi_{z} < 0$ 表示电压滞后电流，阻抗呈电容性；$\varphi_{z} = 0$ 表示电压与电流同相，阻抗呈电阻性。阻抗可以表示成代数型 $Z = R + jX$。指数型与代数型的转换关系为：

$$R = |Z|\cos\varphi_{z}, \quad X = |Z|\sin\varphi_{z}$$

$$|Z| = \sqrt{R^{2} + X^{2}}, \quad \varphi_{z} = \arctan\frac{X}{R}$$

（5）用相量法分析正弦电路的方法是：电压、电流用相量表示，R、L、C 元件用阻抗表示，画出电路的相量模型，利用 KCL、KVL 和欧姆定律的相量形式列出电路方程后求解。这样，分析直流电路的方法也适用于分析正弦电路的相量模型。

（6）正弦电路的平均功率为 $P = UI\cos\varphi$，是电路实际消耗的功率，它等于电路中所有电阻消耗的功率之和。正弦电路的无功功率和视在功率分别为 $Q = UI\sin\varphi$、$S = UI$。平均功率、无功功率和视在功率的关系为：$S^{2} = P^{2} + Q^{2}$。

（7）RLC 串联电路谐振的条件为阻抗虚部为零，即 $\omega_{0}L = \dfrac{1}{\omega_{0}C}$，谐振角频率为：

$\omega_{0} = \dfrac{1}{\sqrt{LC}}$，谐振时的特征为：电压与电流同相，阻抗最小，电压一定时电流最大。

（8）对称三相电路是由对称三相电源和对称三相负载组成的三相电路。对称三相电源星形连接时 $U_{L} = \sqrt{3}U_{P}$，三角形连接时 $U_{L} = U_{P}$。对称三相负载星形连接时 $U_{L} = \sqrt{3}U_{P}$，$I_{L} = I_{P}$；三角形连接时 $U_{L} = U_{P}$，$I_{L} = \sqrt{3}I_{P}$。在对称三相电路中，三相负载的总功率为：$P = \sqrt{3}U_{L}I_{L}\cos\varphi_{z}$。

习题二

2.1　已知正弦电压 $u_{1} = 10\sin(\omega t + 30°)\ \text{V}$、$u_{2} = 5\sin(2\omega t + 10°)\ \text{V}$，则 u_{1} 与 u_{2} 的相位差为

$30° - 10° = 20°$，对吗？为什么？

2.2 已知某正弦交流电流的有效值为 10 A，频率为 50 Hz，初相为 45°。

（1）写出它的瞬时表达式，并画出其波形图。

（2）求该正弦交流电流在 $t = 0.0025 \, s$ 时的相位和瞬时值。

2.3 已知正弦交流电流 $i_1 = 10\sin(\omega t + 60°)\,A$、$i_2 = 5\sqrt{2}\sin(\omega t - 20°)\,A$，求 i_1 与 i_2 的振幅、频率、初相、有效值和相位差，并画出其波形图。

2.4 设 $A = 6 + j8$，$B = 10\angle 30°$，试计算 $A + B$、$A - B$、AB、A/B。

2.5 写出下列各正弦量所对应的相量，并画出其相量图。

（1）$i = 10\sin(100t + 90°)$（mA） （2）$i = 5\sqrt{2}\sin(5t - 120°)$（A）

（3）$u = 6\sin(\omega t + 30°)$（V） （4）$u = 10\sqrt{2}\sin(100t + 10°)$（V）

2.6 分别写出下列相量所代表的正弦量的瞬时表达式（设角频率均为 ω）。

（1）$\dot{I}_m = -5 + j8.66$（A） （2）$\dot{I} = 6 - j8$（mA）

（3）$\dot{U}_m = 10 + j10$（V） （4）$\dot{U} = -8.66 - j5$（V）

2.7 利用相量计算下列两个正弦交流电流的和与差。

$$i_1 = 10\sin(314t + 60°)\,A$$
$$i_2 = 8\sin(314t - 30°)\,A$$

2.8 如图 2.29 所示的 RL 串联电路，已知 $R = 100\,\Omega$，$L = 0.1\,mH$，$i = 10\sin 10^6 t\,A$，求电源电压 u_s，并画出相量图。

2.9 如图 2.30 所示的 RC 串联电路，已知 $R = 10\,\Omega$，$C = 0.1\,F$，$u_s = 10\sin t\,V$，求电流 i 及电容上的电压 u_C。

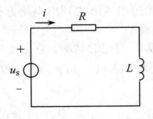

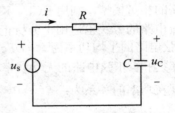

图 2.29 习题 2.8 的图   图 2.30 习题 2.9 的图

2.10 如图 2.31 所示的 RC 并联电路，$R = 5\,\Omega$，$C = 0.1\,F$，$i_R = 10\sqrt{2}\sin(2t + 30°)\,A$，求电流 i，并画出相量图。

2.11 如图 2.32 所示的电路，已知电流表 A_1 和 A_2 的读数分别为 4A 和 3A，问当元件 N 分别为 R、L 或 C 时，电流表 A 的读数分别为多少？

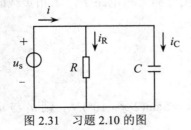

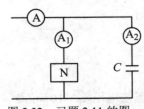

图 2.31 习题 2.10 的图   图 2.32 习题 2.11 的图

2.12　如图 2.33 所示电路中电压表 V_1 和 V_2 的读数都是 5V，求两图中电压表 V 的读数。

2.13　如图 2.34 所示的电路，当正弦电源的频率为 50Hz 时，电压表和电流表的读数分别为 220V 和 10A，且已知 $R = 8\,\Omega$，求电感 L。

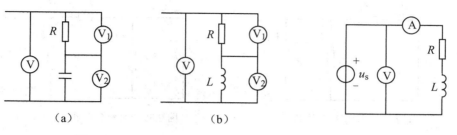

（a）　　　　　　　（b）

图 2.33　习题 2.12 的图　　　　　图 2.34　习题 2.13 的图

2.14　求图 2.35 所示各电路 a、b 两端的等效阻抗（设 $\omega = 2\text{rad/s}$）。

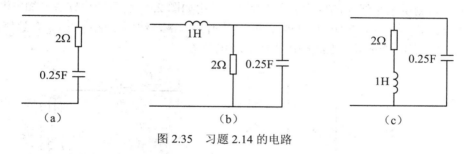

（a）　　　　　　　（b）　　　　　　　（c）

图 2.35　习题 2.14 的电路

2.15　RLC 串联电路如图 2.36 所示，已知 $R = 10\,\Omega$，$L = 20\,\text{mH}$，$C = 100\,\mu\text{F}$。

（1）若电源电压有效值 $U_s = 20\text{V}$，角频率 $\omega = 10^3\,\text{rad/s}$，求 i、u_R、u_C、u_L，并画出相量图。

（2）若该电路为纯电阻性，且电源电压有效值 $U_s = 20\text{V}$，求电源的频率及 i、u_R、u_C、u_L，并画出相量图。

2.16　RLC 并联电路如图 2.37 所示，已知 $R = 40\,\Omega$，$L = 4\,\text{mH}$，$C = 5\,\mu\text{F}$，电源电压 $u_s = 10\sin 10^4 t\text{V}$，求电流 i、i_R、i_C、i_L，并画出相量图。

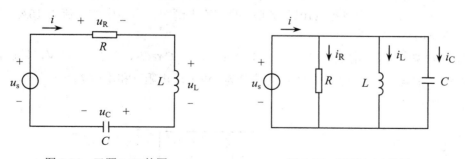

图 2.36　习题 2.15 的图　　　　　图 2.37　习题 2.16 的图

2.17　在如图 2.38 所示的电路中，已知 Z_3 上电压有效值 $U_3 = 50\sqrt{2}\ \text{V}$，初相为 $0°$，各个阻抗为 $Z_1 = 1 - j3\,\Omega$，$Z_2 = -j5\,\Omega$，$Z_3 = 5 + j5\,\Omega$，求各支路电流 $\dot{I}_1$、$\dot{I}_2$、$\dot{I}_3$ 和电源电压 $\dot{U}$，并画出相量图。

2.18 在如图 2.39 所示的电路中，$\dot{U} = 10\angle0° \text{ V}$，$Z_1 = -\text{j}10\ \Omega$，$Z_2 = \text{j}10\ \Omega$，$Z_3 = 10\ \Omega$，求各支路电流 $\dot{I}_1$、$\dot{I}_2$ 和 $\dot{I}_3$，并画出相量图。

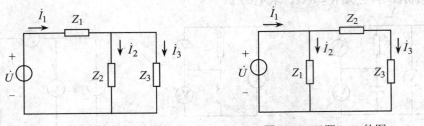

图 2.38 习题 2.17 的图   图 2.39 习题 2.18 的图

2.19 如图 2.40 所示的无源二端网络中，已知电压相量为 $\dot{U} = 220\angle0° \text{ V}$，电流相量为 $\dot{I} = 4 - \text{j}3 \text{ A}$，求该二端网络的平均功率 P、无功功率 Q、视在功率 S 和等效阻抗 Z。

2.20 为测量某个线圈的内阻 r 和电感 L，采用如图 2.41 所示的电路。已知电源电压 u 的有效值为 220V，频率为 50Hz 时测得 u_R 的有效值为 60V，线圈上的电压 u_{rL} 有效值为 200V，电流 i 的有效值为 200mA，求线圈的内阻 r 和电感 L。

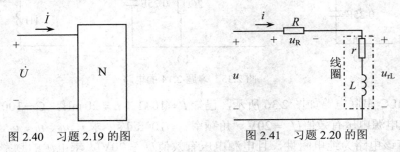

图 2.40 习题 2.19 的图   图 2.41 习题 2.20 的图

2.21 已知某单相电动机的电压和电流有效值分别为 220V 和 15A（频率为 50Hz），且电压超前于电流的相位角为 40°，求：

（1）该电动机的平均功率和功率因数。

（2）要使功率因数提高到 0.9，需要在电动机两端并联多大的电容 C？

2.22 将一个感性负载接于 110V、50Hz 的交流电源时，电路中的电流为 10A，消耗功率 600W，求负载的 $\cos\varphi$、R、X。

2.23 电路如图 2.42 所示，已知 $X_C = 100\ \Omega$，$\omega = 10^4 \text{ rad/s}$，$\dot{U} = 16\angle0° \text{ V}$，且 $\dot{U}$ 滞后 $\dot{I}$ 的相位为 36.9°，$R = 100\ \Omega$，电阻 R 消耗的功率为 1W，求电阻 r 和电感 L。

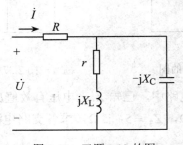

图 2.42 习题 2.23 的图

2.24　在如图 2.43 所示的电路中，已知电容电压 $\dot{U}_C = 10\angle 0°$，求电源电压 $\dot{U}$ 以及电路的有功功率 P、无功功率 Q、视在功率 S 和功率因数 λ。

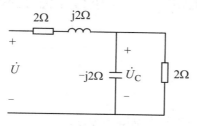

图 2.43　习题 2.24 的图

2.25　在图 2.44 所示的电路中，当调节电容 C 使电流与电压同相时，测出 $U_s = 100\text{V}$，$U_C = 180\text{V}$，$I = 1\text{A}$，电源的频率 $f = 50\text{Hz}$，求电路中的 R、L、C。

2.26　在图 2.45 所示的电路中，$X_L = 60\,\Omega$，若电源电压 U_s 不变，在开关 S 打开和闭合两种情况下电流表 A 的读数相同，求 X_C。

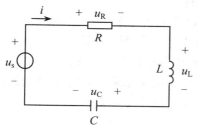

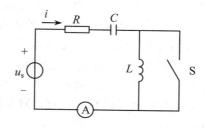

图 2.44　习题 2.25 的图　　　　图 2.45　习题 2.26 的图

2.27　RLC 串联谐振电路中，已知 $R = 25\,\Omega$，$L = 0.4\,\text{H}$，$C = 0.025\,\mu\text{F}$，电源电压 $U = 50\text{V}$。求电路谐振时的角频率、电路中的电流、电感两端的电压及电路的品质因数。

2.28　RLC 串联谐振电路的谐振频率 $f_0 = 5\,\text{kHz}$，品质因数 $Q = 60$，电阻 $R = 10\,\Omega$，求电感 L 和电容 C。

2.29　星形连接的三相对称电源，相序为 A→B→C，已知 $\dot{U}_B = 220\angle 0°\text{V}$，求相电压 $\dot{U}_A$、$\dot{U}_C$ 和线电压 $\dot{U}_{AB}$、$\dot{U}_{BC}$、$\dot{U}_{CA}$，并作相量图。

2.30　线电压为 380V 的三相四线制电路中，负载为星形连接，每相负载阻抗为 $Z = 4 + \text{j}3\,\Omega$，求相电流、线电流和中性线电流。

2.31　把功率为 2.2kW 的三相异步电动机接到线电压为 380V 的电源上，其功率因数为 0.8，求此时的线电流为多少？若负载为星形连接，各相电流为多少？若负载为三角形连接，各相电流为多少？

2.32　对称三相感性负载作三角形连接，接到线电压为 380V 的三相电源上，总功率为 4.5kW，功率因数为 0.8，求每相的阻抗。

2.33　三相对称负载，每相负载阻抗为 $Z = 6 + \text{j}8\,\Omega$，接到线电压为 380V 的三相电源上，分别计算三相负载接成星形及三角形时的总功率。

第3章 一阶动态电路

![学习要求]

- 掌握用三要素法分析一阶动态电路的方法。
- 理解电路的暂态和稳态以及时间常数的物理意义。
- 了解一阶电路的零输入响应、零状态响应和全响应的概念。

前面几章讨论的电路，无论是直流电路还是交流电路，在电路连接方式和元件参数不变的条件下，只要电源输出信号的辐值、波形和频率恒定，各支路电流和各部分电压也必将稳定在一定的数值上，这种状态称为电路的稳定状态，简称稳态。

在含有储能元件电容 C 和电感 L 的电路中，当电路的工作条件发生变化时，电路中各处的电压和电流都会发生变化，即电路将从原来的稳定状态变化到新的稳定状态。一般情况下，这种变化不是瞬间完成的，需要一定时间，在这段时间内称电路处于过渡过程。在过渡过程中，电路中各处的电压和电流处于暂时的不稳定状态。由于相对于稳定状态而言，过渡过程所经历的时间是很短暂的，故又称暂态过程，简称暂态或动态，电路称为动态电路，相应地，储能元件也称为动态元件。

本章首先介绍动态电路产生暂态过程的原因和换路定理，接着介绍 RC 电路的响应，从而推导出求解一阶动态电路的三要素法，最后简单介绍 RL 电路的响应。

3.1 换路定理

3.1.1 动态电路产生暂态过程的原因

在如图 3.1 所示的电路中，电容 C 与电阻 R 串联后接入直流电源。当开关 S 闭合前电容上未充电，两端的电压 $u_C = 0$，电路处于稳定状态。当把开关 S 闭合后，经过一段时间 t 后，电容电压增加到 $u_C = U_S$，电路又处于一种新的稳定状态。可见，如图 3.1 所示的电路在开关闭合后，电容电压只能逐渐地、连续地从零（开关闭合前的稳态值）变化到 U_S（开关闭合后的稳态值）。这一变化过程，就是该电路在开关闭合后电容电压 u_C 变化的过渡过程。

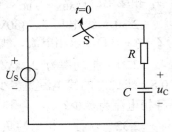

图 3.1 电容元件接入直流电源

从物理本质上看，电容电压 u_C 不能跃变，是由于能量不能跃变造成的。因为电容是储能元件，电容存储的能量与其两端的电压有关，而能量的增减需要一定的时间，不能一瞬间完成。所以，储能元件要完成储能的变化需要一个过渡过程，以便在这段时间内完成能量的转移、转化和重新分配。

虽然过渡过程经历的时间很短，但对它的研究却有着十分重要的意义。例如，研究脉冲电路时，经常遇到电子器件的开关特性和电容器的充放电。由于脉冲是一种跃变信号，并且持续时间很短，因此人们注意的是电路的过渡过程，即电路中每个瞬时的电压和电流的变化情况。此外，电子技术中也常利用电路过渡过程现象改善波形或产生特定的波形。电路的过渡过程也有其有害的一面，例如，某些电路在接通或断开的过程中，会产生电压过高（称为过电压）或电流过大（称为过电流）的现象，从而损坏电气设备或器件。

因此，研究过渡过程的目的就是要掌握过渡过程中客观存在的物理现象的规律，在生产中既要充分利用过渡过程的特性，又要防止过渡过程所产生的危害。

3.1.2 换路定理

电路工作条件发生变化，如接通或切断电源、电路连接方法或电路元件参数突然变化等，统称为换路。通常规定换路是瞬间完成的。

电容中存储有电场能量，且电场能量的大小与电压的平方成正比，即 $W_C = \frac{1}{2}Cu_C^2$，换路时电场能量不能跃变，所以电容的电压 u_C 不能跃变。电感中存储有磁场能量，而磁场能量的大小与电流的平方成正比，即 $W_L = \frac{1}{2}Li_L^2$，换路时磁场能量不能跃变，所以电感的电流 i_L 也不能跃变。由此得到储能元件的换路定理：换路瞬间，电容上的电压 u_C 和电感中的电流 i_L 不能跃变。

设换路发生的时刻为 $t = 0$，换路前的瞬间用 $t = 0_-$ 表示，换路后的瞬间用 $t = 0_+$ 表示，则换路定理可用公式表示为：

$$u_C(0_+) = u_C(0_-)$$
$$i_L(0_+) = i_L(0_-)$$

必须注意的是，利用换路定理只能确定电路在换路后的初始时刻（$t = 0_+$）不能跃变的电容电压 u_C 和电感电流 i_L 的初始值，而电容电流 i_C、电感电压 u_L，以及电路中其他元件的电流和电压是可以跃变的（是否跃变由电路的具体结构而定）。

由换路定理确定了电容电压和电感电流的初始值后，电路中其他电流和电压的初始值可按以下原则计算确定：

（1）换路后的 $t = 0_+$ 瞬间，电容元件可视为电压为 $u_C(0_+)$ 的恒压源，如果 $u_C(0_+) = 0$，则电容元件在换路后瞬间相当于短路。

（2）换路后的 $t = 0_+$ 瞬间，电感元件可视为电流为 $i_L(0_+)$ 的恒流源，如果 $i_L(0_+) = 0$，则电感元件在换路后瞬间相当于开路。

（3）利用 KCL 和 KVL 以及直流电阻电路的分析方法，计算电路在换路后 $t = 0_+$ 瞬间其他电流和电压的初始值。

例 3.1　如图 3.2（a）所示的电路原处于稳态，$t = 0$ 时开关 S 闭合，$U_S = 12\,\text{V}$，$R_1 = 4\,\Omega$，$R_2 = 2\,\Omega$，$R_3 = 6\,\Omega$，求初始值 $u_C(0_+)$、$i_L(0_+)$、$i_1(0_+)$、$i_C(0_+)$ 和 $u(0_+)$。

解　（1）求出开关 S 闭合前瞬间电容电压 $u_C(0_-)$ 和电感电流 $i_L(0_-)$。由于 $t = 0_-$ 时电路处于稳态，电路中各处电流及电压都是常数，因此电感两端的电压 $u_L = L\dfrac{\mathrm{d}i_L}{\mathrm{d}t} = 0$，电感 L 可以看做短路；电容中的电流 $i_C = C\dfrac{\mathrm{d}u_C}{\mathrm{d}t} = 0$，电容 C 可以看做开路。由此可以画出 $t = 0_-$ 时的等效电路，如图 3.2（b）所示。由图 3.2（b）可求得 $t = 0_-$ 时的电感电流和电容电压，分别为：

$$i_L(0_-) = \frac{U_S}{R_1 + R_3} = \frac{12}{4 + 6} = 1.2 \ (\mathrm{A})$$

$$u_C(0_-) = i_1(0_-)R_3 = i_L(0_-)R_3 = 1.2 \times 6 = 7.2 \ (\mathrm{V})$$

开关 S 闭合后瞬间，根据换路定理有：

$$i_L(0_+) = i_L(0_-) = 1.2 \ (\mathrm{A})$$

$$u_C(0_+) = u_C(0_-) = 7.2 \ (\mathrm{V})$$

（2）画出 $t = 0_+$ 时的等效电路。在 $t = 0_+$ 瞬间，电容元件可视为电压 $u_C(0_+) = 7.2\,\mathrm{V}$ 的恒压源，电感元件可视为电流 $i_L(0_+) = 1.2\,\mathrm{A}$ 的恒流源，由此可以画出 $t = 0_+$ 时的等效电路，如图 3.2（c）所示。

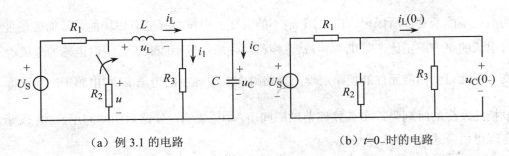

(a) 例 3.1 的电路　　　　　　　　(b) $t=0_-$ 时的电路

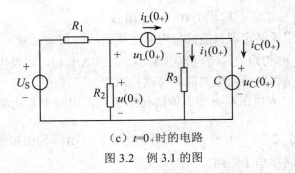

（c）$t=0_+$ 时的电路

图 3.2　例 3.1 的图

（3）根据 $t = 0_+$ 时的等效电路，运用直流电路的分析方法求出各电流、电压的初始值。由图 3.2（c）可得：

$$i_1(0_+) = \frac{u_C(0_+)}{R_3} = \frac{7.2}{6} = 1.2 \ (\mathrm{A})$$

$$i_C(0_+) = i_L(0_+) - i_1(0_+) = 1.2 - 1.2 = 0 \ (\mathrm{A})$$

$u(0_+)$ 可用叠加定理由 $t = 0_+$ 时的电路求出，为：

$$u(0_+) = \frac{R_2}{R_1 + R_2}U_S - \frac{R_1 R_2}{R_1 + R_2}i_L(0_+) = \frac{2}{4 + 2} \times 12 - \frac{4 \times 2}{4 + 2} \times 1.2 = 4 - 1.6 = 2.4 \ (\mathrm{V})$$

通过上面的例题，可归纳出求初始值的简单步骤如下：

（1）画出 $t = 0_-$ 时的等效电路，求出 $u_C(0_-)$ 和 $i_L(0_-)$。

（2）根据换路定理，画出 $t = 0_+$ 时的等效电路。

（3）根据 $t = 0_+$ 时的等效电路，运用直流电路的分析方法求出各电流和电压的初始值。

3.2　一阶动态电路的分析方法

电路分析中，通常把电源称为激励，而由激励产生的电流和电压称为响应。

由于动态元件的伏安关系为微分关系，因此，动态电路需要用微分方程来描述。只含一个动态元件的线性电路，可以用一阶线性常系数微分方程来描述，故称为一阶动态电路，简称一阶电路。

任何一个复杂的一阶电路，总可以用戴维南定理将其等效为一个简单的 RC 电路或 RL 电路。例如，对于如图 3.3（a）所示的电路，可以用戴维南定理将其等效为如图 3.3（b）所示的电路。因此，对一阶电路的分析，实际上可归结为对简单 RC 电路和 RL 电路的求解。

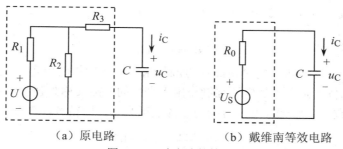

（a）原电路　　　　　　（b）戴维南等效电路

图 3.3　一阶电路的等效

一阶动态电路的分析方法有经典法和三要素法两种。

对一阶电路而言，以任一电流或电压作为变量，利用基尔霍夫定律和元件伏安关系可以列出换路后的电路方程，这个方程是一阶线性常系数微分方程，求解该微分方程，即得待求电流或电压的时间函数式，这种求解一阶电路的方法称为经典法。

如果作用于电路的电源为直流电源，则只要求出待求电流或电压在换路后的初始值、稳态值和电路的时间常数这 3 个要素，然后代入三要素公式即可写出待求电流或电压的时间函数式，这种利用三要素求解一阶电路的方法称为三要素法。

3.2.1　经典分析法

本节以 RC 电路为例讨论一阶动态电路的分析方法。

如图 3.4（a）所示为 RC 电路，设在 $t = 0$ 时将开关 S 闭合。为了求出开关闭合后电容电压随时间变化的规律，可根据 KVL 列出电路的回路电压方程，为：

$$u_R + u_C = U_S$$

因为：

$$i_C = C \frac{\mathrm{d}u_C}{\mathrm{d}t}$$

$$u_R = Ri_C = RC\frac{\mathrm{d}u_C}{\mathrm{d}t}$$

从而得微分方程：

$$RC\frac{\mathrm{d}u_C}{\mathrm{d}t} + u_C = U_S$$

上式是一阶常系数非齐次微分方程。常系数非齐次微分方程的通解由两部分组成，一个是它本身的特解 u_C'，另一个是补函数，即非齐次线性微分方程令其右端的非齐次项为零时，所对应的齐次微分方程 $RC\frac{\mathrm{d}u_C}{\mathrm{d}t} + u_C = 0$ 的通解 u_C''，故补函数又称为齐次解。将特解 u_C' 和补函数 u_C'' 相加即得原非齐次微分方程的解，为：

$$u_C = u_C' + u_C''$$

（1）求非齐次方程的特解。特解与电源电压或电源电流具有相同的形式，由于电路作用的是直流电源，所以特解为一常数。设 $u_C' = K$，代入原微分方程，得：

$$RC\frac{\mathrm{d}K}{\mathrm{d}t} + K = U_S$$

因为 K 为常数，所以上式中的第一项为零，故得：

$$K = U_S$$

即：

$$u_C' = K = U_S$$

可见特解等于电源电压，它是电路在电源作用下达到稳态时电容电压的稳态值，称为稳态分量。又因为此特解是在外加电源强制作用下产生的，故又称为强制分量。

（2）求补函数。令原微分方程右端的非齐次项为零，即得齐次微分方程，为：

$$RC\frac{\mathrm{d}u_C}{\mathrm{d}t} + u_C = 0$$

设其解为：

$$u_C'' = Ae^{pt}$$

式中 A 为积分常数，p 为特征方程的根。将上式代入齐次微分方程并消去公因子 Ae^{pt}，得出该微分方程的特征方程为：

$$RCp + 1 = 0$$

特征根为：

$$p = -\frac{1}{RC} = -\frac{1}{\tau}$$

所以，补函数为：

$$u_C'' = Ae^{-\frac{t}{\tau}} = Ae^{-\frac{t}{RC}}$$

式中 $\tau = RC$ 具有时间的单位秒（s），称为 RC 电路的时间常数。

由补函数的表达式可以看出，当 $t \rightarrow \infty$ 时，补函数 $u_C'' \rightarrow 0$，所以补函数只存在于暂态过程中，故补函数称为暂态分量。另一方面，补函数的变化规律与电源的变化规律无关，只按指数规律衰减，故补函数又称为自由分量。

（3）求常系数非齐次微分方程的通解。常系数非齐次微分方程的通解等于稳态分量与暂态分量之和，即：

$$u_C = u_C' + u_C'' = U_S + Ae^{-\frac{t}{\tau}} = U_S + Ae^{-\frac{t}{RC}}$$

式中的积分常数 A 可根据已知的初始值确定。

（4）确定积分常数。设电容电压初始值为 $u_C(0_+) = U_0$，则在 $t = 0_+$ 时有：

$$u_C(0_+) = U_S + A = U_0$$

所以积分常数为：

$$A = U_0 - U_S$$

从而求得电容电压 u_C 随时间变化的规律为：

$$u_C = U_S + (U_0 - U_S)e^{-\frac{t}{\tau}} = U_S + (U_0 - U_S)e^{-\frac{t}{RC}}$$

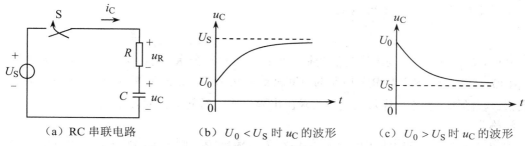

（a）RC 串联电路　　（b）$U_0 < U_S$ 时 u_C 的波形　　（c）$U_0 > U_S$ 时 u_C 的波形

图 3.4　RC 串联电路及其电容电压 u_C 的波形

$U_0 < U_S$ 时 u_C 的变化曲线如图 3.4（b）所示，u_C 随时间从初始值 U_0 按指数规律上升到稳态值 U_S，电路的过渡过程是电源通过电阻 R 向电容 C 充电的过程。$U_0 > U_S$ 时 u_C 的变化曲线如图 3.4（c）所示，u_C 随时间从初始值 U_0 按指数规律下降到稳态值 U_S，电路的过渡过程是电容 C 通过电阻 R 向电源放电的过程。

电路中的电流为：

$$i_C = C\frac{\mathrm{d}u_C}{\mathrm{d}t} = \frac{U_0 - U_S}{R}e^{-\frac{t}{\tau}} = \frac{U_0 - U_S}{R}e^{-\frac{t}{RC}}$$

i_C 的波形如图 3.5（a）所示，可见 i_C 随时间从初始值 $\frac{U_S}{R}$ 按指数规律下降到稳态值 0。

电阻上的电压为：

$$u_R = Ri_C = (U_0 - U_S)e^{-\frac{t}{\tau}} = (U_0 - U_S)e^{-\frac{t}{RC}}$$

u_R 的波形如图 3.5（b）所示，可见 u_R 随时间从初始值 U_S 按指数规律下降到稳态值 0。

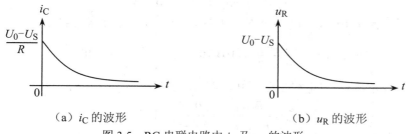

（a）i_C 的波形　　　　　　　（b）u_R 的波形

图 3.5　RC 串联电路中 i_C 及 u_R 的波形

从 u_C、i_C 和 u_R 的表达式可知，在同一个 RC 电路中，各处的电流和电压都按同一时间常数 $\tau = RC$ 的指数规律变化。

通过以上电路的求解，可归纳出经典法求解一阶电路的步骤如下：

（1）利用基尔霍夫定律和元件的伏安关系，根据换路后的电路列出微分方程。

（2）求微分方程的特解，即稳态分量。

（3）求微分方程的补函数，即暂态分量。

（4）将稳态分量与暂态分量相加，即得微分方程的全解。

（5）按照换路定理求出暂态过程的初始值，从而定出积分常数。

3.2.2 三要素分析法

上面求得 RC 电路中电容电压为：

$$u_C = U_S + (U_0 - U_S)e^{-\frac{t}{\tau}} = U_S + (U_0 - U_S)e^{-\frac{t}{RC}}$$

其中，$U_0 = u_C(0_+)$ 为电容电压的初始值；U_S 为稳态分量，是 $t \to \infty$ 时电容电压的稳态值，即 $u_C(\infty) = U_S$；$\tau = RC$ 为 RC 电路的时间常数。初始值、稳态值和时间常数称为一阶电路的三要素。若已知三要素，代入上式便可求出电容电压随时间变化的表达式，这种求解一阶电路的方法称为三要素法。

值得注意的是，如果作用于电路的电源为直流电源，则三要素法并不仅仅局限于求解一阶电路的电容电压和电感电流，也可用来求解任一支路的电流或电压。

假设在换路后的一阶电路中，$f(t)$ 表示任一支路的电流或电压，$f(0_+)$ 表示电流或电压的初始值，$f(\infty)$ 表示电流或电压的稳态值，则求解任一支路电流或电压的三要素公式为：

$$f(t) = f(\infty) + [f(0_+) - f(\infty)]e^{-\frac{t}{\tau}}$$

对于 RC 电路，时间常数为：

$$\tau = RC$$

其中 R 是从电容元件两端看进去的戴维南等效电源或诺顿等效电源的内阻。

例 3.2 在如图 3.6（a）所示的电路中，已知 $I_S = 10 \text{ mA}$，$R_1 = 20 \text{ k}\Omega$，$R_2 = 5 \text{ k}\Omega$，$C = 100 \text{ μF}$。开关 S 闭合之前电路已处于稳态，在 $t = 0$ 时开关 S 闭合。试用三要素法求开关闭合后的 u_C。

解 （1）求初始值 $u_C(0_+)$。因为开关 S 闭合之前电路已处于稳态，故在 $t = 0_-$ 瞬间电容 C 可看做开路，因此：

$$u_C(0_-) = I_S R_1 = 10 \times 10^{-3} \times 20 \times 10^3 = 200 \ (\text{V})$$

开关 S 闭合瞬间，根据换路定理，有：

$$u_C(0_+) = u_C(0_-) = 200 \ (\text{V})$$

（2）求稳态值 $u_C(\infty)$。当 $t \to \infty$ 时，电容 C 同样可看做开路，因此：

$$u_C(\infty) = I_S \frac{R_1 R_2}{R_1 + R_2} = 10 \times 10^{-3} \times \frac{20 \times 5 \times 10^3}{20 + 5} = 40 \ (\text{V})$$

（3）求时间常数 τ。将电容支路断开，恒流源开路，如图 3.6（b）所示，可得：

$$R = \frac{R_1 R_2}{R_1 + R_2} = \frac{20 \times 5}{20 + 5} = 4 \ (\text{k}\Omega)$$

所以：
$$\tau = RC = 4 \times 10^3 \times 100 \times 10^{-6} = 0.4 \text{（s）}$$

（4）求 u_C。利用三要素公式，得：
$$u_C = 40 + (200 - 40)e^{-\frac{t}{0.4}} = 40 + 160e^{-2.5t} \text{（V）}$$

u_C 的波形如图 3.6（c）所示。

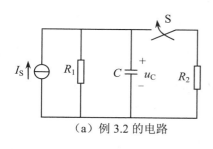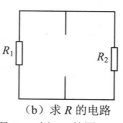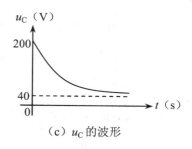

（a）例 3.2 的电路　　　　　　（b）求 R 的电路　　　　　　（c）u_C 的波形

图 3.6　例 3.2 的图

例 3.3　在如图 3.7（a）所示的电路中，已知 $U_S = 9 \text{V}$，$R_1 = 6 \Omega$，$R_2 = 3 \Omega$，$R_3 = 3 \Omega$，$C = 2 \text{F}$。开关 S 闭合之前电容无初始储能，在 $t = 0$ 时开关 S 闭合。试用三要素法求开关闭合后的电容电压 u_C 和通过电阻 R_3 的电流 i_3。

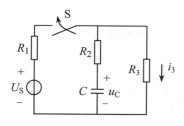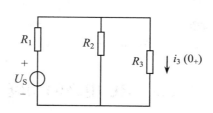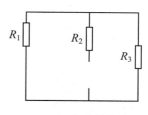

（a）例 3.3 的电路　　　　　（b）$t=0_+$ 时的等效电路　　　　　（c）求 R 的电路

图 3.7　例 3.3 的图

解　（1）求初始值 $u_C(0_+)$ 和 $i_3(0_+)$。因为开关 S 闭合之前电容无初始储能，故：
$$u_C(0_-) = 0 \text{（V）}$$

开关 S 闭合瞬间，根据换路定理，有：
$$u_C(0_+) = u_C(0_-) = 0 \text{（V）}$$

因为 $u_C(0_+) = 0 \text{V}$，故 $t = 0_+$ 时电容相当于短路，如图 3.7（b）所示，可求得：
$$i_3(0_+) = \frac{U_S}{R_1 + \dfrac{R_2 R_3}{R_2 + R_3}} \cdot \frac{R_2}{R_2 + R_3} = \frac{9}{6 + \dfrac{3 \times 3}{3 + 3}} \times \frac{3}{3 + 3} = 0.6 \text{（A）}$$

（2）求稳态值 $u_C(\infty)$ 和 $i_3(\infty)$。当 $t \to \infty$ 时，电容可看做开路，因此：
$$u_C(\infty) = \frac{R_3}{R_1 + R_3} U_S = \frac{3}{6 + 3} \times 9 = 3 \text{（V）}$$

$$i_3(\infty) = \frac{U_S}{R_1 + R_3} = \frac{9}{6+3} = 1 \ (\text{A})$$

（3）求时间常数 τ。将电容支路断开，恒压源短路，如图 3.7（c）所示，可得：

$$R = R_2 + \frac{R_1 R_3}{R_1 + R_3} = 3 + \frac{6 \times 3}{6+3} = 5 \ (\Omega)$$

所以：

$$\tau = RC = 5 \times 2 = 10 \ (\text{s})$$

（4）求 u_C 和 i_3。利用三要素公式，得：

$$u_C = 3 + (0-3)\text{e}^{-\frac{t}{10}} = 3 - 3\text{e}^{-0.1t} \ (\text{V})$$

$$i_3 = 1 + (0.6-1)\text{e}^{-\frac{t}{10}} = 1 - 0.4\text{e}^{-0.1t} \ (\text{A})$$

u_C 及 i_3 的波形如图 3.8 所示。

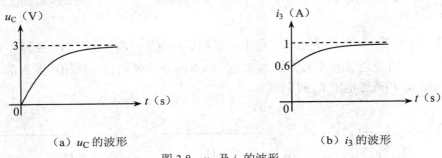

（a）u_C 的波形　　　　　　　　（b）i_3 的波形

图 3.8　u_C 及 i_3 的波形

3.3　RC 电路的响应

3.3.1　RC 电路的零输入响应

电路在无输入信号的情况下，仅由电路中储能元件的初始状态所产生的电路响应，称为零输入响应。对于 RC 电路，从物理意义上讲就是电容的放电过程。

如图 3.9 所示的电路，换路前开关 S 置于位置 1，电容上已充有电压 $u_C(0_-) = U_0$。在 $t = 0$ 时，开关 S 从位置 1 迅速拨到位置 2，使 RC 电路脱离电源。根据换路定理，电容电压不能跃变，$u_C(0_+) = u_C(0_-) = U_0$。于是，电容电压由初始值开始，通过电阻 R 放电，在电路中产生放电电流 i_C。随着时间的增加，电容电压 u_C 和放电电流 i_C 逐渐减小，最后趋近于零。这样，电容存储的能量全部被电阻消耗。可见，如图 3.9 所示电路换路后的响应仅由电容的初始状态引起，故为零输入响应。

电容电压的初始值为 $u_C(0_+) = U_0$，放电结束时的稳态值为 $u_C(\infty) = 0$，时间常数为 $\tau = RC$，利用三要素法，可求得换路后的电容电压为：

$$u_C = u_C(0_+)\text{e}^{-\frac{t}{\tau}} = U_0\text{e}^{-\frac{t}{RC}}$$

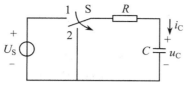

图 3.9 RC 电路的零输入响应

放电电流为：

$$i_C = C\frac{\mathrm{d}u_C}{\mathrm{d}t} = -\frac{U_0}{R}\mathrm{e}^{-\frac{t}{RC}} = i_C(0_+)\mathrm{e}^{-\frac{t}{RC}}$$

式中 $i_C(0_+) = -\dfrac{U_0}{R}$ 为 $t = 0$ 时电容的初始放电电流，负号表示放电电流 i_C 的实际方向与图 3.9 中所标的参考方向相反。

u_C 和 i_C 的波形如图 3.10 所示，u_C 和 i_C 随着时间增加按指数规律衰减，当 $t \to \infty$ 时，u_C 和 i_C 衰减到零。

时间常数 τ 是动态电路中一个非常重要的物理量。在电容放电电路中，放电过程的快慢是由时间常数 τ 决定的。$\tau = RC$ 越大，在电容电压初始值 U_0 一定的情况下，C 越大，电容存储的电荷越多，放电所需的时间越长；而 R 越大，放电电流就越小，放电所需的时间也就越长。相反，τ 越小，电容放电越快，放电过程所需的时间越短。图 3.11 中画出了 3 个不同时间常数的 u_C 波形。

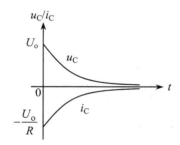

图 3.10 u_C 和 i_C 的波形

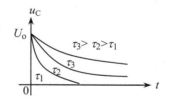

图 3.11 不同时间常数的 u_C 波形

从理论上讲，需要经历无限长的时间，电容电压 u_C 才能衰减到零，电路到达稳态。但实际上，u_C 开始时衰减得较快，随着时间的增加，衰减越来越慢。经过 $t = 3\tau \sim 5\tau$ 的时间，u_C 已经衰减到可以忽略不计的程度，这时，可以认为暂态过程基本结束，电路到达稳定状态。表 3.1 所示为不同时刻电容电压 u_C 的值。

表 3.1 不同时刻电容电压 u_C 的值

t	0	τ	2τ	3τ	4τ	5τ	6τ
u_C	U_0	$0.368\,U_0$	$0.135\,U_0$	$0.05\,U_0$	$0.018\,U_0$	$0.007\,U_0$	$0.002\,U_0$

从时间常数的表达式 $\tau = RC$ 可知，RC 电路的时间常数是由电路中元件的参数值以及电路的结构决定的，所以，可以根据实际需要调整电路中元件的参数值，或通过改变电路的结构来改变时间常数的值。

例3.4　在如图 3.12（a）所示的电路中，$I_S = 2\,\text{mA}$，$R_1 = 30\,\text{k}\Omega$，$R_2 = 15\,\text{k}\Omega$，$C = 10\,\mu\text{F}$。换路前电路已处于稳定状态，在 $t = 0$ 时开关 S 闭合。求：

（1）开关 S 闭合后的电容电流 i_C 和通过电阻 R_1 的电流 i_1。

（2）开关 S 闭合后电容电压从初始值衰减到 3V 所需要的时间。

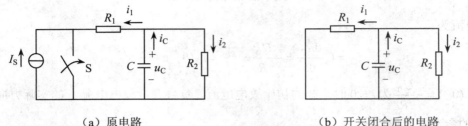

（a）原电路　　　　　　　　　　　　（b）开关闭合后的电路

图 3.12　例 3.4 的图

解　（1）因为换路前电路已处于稳定状态，电容可视为开路，所以：

$$u_C(0_-) = I_S R_2 = 2 \times 10^{-3} \times 15 \times 10^3 = 30 \ （\text{V}）$$

根据换路定理，有：

$$u_C(0_+) = u_C(0_-) = 30 \ （\text{V}）$$

开关 S 闭合后，电流源 I_S 被短路，电容 C 从初始电压 30V 开始向 R_1 与 R_2 并联电阻放电，最终 u_C 下降到零，如图 3.12（b）所示。可见，电路换路后的响应仅由电容的初始状态引起，故为零输入响应。

因为 R_1 与 R_2 并联，所以：

$$R = \frac{R_1 R_2}{R_1 + R_2} = \frac{30 \times 15}{30 + 15} = 10 \ （\text{k}\Omega）$$

时间常数为：

$$\tau = RC = 10 \times 10^3 \times 10 \times 10^{-6} = 0.1 \ （\text{s}）$$

利用三要素法，得到换路后的电容电压为：

$$u_C = u_C(0_+) e^{-\frac{t}{\tau}} = 30 e^{-\frac{t}{0.1}} = 30 e^{-10t} \ （\text{V}）$$

电容的放电电流为：

$$i_C = -C \frac{\mathrm{d}u_C}{\mathrm{d}t} = -10 \times 10^{-6} \times (-10) \times 30 e^{-10t} = 3 \times 10^{-3} e^{-10t} \ （\text{A}） = 3 e^{-10t} \ （\text{mA}）$$

通过电阻 R_1 的电流为：

$$i_1 = \frac{u_C}{R_1} = \frac{30 e^{-10t}}{30} = e^{-10t} \ （\text{mA}）$$

（2）电容电压 $u_C = 30 e^{-10t}$，将 $u_C = 3\text{V}$ 代入，得：

$$3 = 30 e^{-10t}$$

解得电容电压衰减到 3V 所需的时间为：

$$t = 0.23 \ （\text{s}）$$

3.3.2　RC 的零状态响应

电路在换路前储能元件上未储存能量，仅由电源激励所产生的电路响应，称为零状态响应。对于 RC 电路，从物理意义上讲就是电容器的充电过程。

如图 3.13 所示的电路，换路前开关 S 置于位置 1，电路已处于稳态，电容 C 没有初始储能，电容电压 $u_C(0_-)=0$。在 $t=0$ 时，开关 S 从位置 1 迅速拨到位置 2，使 RC 电路接通电压源 U_S。根据换路定理，电容电压不能跃变，$u_C(0_+)=u_C(0_-)=0$。于是，电压源 U_S 通过电阻 R 对电容 C 充电，在电路中产生充电电流 i_C。随着时间的增加，电容电压 u_C 逐渐升高，充电电流 i_C 逐渐减小。最后电路到达稳态时，电容电压等于 U_S，充电电流等于零。可见，如图 3.13 所示电路换路后的响应仅由外加电源引起，故为零状态响应。

电容电压的初始值为 $u_C(0_+)=0$，充电结束时的稳态值为 $u_C(\infty)=U_S$，时间常数为 $\tau=RC$，利用三要素法，可求得换路后的电容电压为：

$$u_C=u_C(\infty)\left(1-\mathrm{e}^{-\frac{t}{\tau}}\right)=U_S\left(1-\mathrm{e}^{-\frac{t}{RC}}\right)$$

充电电流为：

$$i_C=C\frac{\mathrm{d}u_C}{\mathrm{d}t}=\frac{U_S}{R}\mathrm{e}^{-\frac{t}{RC}}=i_C(0_+)\mathrm{e}^{-\frac{t}{RC}}$$

式中 $i_C(0_+)=\dfrac{U_S}{R}$ 为 $t=0$ 时的初始充电电流。

从上式可知，电容 C 开始充电瞬间，$i_C(0_+)=\dfrac{U_S}{R}$，电容 C 相当于短路，电流一般较大。当电容 C 充电结束时，$i_C(\infty)=0$，电容相当于开路。

u_C 和 i_C 的波形如图 3.14 所示，随着时间的增加，电容电压 u_C 由零按指数规律逐渐增加到 U_S，充电电流 i_C 由 $\dfrac{U_S}{R}$ 按指数规律逐渐衰减到零。

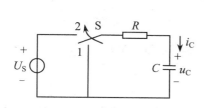

图 3.13　RC 电路的零状态响应

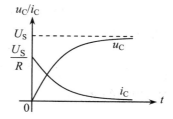

图 3.14　u_C 和 i_C 的波形

RC 电路充电过程的快慢也是由时间常数 τ 来决定的，τ 越大，电容充电越慢，过渡过程所需的时间越长；相反，τ 越小，电容充电越快，过渡过程所需的时间越短。同样，可以根据实际需要调整电路中元件的参数或电路结构，以改变时间常数的大小。

例 3.5　如图 3.15 所示电路在开关 S 闭合前已处于稳态，$t=0$ 时开关 S 闭合。已知 $U_S=6\,\mathrm{V}$，$R_1=5\,\Omega$，$R_2=R_3=10\,\Omega$，$C=0.2\,\mathrm{F}$。求：

（1）开关 S 闭合后的电容电压 u_C。

（2）$t = 3\tau$ 及 $t = 5\tau$ 时 u_C 的值。

解 （1）因开关 S 闭合前电路已处于稳态，由图 3.15 可得电容电压 u_C 的初始值为：

$$u_C(0_+) = u_C(0_-) = 0 \ （V）$$

可见，如图 3.15 所示电路换路后，电路的初始储能为零，电路中的响应仅由外加电源引起，故为零状态响应。

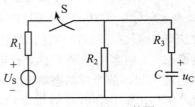

图 3.15　例 3.5 的图

开关 S 闭合后，电容电压 u_C 的稳态值为：

$$u_C(\infty) = \frac{R_2}{R_1 + R_2} U_S = \frac{10}{5+10} \times 6 = 4 \ （V）$$

等效电阻为：

$$R = R_3 + \frac{R_1 R_2}{R_1 + R_2} = 10 + \frac{5 \times 10}{5+10} = \frac{40}{3} \ （\Omega）$$

时间常数为：

$$\tau = RC = \frac{40}{3} \times 0.2 = \frac{8}{3} \ （s）$$

根据三要素法，得到开关 S 闭合后的电容电压 u_C 为：

$$u_C = 4 + (0-4)e^{-\frac{3t}{8}} = 4(1 - e^{-0.375t}) \ （V）$$

（2）$t = 3\tau$ 时的电容电压为：

$$u_C(3\tau) = 4\left(1 - e^{-\frac{3\tau}{\tau}}\right) = 4(1 - e^{-3}) = 3.8 \ （V）$$

$t = 5\tau$ 时的电容电压为：

$$u_C(5\tau) = 4\left(1 - e^{-\frac{5\tau}{\tau}}\right) = 4(1 - e^{-5}) = 3.973 \ （V）$$

3.3.3　RC 电路的全响应

一般情况下，一阶动态电路中储能元件的初始储能（即初始状态）不为零，且换路后电路中又有电源作用，这种由储能元件的初始状态以及外加电源共同作用产生的电流或电压称为全响应。显然，全响应是零输入响应和零状态响应两者的叠加，同样可用一阶动态电路的三要素法进行分析计算。

例 3.6　如图 3.16 所示电路在换路前已处于稳态，在 $t = 0$ 时将开关 S 闭合。已知 $U_S = 12\,\text{V}$，$R_1 = 6\,\Omega$，$R_2 = 3\,\Omega$，$C = 0.25\,\text{F}$，求换路后的电容电压 u_C。

解　采用三要素法求解。

由于开关 S 闭合前电路已达稳态，故：

$$u_C(0_-) = U_S = 12 \quad (\text{V})$$

根据换路定理，得电容电压 u_C 的初始值为：

$$u_C(0_+) = u_C(0_-) = 12 \quad (\text{V})$$

可见，如图 3.16 所示电路换路后，电容电压的初始值不为零，且电路中又有外加电源，所以电路的响应为全响应。

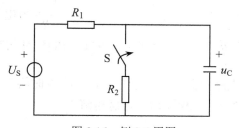

图 3.16　例 3.6 用图

开关 S 闭合后，电容电压 u_C 的稳态值为：

$$u_C(\infty) = \frac{R_2}{R_1+R_2}U_S = \frac{3}{6+3} \times 12 = 4 \quad (\text{V})$$

等效电阻为：

$$R = \frac{R_1 R_2}{R_1+R_2} = \frac{6 \times 3}{6+3} = 2 \quad (\Omega)$$

时间常数为：

$$\tau = RC = 2 \times 0.25 = 0.5 \quad (\text{s})$$

根据三要素法，得到开关 S 闭合后的电容电压 u_C 为：

$$u_C = u_C(\infty) + [u_C(0_+) - u_C(\infty)]\mathrm{e}^{-\frac{t}{\tau}} = 4 + (12-4)\mathrm{e}^{-\frac{t}{0.5}} = 4 + 8\mathrm{e}^{-2t} \quad (\text{V})$$

3.4　RL 电路的响应

RL 电路的分析方法与 RC 电路的相同，即根据换路后的电路列出微分方程，然后求解该微分方程。例如，对于如图 3.17 所示的电路，设在 $t = 0$ 时将开关 S 闭合，可列出换路后电路的微分方程为：

$$Ri_L + L\frac{\mathrm{d}i_L}{\mathrm{d}t} = U_{S2}$$

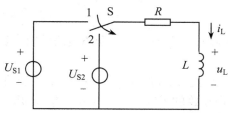

图 3.17　RL 电路

或

$$\frac{L}{R}\frac{\mathrm{d}i_\mathrm{L}}{\mathrm{d}t} + i_\mathrm{L} = \frac{U_{S2}}{R}$$

可见 RL 电路的微分方程也是一阶常系数线性微分方程，解微分方程，得：

$$i_\mathrm{L} = i_\mathrm{L}(\infty) + [i_\mathrm{L}(0_+) - i_\mathrm{L}(\infty)]\mathrm{e}^{-\frac{t}{\tau}}$$

式中，$i_\mathrm{L}(0_+) = \dfrac{U_{S1}}{R}$ 为电感电流 i_L 的初始值，$i_\mathrm{L}(\infty) = \dfrac{U_{S2}}{R}$ 为电感电流 i_L 的稳态值，$\tau = \dfrac{L}{R}$ 为 RL 电路的时间常数，其中 R 为从电感元件两端看进去的戴维南等效电源的内阻。可见三要素法对 RL 电路的分析同样适用。

例 3.7 如图 3.18 所示电路换路前已处于稳态，在 $t = 0$ 时将开关 S 闭合。已知 $U_S = 12\,\mathrm{V}$，$R_1 = 6\,\Omega$，$R_2 = 2\,\Omega$，$L = 0.2\,\mathrm{H}$，求换路后的电感电流 i_L。

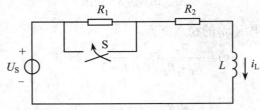

图 3.18 例 3.7 用图

解 电路换路前已处于稳态，电感 L 相当于短路，根据换路定理得：

$$i_\mathrm{L}(0_+) = i_\mathrm{L}(0_-) = \frac{U_S}{R_1 + R_2} = \frac{12}{6+2} = 1.5\ (\mathrm{A})$$

同理，$t = \infty$ 时电感 L 也相当于短路，由于这时电阻 R_1 也被短路，故：

$$i_\mathrm{L}(\infty) = \frac{U_S}{R_2} = \frac{12}{2} = 6\ (\mathrm{A})$$

时间常数为：

$$\tau = \frac{L}{R_2} = \frac{0.2}{2} = 0.1\ (\mathrm{s})$$

根据三要素法，得换路后的电感电流 i_L 为：

$$i_\mathrm{L} = i_\mathrm{L}(\infty) + [i_\mathrm{L}(0_+) - i_\mathrm{L}(\infty)]\mathrm{e}^{-\frac{t}{\tau}} = 6 + (1.5 - 6)\mathrm{e}^{-\frac{t}{0.1}} = 6 - 4.5\mathrm{e}^{-10t}\ (\mathrm{A})$$

本章小结

（1）含有动态元件的电路称为动态电路。动态电路的暂态过程是电路从一个稳态变化到另一个稳态的过程。

动态电路在换路时，由于动态元件的能量不能跃变，会产生一个暂态过程。分析暂态过程的依据之一是换路定理。在换路的瞬间，电容电压不能跃变，电感电流不能跃变，即有：

$$u_C(0_+) = u_C(0_-)$$
$$i_L(0_+) = i_L(0_-)$$

根据换路定理和 $t = 0_+$ 时的等效电路，可以确定待求响应（电流或电压）的初始值。

（2）分析一阶动态电路的方法有经典法和三要素法两种。利用三要素法可以简便地求解一阶电路在直流电源作用下的全响应。只要求得待求响应的初始值 $f(0_+)$、稳态值 $f(\infty)$ 和时间常数 τ，代入三要素公式：

$$f(t) = f(\infty) + [f(0_+) - f(\infty)]e^{-\frac{t}{\tau}}$$

便可求得全响应。注意，RC 电路的时间常数为 $\tau = RC$，RL 电路的时间常数为 $\tau = \dfrac{L}{R}$。R 为从动态元件两端看进去的戴维南等效电源的内阻。

（3）动态电路的全响应可以分解为稳态分量和暂态分量。稳态分量是电路达到稳态时响应的值，在直流电源作用下，响应的稳态分量为一常数。暂态分量只存在于暂态过程中，其变化规律与电源的变化规律无关，只按指数规律随着时间的增加逐渐衰减到零。

动态电路的全响应还可以分解为零输入响应和零状态响应。零输入响应是电源激励为零时，仅由电路的初始储能产生的响应。零状态响应是电路的初始储能为零时，仅由电源激励产生的响应。

（4）动态电路暂态过程所经历的时间长短与电路的时间常数有关。工程上一般认为经过 $t = 3\tau \sim 5\tau$ 的时间，暂态过程基本结束。时间常数 τ 越大，暂态过程所需的时间越长；时间常数 τ 越小，暂态过程所需的时间越短。

习题三

3.1　如图 3.19 所示的电路，在开关 S 断开前已处于稳态，试求开关 S 断开后瞬间电压 u_C 和电流 i_C、i_1、i_2 的初始值。

3.2　如图 3.20 所示的电路，在开关 S 闭合前已处于稳态，试求开关 S 闭合后瞬间电压 u_L 和电流 i_L、i_1、i_2 的初始值。

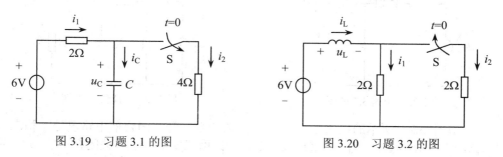

图 3.19　习题 3.1 的图　　　　　　　图 3.20　习题 3.2 的图

3.3　如图 3.21 所示的电路，在开关 S 闭合前已处于稳态，试求开关 S 闭合后瞬间电压 u_C、u_L 和电流 i_L、i_C、i 的初始值。

3.4　如图 3.22 所示的电路，在开关 S 闭合前已处于稳态，并且电容没有初始储能，试求开关 S 闭合后瞬间电压 u_C、u_L 和电流 i_L、i_C、i 的初始值。

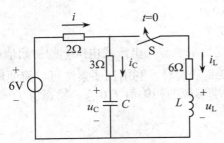
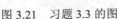

图 3.21　习题 3.3 的图

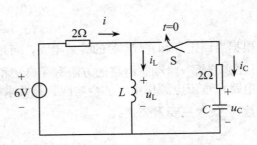

图 3.22　习题 3.4 的图

　　3.5　如图 3.23 所示的电路，在 $t=0$ 时开关闭合，开关闭合前电路已处于稳态。试列出求电容电压 u_C 的微分方程，求出开关闭合后的 u_C 和 i_C，并画出 u_C 和 i_C 随时间变化的曲线。

　　3.6　如图 3.24 所示的电路，在 $t=0$ 时开关闭合，开关闭合前电路已处于稳态。试列出求电感电流 i_L 的微分方程，求出开关闭合后的 i_L 和 u_L，并画出 i_L 和 u_L 随时间变化的曲线。

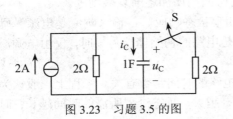

图 3.23　习题 3.5 的图

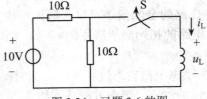

图 3.24　习题 3.6 的图

　　3.7　在如图 3.25 所示的电路中，$t=0$ 时开关闭合，开关闭合前电路已处于稳态。已知 $I_S=2\text{ mA}$，$R_1=4\text{ k}\Omega$，$R_2=1\text{ k}\Omega$，$R_3=5\text{ k}\Omega$，$C=0.1\text{ μF}$。试用三要素法求开关闭合后的 u_C，并画出 u_C 随时间变化的曲线。

　　3.8　在如图 3.26 所示的电路中，$t=0$ 时开关打开，开关打开前电路已处于稳态。已知 $I_S=2\text{ mA}$，$R_1=4\text{ k}\Omega$，$R_2=1\text{ k}\Omega$，$R_3=5\text{ k}\Omega$，$C=0.1\text{ μF}$。试用三要素法求开关打开后的 u_C，并画出 u_C 随时间变化的曲线。

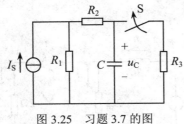

图 3.25　习题 3.7 的图

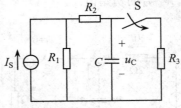

图 3.26　习题 3.8 的图

　　3.9　在如图 3.27 所示的电路中，$t=0$ 时开关闭合，开关闭合前电路已处于稳态。已知 $I_S=30\text{ mA}$，$R_1=R_2=R_3=R_4=2\text{ k}\Omega$，$C=1\text{ μF}$。试用三要素法求开关闭合后的 u_C，并画出 u_C 随时间变化的曲线。

　　3.10　在如图 3.28 所示的电路中，$t=0$ 时开关 S_1 断开，S_2 闭合，电路换路前已处于稳态。已知 $U_S=10\text{ V}$，$I_S=3\text{ A}$，$R_1=1\,\Omega$，$R_2=4\,\Omega$，$R_3=2\,\Omega$，$C=3\text{ F}$。试用三要素法求换路后的 u_C，并画出 u_C 随时间变化的曲线。

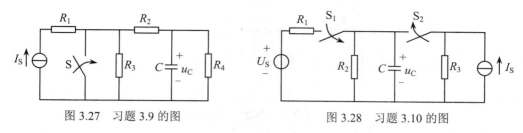

<table>
<tr><td>图 3.27 习题 3.9 的图</td><td>图 3.28 习题 3.10 的图</td></tr>
</table>

3.11　如图 3.29 所示的电路原已处于稳态，在 $t=0$ 时开关 S_1 闭合，S_2 断开。已知 $U_S=60\,\text{V}$，$R_1=2\,\text{k}\Omega$，$R_2=6\,\text{k}\Omega$，$R_3=3\,\text{k}\Omega$，$C=3\,\mu\text{F}$。试用三要素法求换路后的电容电压 u_C 和电流 i_C、i_1、i_2。

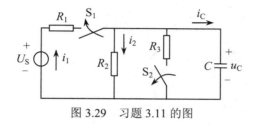

图 3.29　习题 3.11 的图

3.12　如图 3.30 所示的电路，换路前开关 S 闭合在位置 1，且电路已处于稳态，在 $t=0$ 时开关 S 从位置 1 迅速拨到位置 2。求换路后的电容电压 u_C，并指出其稳态分量、暂态分量、零输入响应、零状态响应，并画出波形图。

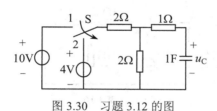

图 3.30　习题 3.12 的图

3.13　在如图 3.31 所示的电路中，$t=0$ 时开关闭合，开关闭合前电路已处于稳态。已知 $U_S=9\,\text{V}$，$R_1=R_2=R_3=R_4=3\,\Omega$，$L=1\,\text{H}$。试用三要素法求开关闭合后的 i_L 和 u_L，并画出 i_L 和 u_L 随时间变化的曲线。

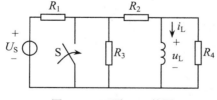

图 3.31　习题 3.13 的图

3.14　在如图 3.32 所示的电路中，$t=0$ 时开关 S_1 断开，S_2 闭合，电路换路前已处于稳态。已知 $U_S=10\,\text{V}$，$I_S=2\,\text{A}$，$R_1=1\,\Omega$，$R_2=4\,\Omega$，$R_3=2\,\Omega$，$L=1\,\text{H}$。试用三要素法求换路后的 i_L 和 u_L，并画出 i_L 和 u_L 随时间变化的曲线。

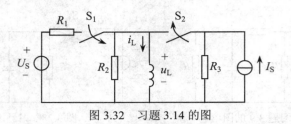

图 3.32　习题 3.14 的图

3.15　如图 3.33 所示的电路原已处于稳态，在 $t=0$ 时开关 S 闭合。已知 $U_{S1}=12\,V$，$U_{S2}=9\,V$，$R_1=6\,\Omega$，$R_2=3\,\Omega$，$L=1\,H$。试用三要素法求换路后的电感电压 u_L 和电流 i_L、i_1、i_2。

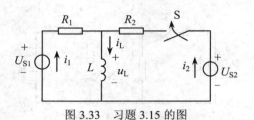

图 3.33　习题 3.15 的图

3.16　如图 3.34 所示的电路，换路前开关 S 闭合在位置 1，且电路已处于稳态，在 $t=0$ 时开关 S 从位置 1 迅速拨到位置 2。求换路后的电感电流 i_L，并指出其稳态分量、暂态分量、零输入响应、零状态响应，并画出波形图。

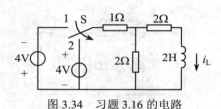

图 3.34　习题 3.16 的电路

第 4 章　变压器

- 了解变压器的基本结构、外特性、绕组的同极性端。
- 掌握变压器的工作原理以及变压器额定值的意义。
- 了解三相变压器的结构、三相电压的变换方法以及特殊变压器的特点。

变压器是根据电磁感应原理制成的一种静止的电气设备，具有变换电压、变换电流、变换阻抗的功能，因而在电力系统和电子线路的各个领域得到了广泛应用。

在输电方面，当输送功率及负载功率因数一定时，电压越高，线路中的电流就越小，这样不仅可以减小输电线的截面积，节省材料，还可以减少线路的功率损耗，因此在输电时必须利用变压器将电压升高。例如，输电距离在 200～400km 范围内，输送容量为 200～300kVA 的输电线，输电电压需要 220kV，我国从葛洲坝到上海的输电线路电压高达 500kV。

在用电方面，从安全和制造成本考虑，一般使用比较低的电压，如 380V、220V，特殊的地方还要用到 36V、24V 或 12V，这需要利用变压器将电压降低到用户需要的电压等级。

在电子线路中，变压器不仅用来变换电压，提供电源，还用来耦合电路，传递信号，实现阻抗匹配。在测量方面，可利用电压互感器、电流互感器的变压、变流作用扩大交流电压表及交流电流表的测量范围。

此外，在工程技术领域中，还大量使用各种不同的专用变压器，如自耦变压器、电焊变压器、电炉变压器、整流变压器等。

本章主要介绍单相变压器的工作原理和使用方法，并对三相变压器和一些特殊变压器进行简要介绍。

4.1　单相变压器

虽然变压器的种类很多、用途各异，但其基本结构和工作原理是相同的。

4.1.1　变压器的基本结构

变压器通常由一个公共铁心和两个或两个以上的线圈（又称绕组）组成。按照铁心和绕组结构形式的不同，分为心式变压器和壳式变压器两类，如图 4.1 所示。

铁心是变压器的磁路部分，为减少涡流和磁滞损耗，铁心多用厚度为 0.35～0.55mm 的硅钢片叠成，硅钢片两侧涂有绝缘漆，使片间绝缘。心式变压器的绕组套在铁心柱上，绕组装配方便，用铁量较少，多用于大容量变压器。壳式变压器的铁心把绕组包围在中间，有分支磁路，这种变压器制造工艺较复杂，用铁量也较多，但不必使用专门的变压器外壳，常用于小容量的变压器，如电子线路的变压器。铁心的叠装一般采用交错方式，即每层硅钢片的接缝错开，这样可降低磁路磁阻，减少励磁电流。

（a）心式变压器　　　　　　　　　　　（b）壳式变压器

图 4.1　变压器的结构

绕组是变压器的电路部分。与铁心线圈不同，变压器通常有两个或两个以上的线圈，多数还需要以一定方式连接。一般小容量变压器绕组用高强度漆包线绕成，单相变压器一般只有两个绕组，接电源的绕组称为原绕组（又称初级绕组或一次绕组），接负载的绕组称为副绕组（又称次级绕组或二次绕组）。

大容量变压器除铁心和绕组之外，还有一些附属设备。变压器在运行时铁心和绕组总是要发热的，为了防止变压器过热而烧毁，必须采用适当的冷却方式。小容量变压器多采用自冷式，通过空气的自然对流和辐射将绕组和铁心的热量散失到周围空气中去。大容量变压器则要采用油冷式，将变压器的绕组和铁心全部浸在油箱内，使绕组和铁心所产生的热量通过油传给箱壁而散失到周围空气中去。

4.1.2　变压器的工作原理

如图 4.2（a）所示为单相变压器的结构示意图，其中 N_1 为原绕组的匝数，N_2 为副绕组的匝数。如图 4.2（b）所示为单相变压器的符号。

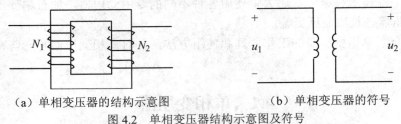

（a）单相变压器的结构示意图　　　　　　　　（b）单相变压器的符号

图 4.2　单相变压器结构示意图及符号

1. 变压器的空载运行

变压器原绕组接电源，副绕组开路，称为空载运行，如图 4.3 所示。

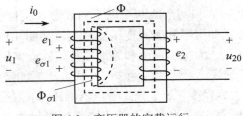

图 4.3　变压器的空载运行

变压器空载运行时，副绕组中没有电流，不会对铁心中的磁通产生影响。设原绕组中的电流为 i_0，这个电流在原绕组中产生磁动势 $N_1 i_0$，由该磁动势产生的磁通绝大部分通过铁心闭合，这个磁通称为主磁通，用 Φ 表示。由于 i_0 是交变的，所以在 $N_1 i_0$ 作用下，铁心中的主磁通 Φ 也是交变的。设 Φ 按正弦规律变化，即：

$$\Phi = \Phi_m \sin \omega t$$

主磁通 Φ 在原、副绕组中分别感应出的主磁电动势 e_1 和 e_2 为：

$$e_1 = -N_1 \frac{d\Phi}{dt}$$

$$e_2 = -N_2 \frac{d\Phi}{dt}$$

e_1 和 e_2 也按正弦规律变化，它们的有效值分别为：

$$E_1 = 4.44 f N_1 \Phi_m$$

$$E_2 = 4.44 f N_2 \Phi_m$$

此外，磁动势 $N_1 i_0$ 在原绕组中还产生一部分通过周围空气而闭合的漏磁通 $\Phi_{\sigma 1}$。漏磁通在原绕组中产生漏磁电动势 $e_{\sigma 1}$。因为漏磁通的路径主要通过空气，所以漏磁通与线圈电流之间是线性关系。如果原绕组漏磁电感用 L_1 表示，则：

$$e_{\sigma 1} = -L_1 \frac{di_0}{dt}$$

在原绕组中除 e_1、$e_{\sigma 1}$ 外，还有 i_0 在原绕组电阻 R_1 上产生的电压降 $i_0 R_1$。设 i_0、u_1、e_1、$e_{\sigma 1}$ 及 e_2 的参考方向如图 4.3 中所示，根据 KVL，可得变压器原绕组回路的电压方程为：

$$u_1 = R_1 i_0 - e_{\sigma 1} - e_1 = R_1 i_0 + L_1 \frac{di_0}{dt} - e_1$$

相量形式为：

$$\dot{U}_1 = R_1 \dot{I}_0 + j X_1 \dot{I}_0 - \dot{E}_1$$

式中 $X_1 = \omega L_1$ 为原绕组的漏抗。

由于原绕组的电阻 R_1 和漏抗 X_1 很小，其上的电压也很小，与主磁电动势相比可以忽略不计，故有 $\dot{U}_1 \approx -\dot{E}_1$，有效值关系为：

$$U_1 \approx E_1 = 4.44 f N_1 \Phi_m$$

变压器副绕组回路的电压方程为：

$$u_{20} = e_2$$

相量形式为：

$$\dot{U}_{20} = \dot{E}_2$$

有效值关系为：

$$U_{20} = E_2 = 4.44 f N_2 \Phi_m$$

由此可以推出变压器的电压变换关系为：

$$\frac{U_1}{U_{20}} \approx \frac{E_1}{E_2} = \frac{N_1}{N_2} = k$$

k 称为变压器的变比，即原、副绕组的匝数比。可见，当电源电压 U_1 一定时，只要改变变比 k，即可得到不同的输出电压 U_{20}。$k > 1$ 时为降压变压器；$k < 1$ 时为升压变压器。这就是

变压器变换电压的基本原理。

变压器的变比可由铭牌数据求得，等于原、副绕组的额定电压之比。例如，6000/400V 的单相变压器，表示变压器原绕组的额定电压（原绕组上应加的电源电压）$U_{1N} = 6000\,\text{V}$，副绕组的额定电压 $U_{2N} = 400\,\text{V}$，所以变比为 $k = 15$。在变压器中，副绕组的额定电压是指原绕组加上额定电压 U_{1N} 时副绕组的空载电压。对于三相变压器，额定电压均指线电压。

2. 变压器的负载运行

变压器原绕组接电源，副绕组接负载，称为负载运行，如图 4.4 所示。

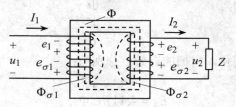

图 4.4　变压器的负载运行

当变压器副绕组接上负载以后，在电动势 e_2 的作用下，副绕组中就有电流 i_2 流过。因此，副绕组中除了主磁通产生的主磁电动势 e_2 外，还有漏磁通 $\Phi_{\sigma 2}$ 产生的漏磁电动势 $e_{\sigma 2}$ 以及电流 i_2 在副绕组电阻 R_2 上产生的电压降 $i_2 R_2$。根据 KVL，可得变压器副绕组回路的电压方程为：

$$u_2 = e_2 + e_{\sigma 2} - R_2 i_2 = e_2 - R_2 i_2 - L_2 \frac{di_2}{dt}$$

相量形式为：

$$\dot{U}_2 = \dot{E}_2 - R_2 \dot{I}_2 - jX_2 \dot{I}_2$$

式中 $X_2 = \omega L_2$ 为副绕组的漏抗。

副绕组中有了电流 i_2 以后，原绕组的电流从 i_0 变到 i_1。根据 KVL，这时变压器原绕组回路的电压方程为：

$$u_1 = R_1 i_1 - e_{\sigma 1} - e_1 = R_1 i_1 + L_1 \frac{di_1}{dt} - e_1$$

相量形式为：

$$\dot{U}_1 = R_1 \dot{I}_1 + jX_1 \dot{I}_1 - \dot{E}_1$$

虽然在负载状态下 I_1 比 I_0 增加了很多，但由于原绕组的电阻 R_1 和漏抗 X_1 很小，其上的电压比 E_1 小得多，因此，仍有 $\dot{U}_1 \approx -\dot{E}_1$，有效值关系为：

$$U_1 \approx E_1 = 4.44 f N_1 \Phi_m$$

同理，副绕组中电阻 R_2 和漏抗 X_2 上的电压也比 E_2 小得多，可以忽略不计，故有：

$$\dot{U}_2 \approx \dot{E}_2$$

$$U_2 \approx E_2 = 4.44 f N_2 \Phi_m$$

$$\frac{U_1}{U_2} \approx \frac{E_1}{E_2} = \frac{N_1}{N_2} = k$$

即变压器在负载运行时，电压之比仍近似等于匝数之比。

下面讨论变压器原、副绕组中电流之间的关系。

变压器负载运行时，由于原、副绕组中分别有电流 i_1、i_2 流过，因此，变压器铁心中的主磁通 Φ 是由原、副绕组的磁动势 N_1i_1 和 N_2i_2 共同产生的。显然，磁动势 N_2i_2 的出现将产生改变铁心中原有磁通的趋势，但在电源电压 U_1 和电源频率 f 不变的情况下，根据 $U_1 \approx E_1 = 4.44fN_1\Phi_m$，可知 Φ_m 应基本保持不变。这就是说，当变压器副绕组接上不同负载时，铁心中主磁通的最大值 Φ_m 和变压器空载时差不多，分析变压器的工作原理时这一概念是非常重要的依据。

由于副绕组中电流 i_2 的产生，原绕组的电流从 i_0 变到 i_1，从而原绕组的磁动势由 N_1i_0 变为 N_1i_1，以抵消副绕组磁动势 N_2i_2 的作用，因此，变压器在有负载时产生主磁通的原、副绕组的总磁动势（$N_1i_1 + N_2i_2$）应该和空载时产生主磁通的原绕组的磁动势 N_1i_0 基本相等，即有：

$$N_1i_1 + N_2i_2 = N_1i_0$$

这一关系式称为变压器的磁动势平衡方程式，用相量表示为：

$$N_1\dot{I}_1 + N_2\dot{I}_2 = N_1\dot{I}_0$$

变压器空载时的原绕组电流 i_0（即空载电流）是用来磁化铁心的，故又称励磁电流。由于铁磁材料的磁导率较高，i_0 很小，一般不到原绕组电流额定值的 10%，所以 i_0 可以忽略不计，于是上式变为：

$$N_1\dot{I}_1 \approx -N_2\dot{I}_2$$

由此可见，变压器在有负载时，原、副绕组的磁动势在相位上相反，即副绕组的磁动势对原绕组的磁动势有去磁作用。

由上式可以推出变压器原、副绕组的电流有效值关系为：

$$\frac{I_1}{I_2} \approx \frac{N_2}{N_1} = \frac{1}{k}$$

上式说明变压器负载运行时，原、副绕组电流有效值之比近似等于它们匝数比的倒数，这就是电流变换作用。由此可见，变压器的电流虽然由负载的大小决定，但原、副绕组电流的比值却不变。负载增加而使副绕组电流增加时，原绕组电流也必须增加，以抵消副绕组电流对主磁通的影响，维持主磁通基本不变。

3．变压器的阻抗变换作用

变压器除了能改变交流电压和交流电流的大小以外，还能变换交流阻抗，在电子、电信工程中有着广泛的应用。

在电子、电信工程中，总是希望负载获得最大功率，而负载获得最大功率的条件是负载阻抗等于信号源内阻，即阻抗匹配。实际上，负载阻抗与信号源内阻往往是不相等的，例如，晶体管放大器输出电阻约为 1000Ω，晶体管放大器作为信号源时，其输出电阻就是信号源内阻，而喇叭的电阻只有几欧。如果将负载直接接到信号源上不一定能得到最大功率，为此，通常用变压器完成阻抗匹配的任务。

设接在变压器副绕组的负载阻抗为 Z，如图 4.5（a）所示。在忽略变压器漏磁压降及电阻压降的情况下，用阻抗 Z' 代替图 4.5（a）中虚线框内的部分，如图 4.5（b）所示。代换后副绕组的电流 I_1、电压 U_1 均不改变。

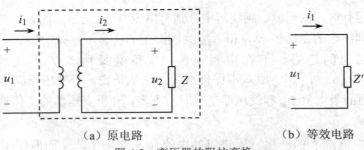

（a）原电路　　　　　（b）等效电路

图 4.5　变压器的阻抗变换

从图 4.5（a）和（b）两图得负载阻抗的模为：

$$|Z| = \frac{U_2}{I_2}$$

Z 反映到原绕组的阻抗模 $|Z'|$ 为：

$$|Z'| = \frac{U_1}{I_1} = \frac{kU_2}{\dfrac{I_2}{k}} = k^2 \frac{U_2}{I_2} = k^2 |Z|$$

上式表明，负载 Z 通过变比为 k 的变压器接至电源，与负载 Z' 直接接至电源的效果是一样的。所以，不论负载阻抗多大，只要在信号源与负载之间接入一个变压器并适当选择变比，都能使负载等效阻抗等于信号源阻抗，从而保证负载获得最大功率，这就是变压器的阻抗变换原理。

例 4.1　有一台变压器，原边电压 $U_1 = 220\,\text{V}$，匝数 $N_1 = 1000$ 匝。副边要求在空载下有两个电压，一个为 $U_{20} = 127\,\text{V}$，另一个为 $U_{30} = 36\,\text{V}$，问两个副边绕组各为多少匝？

解　因为原、副绕组交链的是同一个主磁通，所以主磁通变化时在绕组里每匝线圈感应的电动势相同，对于结构确定的变压器来说，这个值是固定的，不论变压器有几个副绕组，计算原边与各个副边的电压比仍然和只有一个副绕组的计算方法相同，故有：

$$\frac{U_1}{U_n} = \frac{N_1}{N_n}$$

由此可得：

$$N_2 = \frac{U_{20}}{U_1} N_1 = \frac{127}{220} \times 1000 = 578 \text{（匝）}$$

$$N_3 = \frac{U_{30}}{U_1} N_1 = \frac{36}{220} \times 1000 = 164 \text{（匝）}$$

例 4.2　设交流信号源电压 $U = 100\,\text{V}$，内阻 $R_0 = 800\,\Omega$，负载 $R_L = 8\,\Omega$。

（1）将负载直接接至信号源，负载获得多大功率？

（2）经变压器进行阻抗匹配，求负载获得的最大功率是多少？变压器变比是多少？

解　（1）负载直接接信号源时，负载获得的功率为：

$$P = I^2 R_L = \left(\frac{U}{R_0 + R_L}\right)^2 R_L = \left(\frac{100}{800 + 8}\right)^2 \times 8 = 0.123 \text{（W）}$$

（2）最大输出功率时，R_L 折算到原绕组应等于 $R'_L = R_0 = 800\,\Omega$。负载获得的最大功率为：

$$P_{\max} = I^2 R'_L = \left(\frac{U}{R_0 + R'_L} \right)^2 R'_L = \left(\frac{100}{800 + 800} \right)^2 \times 800 = 3.125 \quad （W）$$

变压器变比为：

$$k = \frac{N_1}{N_2} = \sqrt{\frac{R'_L}{R_L}} = \sqrt{\frac{800}{8}} = 10$$

4.1.3 变压器的工作特性

要正确使用变压器，必须了解变压器的外特性、效率、额定值、绕组极性等工作特性。

1. 变压器的外特性

变压器的电压变换关系在变压器空载或轻载时才准确，而电流变换关系则在接近满载时才准确。一般情况下，电源电压 U_1 不变，当负载（即 I_2）变化时，原、副绕组的电阻和漏抗上的电压发生变化，使变压器副绕组的电压 U_2 也发生变化。当电源电压 U_1 和负载功率因数 $\cos\varphi_2$ 为常数时，U_2 与 I_2 的变化关系 $U_2 = f(I_2)$ 称为变压器的外特性，如图 4.6 所示。

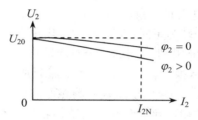

图 4.6　变压器的外特性曲线

由图 4.6 可知，对电阻性和电感性负载，电压 U_2 随电流 I_2 的增加而下降。电压下降的程度与变压器原、副绕组的内阻抗和负载的功率因数有关。φ_2 越大，$\cos\varphi_2$ 越小，外特性曲线倾斜度越大，φ_2 是 $\dot{U}_2$ 与 $\dot{I}_2$ 的相位差，即负载阻抗角。因为变压器绕组的内部漏阻抗很小，所以 I_2 的变化对 U_2 的影响并不大。

通常希望电压 U_2 的变化越小越好。为了反映电压 U_2 随负载的变化程度，引入电压变化率 ΔU。电压变化率定义为：

$$\Delta U = \frac{U_{20} - U_2}{U_{20}} \times 100\%$$

式中 U_{20} 为副边空载时的电压（即副边的开路电压），U_2 为副边额定负载时的电压。电力变压器的电压变化率一般不应超过 5%，一般变压器的电压变化率约在 5%左右。

2. 变压器的损耗和效率

变压器的损耗与交流铁心线圈相似，包括铜损和铁损，即：

$$\Delta P = \Delta P_{Cu} + \Delta P_{Fe}$$

变压器的铜损 ΔP_{Cu} 是变压器运行时电流流经原、副绕组电阻 R_1、R_2 所消耗的功率，即：

$$\Delta P_{Cu} = I_1^2 R_1 + I_2^2 R_2$$

铜损 ΔP_{Cu} 与负载电流大小有关，变压器空载时 $\Delta P_{Cu} \approx 0$，满载时 ΔP_{Cu} 最大。由于铜损随负载电流的变化而变化，故又称为可变损耗。

铁损 ΔP_{Fe} 是主磁通在铁心中交变时所产生的磁滞损耗和涡流损耗，它与铁心材料、电源电压 U_1、频率 f 有关，与负载电流大小无关。由于变压器正常运行时，原绕组中的电压有效值 U_1 和频率 f 都不变，因此，铁损基本不变，故铁损又称为不变损耗。

变压器的效率是变压器输出功率 P_2 与对应输入功率 P_1 的比值，即：

$$\eta = \frac{P_2}{P_1} = \frac{P_2}{P_2 + \Delta P}$$

大型变压器的效率可达 95% 以上，小型变压器效率为 70%～80%。研究表明，当变压器的铜损等于铁损时，其效率接近最高。一般变压器当负载为额定负载的 50%～60% 左右时效率最高。

4.1.4　变压器绕组的同极性端及其测定

变压器一般有两个或两个以上的绕组，有时会遇到绕组的连接问题，为了正确使用变压器，必须清楚地了解变压器绕组的同极性端，并掌握其测定方法。

1. 变压器绕组的同极性端

当变压器原绕组施加交流电压时，原、副绕组中产生的感应电动势也是交变的。当原绕组某一端的瞬时电位相对于另一端为正时，同时在副绕组也会有这样一个对应端，其瞬时电位相对于另一端为正，这种电位瞬时极性相同的两个对应端称为同极性端，也叫同名端，通常用符号"•"或"*"表示。也可以换一种说法，即当电流分别从原、副绕组的某端流入（或流出）时，根据右手螺旋法则判别，如果两绕组建立的磁通方向一致，则两端为同极性端；如果磁通方向相反，则两端为异极性端，异极性端又叫做异名端。

在图 4.7（a）中，变压器的两个绕组绕在同一铁心柱上，且绕制方向相同。当交变电流从 1、3 端钮流入，用右手螺旋法则可知它们产生的磁通方向一致，故 1、3 端钮为同极性端。当然电流的流出端 2、4 也为同极性端。

在图 4.7（b）中，变压器的两个绕组绕在同一铁心柱上，且绕制方向相反。根据上述类似的分析可知，1、4 端为同极性端，2、3 端也是同极性端。可见，变压器绕组的同极性端和两个绕组在铁心柱上的绕向有关。

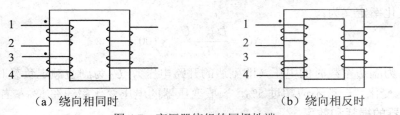

（a）绕向相同时　　　　　　　　　　　（b）绕向相反时

图 4.7　变压器绕组的同极性端

为了适应多种不同的电压，有的变压器有多个原、副绕组，称为多绕组变压器。使用多绕组变压器时，应根据同极性端正确连接。如一台变压器有匝数相同的两个原绕组，若用于较高电压，两个绕组应当串联，这时必须异极性端相连，如图 4.8（a）所示；若用于较低电压，两个绕组应当并联，这时必须同极性端相连，如图 4.8（b）所示。若连接错误，两个绕组中的磁动势方向相反，相互抵消，铁心磁通为零，两个绕组均不产生感应电动势，绕组中流有很大的电流，会把绕组绝缘烧坏。

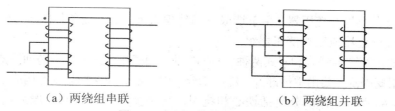

（a）两绕组串联　　　　　　　　（b）两绕组并联

图 4.8　变压器绕组的正确连接

2. 变压器绕组同极性端的测定

知道变压器绕组的绕向，就能很容易确定变压器的同极性端。但是，对于已经制造好的变压器，从外观上无法辨认绕组的绕向，若端钮也没有同极性端的标记，就必须通过实验的方法来测定。通常采用以下两种方法测定变压器的同极性端：

（1）直流法。直流法测定绕组同极性端的电路如图 4.9（a）所示。变压器的一个绕组（图中为 1、2）通过开关 S 与直流电源（如干电池）相连，另一个绕组（图中为 3、4）与直流毫安表相连。当开关 S 闭合瞬间，若直流毫安表的指针正向偏转，则 1 和 3 是同极性端；反向偏转时 1 和 4 是同极性端。

（2）交流法。交流法测定绕组同极性端的电路如图 4.9（b）所示。用导线将两线圈 1、2 和 3、4 中的任一端子（图中为 2 和 4）连在一起，将较低的电压加于任一线圈（图中为 1、2 线圈），然后用电压表分别测出 U_{12}、U_{34}、U_{13}，若 $U_{13} = |U_{12} - U_{34}|$，则 1 和 3 是同极性端；若 $U_{13} = U_{12} + U_{34}$，则 1 和 4 是同极性端。

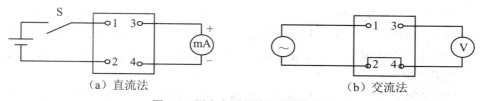

（a）直流法　　　　　　　　　　（b）交流法

图 4.9　测定变压器绕组的同极性端

4.2　三相变压器

三相变压器是输送电能的主要工具，在电力系统中实现高压输电和低压配电。前已述及，远距离采用高电压输电是最经济的，目前我国高压电网额定电压有 500kV、220kV、110kV、35kV 和 10kV。从安全及制造的成本考虑，发电机的电压不能造得太高，现在我国发电机的额定电压是 6.3kV、10.5kV、13.8kV、15.75kV、18kV 和 20kV，因而在输电之前必须利用变压器把电压升高到所需的数值。在用电方面，各类用电设备所需的电压也不一样，多数用电器是 220V、380V，少数电动机是 3kV、6kV。因此高压输电到用电的地区后，再用降压变压器将电压降到配电电压（一般为 10kV），分配到工厂、居民区，最后用配电变压器将电压降到用户所需的电压（220V/380V），供用户使用。

4.2.1　三相变压器的结构

现代交流电能的生产和输送几乎都用三相制，因而电力变压器多数是造成三相的。但是

500kV 超高压或大容量的变压器，由于造成三相体积太大，受运输条件限制，一般造成 3 个单相变压器，到现场连接成三相变压器组。

三相变压器主要有油浸式和干式两种。10kV 以上的三相变压器多数是油浸式，其外形如图4.10 所示。三相变压器主要由主体部分、冷却部分、引出部分和保护装置等构成。

（1）主体部分。主体部分包括铁心和绕组。电力变压器的铁心一般采用三柱式，三相线圈套在心柱上，如图 4.11 所示。铁心用冷轧的硅钢片叠成，在叠片时一般采用交错的叠装方法。

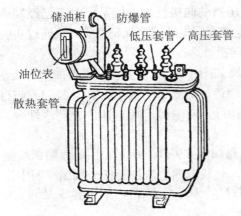

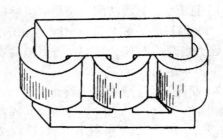

图 4.10　三相变压器的外形　　　　　图 4.11　三相变压器的铁心绕组

3 个心柱各有一个一次绕组和一个二次绕组，为绝缘方便起见，通常里面是低压绕组，外面是高压绕组。高压绕组的首端和末端分别用大写字母 U_1、V_1、W_1 和 U_2、V_2、W_2 表示；低压绕组的首端和末端分别用小写字母 u_1、v_1、w_1 和 u_2、v_2、w_2 表示。一次绕组、二次绕组都可以接成星形或三角形。

铁心和绕组在生产出厂时已装配成一个整体，简称心部，油浸式三相变压器的心部完全浸在变压器油里，安装变压器时一般不需要对这部分进行拆卸或组装。

（2）冷却部分。冷却部分主要包括油箱、散热油管、储油柜（又称油枕）和油位表等。油箱是变压器的外壳，内装变压器油。变压器油起绝缘和冷却两种作用。多数中小型变压器采用油浸自冷式，运行时，浸没在油中的铁心和绕组所产生的热经油传给油箱壁散发到空气中。

设置储油柜的目的在于减少油与外界空气的接触面，可减轻油的氧化和受潮程度。储油柜用连通管与油箱连通，油面的高度只达到储油柜的一半左右，以便给因油热胀冷缩时留有余地。储油柜的一侧还装有油位表，可随时观察到油面位置。储油柜的油通过小孔经吸潮剂与大气相通。变压器工作时间长了，油会受潮，其水分多数沉积在储油柜底部，一般不会流到油箱而影响变压器工作。

（3）引出装置。引出装置主要包括高、低压套管。变压器的高、低压绕组引出线必须经过绝缘套管从油箱引出。套管常用瓷质材料造成，固定在油箱顶部。高压套管高而大，低压套管低而小；高压引线线径细，低压引线线径粗。

（4）保护装置。大中型电力变压器设置防爆管及气体继电器。防爆管装在油箱顶盖上，管口高于储油柜并用薄膜封住，当变压器发生故障时，油箱内油压增加，压力超过允许值，油将经防爆管冲破薄膜向外喷出，防止油箱因压力增大而破坏。

气体继电器装在油箱与储油柜的连通管中间，当变压器发生故障时其铁心或绕组发热，变压器油分解出气体（瓦斯），气体从油箱经连通管冲向储油柜，装在连通管的气体继电器便会动作。轻瓦斯动作是发出故障信号；重瓦斯动作经自动装置使变压器脱离电源。

干式变压器是近几年的新产品，它没有油箱，只有铁心、绕组及一些主要辅件。绕组绕好经环氧树脂固化后套入铁心，外形与图 4.10 相似。目前干式变压器制造成本较高、价格贵，但因它不会燃烧，主要用在防火条件要求高的场合，如大型酒店、剧院、百货商店等，作为户内 10kV/0.4kV 配电变压器。

4.2.2 变压器的额定值

额定值是制造厂根据国家技术标准对变压器正常可靠工作作出的使用规定，额定值都标在铭牌上，各主要数据意义如下：

（1）产品型号。产品型号表示变压器的结构和规格，如 SJL－500/10，其中 S 表示三相（D 表示单相），J 表示油浸自冷式，L 表示铝线（铜线无文字表示），500 表示容量为 500kVA，10 表示高压侧线电压为 10kV。

（2）额定电压。额定电压指高压绕组接于电网的额定电压，与此相应的是低压绕组的空载线电压，例如 10000±5%/400V，其中 10000±5%表示高压绕组额定线电压为 10000V，并允许在±5%范围内变动，低压绕组输出空载线电压为 400V。

（3）额定电流。额定电流 I_{1N} 和 I_{2N} 是指原绕组加上额定电压 U_{1N}，原、副绕组允许长期通过的最大电流。三相变压器的 I_{1N} 和 I_{2N} 均为线电流。

（4）额定容量。额定容量是在额定工作条件下，变压器输出能力的保证值。单相变压器的额定容量为副绕组额定电压与额定电流的乘积，即：

$$S_N = U_{2N} I_{2N}$$

额定容量是变压器输出的视在功率，单位为千伏安（kVA）。忽略变压器的损耗，则：

$$S_N = U_{2N} I_{2N} \approx U_{1N} I_{1N}$$

三相变压器的额定容量为：

$$S_N = \sqrt{3} U_{2N} I_{2N} \approx \sqrt{3} U_{1N} I_{1N}$$

（5）连接组标号。连接组标号表明变压器高压、低压绕组的连接方式。星形连接时，高压端用大写字母 Y，低压端用小写字母 y 表示；三角形接法时高压端用大写字母 D，低压端用小写字母 d 表示。有中线时加 n。例如 Y，yn0 表示该变压器的高压侧为无中线引出的星形连接，低压侧为有中线引出的星形连接，标号的最后一个数字 0 表示高低压对应绕组的相位差为零。

如图 4.12 所示为三相变压器的两种接法和电压的变换关系。图 4.12（a）中的三相变压器采用 Y，yn0 接法，当原边线电压为 U_1 时，相电压为 $\dfrac{U_1}{\sqrt{3}}$，若变压器的变比为 k，则副边相电压为 $\dfrac{U_1}{\sqrt{3}k}$，线电压为 $U_2 = \dfrac{U_1}{k}$。图 4.12（b）中的三相变压器采用 Y，d 接法，同样的分析可知，当原边线电压为 U_1 时，副边线电压为 $U_2 = \dfrac{U_1}{\sqrt{3}k}$。

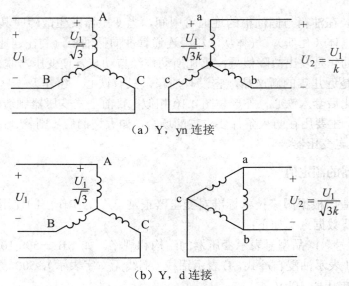

（a）Y，yn 连接

（b）Y，d 连接

图 4.12　三相变压器的连接方法举例

（6）阻抗电压。阻抗电压又称短路电压，它是指变压器二次绕组短路，一、二次绕组达到额定电流时加到一次绕组的电压值，用该绕组额定电压的百分数表示。三相变压器的阻抗电压在 4%～7%之间。阻抗电压越小，变压器输出电压 U_2 随负载的变化越小。

例 4.3　有一台三相配电变压器，连接组标号是 Y，yn0，额定电压为 10000V/400V，现向 380V，功率 $P=240\text{kW}$，$\cos\varphi=0.8$ 的负载供电，求变压器一、二次绕组的电流，并选择变压器的容量。

解　变压器供给负载的电流也就是二次绕组的电流，为：

$$I_2 = \frac{P}{\sqrt{3}U_2\cos\varphi} = \frac{240\times10^3}{\sqrt{3}\times380\times0.8} = 456 \text{（A）}$$

变压器变比为：

$$k = \frac{U_{1N}}{U_{2N}} = \frac{10000}{400} = 25$$

忽略变压器的损耗，则变压器一次绕组的电流为：

$$I_1 = \frac{I_2}{k} = \frac{456.3}{25} = 18.2 \text{（A）}$$

负载的视在功率 S_2 为：

$$S_2 = \frac{P_2}{\cos\varphi} = \frac{240}{0.8} = 300 \text{（kVA）}$$

变压器的容量 S_N 应稍大于 S_2。查产品目录，应选标称值 $S_N = 315\text{kVA}$。

4.3　特殊变压器

根据特定的使用要求，各种变压器在结构和特性上常有一些特殊的考虑，各自具有一些不同的特点。

4.3.1 自耦变压器

普通变压器的原绕组和副绕组是分开的，通常称为双绕组变压器。这种变压器原、副绕组之间只有磁的联系，没有电的联系。自耦变压器只有一个绕组，其中高压绕组的一部分兼作低压绕组，因此高、低压绕组之间不但有磁的联系，还有电的联系，如图4.13所示。

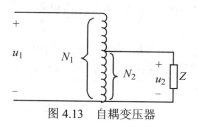

图 4.13　自耦变压器

自耦变压器与普通单相双绕组变压器一样，原、副绕组电压之间及电流之间同时存在如下关系：

$$\frac{U_1}{U_2} = \frac{N_1}{N_2} = k$$

$$\frac{I_1}{I_2} = \frac{N_2}{N_1} = \frac{1}{k}$$

自耦变压器分为可调式和固定式两种结构。实验室中常用的调压器就是一种可以改变副绕组匝数的自耦变压器。

4.3.2 仪用互感器

在直流电路中，测量较大的电流常并联分流电阻；测量较高的电压常串联分压电阻。在交流电路中，电流更大，电压更高，由于绝缘要求和仪表制造工艺方面的原因，用仪表直接测量大电流和高电压是不可能的，必须借助仪用互感器进行间接测量。

仪用互感器分为电流互感器和电压互感器。将大电流变换成小电流的称为电流互感器，将高电压变换成低电压的称为电压互感器。仪用互感器的工作原理与变压器相同，但由于用途不同、安装地点不同、电压等级不同，在构造和外形上有明显区别。

1. 电流互感器

电流互感器的原绕组线径较粗，匝数很少，有时只有一匝，与被测电路负载串联；副绕组线径较细，匝数很多，与电流表及功率表、电度表、继电器的电流线圈串联，如图4.14（a）所示。

根据变压器电流变换原理，电流互感器原、副绕组电流之比为：

$$\frac{I_1}{I_2} = \frac{N_2}{N_1} = \frac{1}{k}$$

通常电流互感器副绕组额定电流设计成标准值 5A，因而电流互感器的额定电流比就有50A/5A、75A/5A、100A/5A 等。将测量仪表的读数乘以电流互感器的电流比，即可得到被测电流值，因此，用一只 5A 的电流表，配以相应的电流互感器，即可测量任意大的电流。实际应用时，电流互感器的电流比不同，相应配用不同的电流表刻度标尺，可直接读数。

使用电流互感器时，副绕组电路不允许开路。这是因为正常运行时，原、副绕组的磁动势基本互相抵消，工作磁通很小，而且原绕组磁动势不随副绕组而变，只取决于原绕组电路负荷。一旦副绕组断开，铁心中的磁通将急剧增加，一方面引起铁损剧增，铁心严重发热，导致绕组绝缘损坏；另一方面由于副绕组匝数远比原绕组多，在副绕组中将产生很高的感应电动势，危及人身和设备安全。此外，电流互感器的铁心及副绕组的一端必须接地，以防止原、副绕组绝缘击穿时原绕组的高电压窜入副绕组而危及人身和设备安全。

2．电压互感器

电压互感器的原绕组匝数很多，并联于待测电路两端；副绕组匝数较少，与电压表及电度表、功率表、继电器的电压线圈并联，如图 4.14（b）所示。

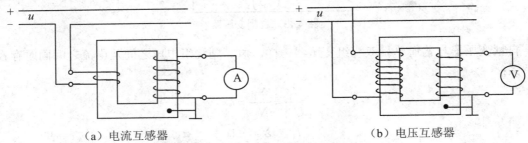

（a）电流互感器　　　　　　　　（b）电压互感器

图 4.14　电流互感器和电压互感器

根据变压器电压变换原理，电压互感器原、副绕组电压之比为：

$$\frac{U_1}{U_2} = \frac{N_1}{N_2} = k$$

通常将电压互感器副绕组的额定电压设计成标准值 100V。不同高压电路中所使用的电压互感器的电压比有 6000V/100V、10000V/100V、35000V/100V 等，所以一只 100V 的电压表，配以相应的电压互感器即可测量不同等级的电压。实际上，为了直接在电压表上读数，电压表可相应配用不同的标度尺。目前 220V/380V 系统中很少用电压互感器，而将仪表直接接电源，因而在低压配电屏中通常只见电流互感器而不见电压互感器。但在高压系统中，必须使用电压互感器，绝不能直接用仪表测量高电压。

电压互感器实际上相当于一个降压变压器。使用电压互感器时，副绕组不得短路。这是因为电压互感器副绕组所接的电压线圈阻抗很高，工作时接近开路状态，如果发生短路，将产生很大的短路电流，会烧坏互感器，甚至影响主电路的安全运行。此外，电压互感器的铁心及副绕组的一端必须接地，以防止原、副绕组绝缘击穿时原绕组的高电压窜入副绕组而危及人身和设备安全。

4.3.3　电焊变压器

电焊变压器是一种特殊的降压变压器，其副边空载电压 U_{20} 约为 60～80V，作为焊接的电弧点火电压。因为在焊接过程中，电焊变压器的负载经常处于从空载（当焊条与工件分离时）到短路（当焊条与工件接触时）或者从短路到空载之间急剧变化的状态，所以要求电焊变压器具有急剧下降的外特性，如图 4.15 所示。这样，短路时，由于输出电压迅速下降，副边电流也不至于过大；空载时，由于副边电流为零，输出电压能迅速恢复到点火电压。

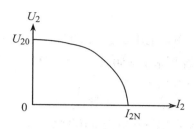

图 4.15　电焊变压器的外特性

此外，为了使电焊变压器能够适应不同的焊件和不同规格的焊条，还要求电焊变压器能够调节其负载电流。

本章小结

（1）变压器是根据电磁感应原理制成的静止电器。变压器主要由硅钢片叠成的铁心和绕在铁心柱上的线圈（绕组）构成。变压器具有变换电压、变换电流和变换阻抗的功能，变换关系式分别为：

$$\frac{U_1}{U_{20}} = \frac{N_1}{N_2} = k$$

$$\frac{I_1}{I_2} = \frac{N_2}{N_1} = \frac{1}{k}$$

$$|Z'| = \left(\frac{N_1}{N_2}\right)^2 |Z| = k^2 |Z|$$

（2）变压器带负载时的外特性 $U_2 = f(I_2)$ 是一条微向下倾斜的曲线，若负载增大、功率因数减小，端电压就下降，其变化情况由电压变化率表示。

变压器的效率是输出有功功率和输入有功功率之比，即：

$$\eta = \frac{P_2}{P_1} = \frac{P_2}{P_2 + \Delta P}$$

变压器铭牌是工作人员运行变压器的依据，因此必须掌握各额定值的含义。

习题四

4.1　有一台变压器，原绕组接线端为 A、B，副绕组接线端为 C、D，现测出某瞬间电流从 A 流进，该瞬间感应电流从 D 流出，试确定原、副绕组的同极性端。

4.2　一台单相变压器铭牌是 220V/36V、500 VA。如果要使变压器在额定情况下运行，应在副绕组接多少盏 36V、15W 的灯泡？并求原、副绕组中的额定电流。

4.3　已知某音频线路电压为 50V，输出阻抗为 800Ω，现选用阻抗为 8Ω 的扬声器，问应使用变比为多少的变压器？扬声器获得的功率是多少？

4.4　信号源电压 $U_S = 10\ V$，内阻 $R_0 = 400\ \Omega$，负载电阻 $R_L = 8\ \Omega$。为使负载能获得最大功率，在信号源与负载之间接入一台变压器。求变压器的变比、变压器原副边的电压和电流、负载的功率。

4.5 一台降压变压器，原边额定电压 $U_{1N} = 220$ V，副边额定电压 $U_{2N} = 36$ V，铁心中磁通最大值 $\Phi_m = 10 \times 10^{-4}$ Wb，电源频率 $f = 50$ Hz，副边负载电阻 $R_2 = 30\,\Omega$，试求：

（1）变压器原、副绕组的匝数 N_1 和 N_2。

（2）变压器原、副边电流 I_1 和 I_2。

4.6 如图 4.16 所示的变压器，原绕组 $N_1 = 1100$ 匝，接在电压 $U_1 = 220$ V 的交流电源上，副边有两个绕组，其中 $N_2 = 180$ 匝，$N_3 = 120$ 匝，负载电阻 $R_2 = 7.2\,\Omega$，$R_3 = 3\,\Omega$，求：

（1）两个副绕组的电压 U_2、U_3 各为多少？

（2）原、副边电流 I_1、I_2、I_3 各为多少？

（3）原边等效负载电阻是多少？

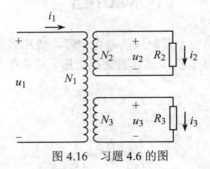

图 4.16 习题 4.6 的图

4.7 如图 4.17 所示是一台多绕组电源变压器，N_1、N_2 为原绕组，各能承受 110V 电压，N_3、N_4、N_5 为副绕组，各能承受 12V 电压。问：

（1）原边电压为 220V 或 110V 时，原绕组应如何连接？

（2）当负载需要 12V、24V 或 36V 电压时，副绕组应如何连接？

（3）能将原绕组 2、4 两端连在一起，将 1、3 两端接入 220V 电源吗？为什么？

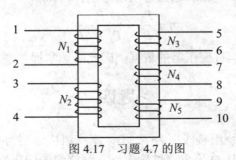

图 4.17 习题 4.7 的图

4.8 某三相变压器原绕组每相匝数 $N_1 = 2080$，副绕组每相匝数 $N_2 = 80$。如果原绕组所加线电压 $U_1 = 6000$ V，试求在 Y，y 和 Y，d 两种接法时副绕组的线电压和相电压。

4.9 某三相变压器每相原、副绕组的匝数比为 10，试分别求出变压器在 Y，y；Y，d；D，d；D，y 接法时原、副绕组线电压的比值。

4.10 一台容量为 100kVA 的三相变压器，原边额定电压 $U_{1N} = 10$ kV，副边额定电压 $U_{2N} = 400$ V，Y，yn0 接法。

（1）这台变压器原、副边额定电流 I_{1N} 和 I_{2N} 各为多少？

（2）如果负载是 220V、100W 的电灯，这台变压器在额定情况下运行时可接入多少盏这样的电灯？

（3）如果负载是 220V、100W、$\cos\varphi = 0.5$ 的日光灯，这台变压器在额定情况下运行时可接入多少盏这样的日光灯？

4.11　一台 5kVA 可调的单相自耦变压器，已知 $U = 220\,\text{V}$，每伏匝数为 2，如果要使输出电压为 0～250V，则自耦变压器应为多少匝？当输出电压为 250V 时，原、副绕组的额定电流为多少？

4.12　电流互感器和电压互感器在结构和接法上有什么区别？使用时各应注意什么？

4.13　某电流互感器电流比为 400A/5A。问：

（1）若副绕组电流为 3.5 A，原绕组电流为多少？

（2）若原绕组电流为 350 A，副绕组电流为多少？

第 5 章　异步电动机

学习要求

- 掌握三相异步电动机的转动原理和使用方法。
- 理解三相异步电动机的运行和控制方法。
- 了解三相异步电动机的机械特性。
- 了解单相异步电动机和直流电动机的转动原理。

电动机是一种将电能转换为机械能的设备，现代工业及许多家用电器中都广泛使用电动机来作动力驱动。本章主要介绍三相异步电动机的转动原理、机械特性、运行控制方法及使用方法，并对单相异步电动机进行简要介绍。

5.1　三相异步电动机的结构及转动原理

电动机的种类很多。与其他各类电动机相比，三相异步电动机结构简单，制造、使用和维护简便，成本低廉，工作可靠，效率高，因此在生产及生活中得到了广泛应用。

5.1.1　三相异步电动机的结构

三相异步电动机由定子和转子两部分构成，如图 5.1 所示为绕线式转子三相异步电动机的剖面图。

图 5.1　绕线式三相异步电动机的剖面图

1. 定子

三相异步电动机的固定不动部分称为定子。定子由机座、装在机座内的圆筒形铁心、嵌在铁心内的三相定子绕组组成。机座是电动机的外壳，起支撑作用，用铸铁或铸钢制成；铁心由 0.5 mm 厚的硅钢片叠成，片间互相绝缘。铁心的内圆周冲有线槽，用以放置对称三相绕组 AX、BY、CZ，三相绕组的 6 个接线端接到电动机定子外壳的接线盒上，便于使用时把三相绕组连接成星形或三角形。

2. 转子

三相异步电动机的转动部分称为转子。按照构造上的不同，转子分为鼠笼式和绕线式两种。两种转子铁心都为圆柱状，也是用硅钢片叠成的，表面冲有管槽。铁心装在转轴上，轴上加机械负载。

鼠笼式转子绕组的特点是在转子铁心的槽中放置铜条，其两端用端环连接，如图 5.2 所示，因其形状极似鼠笼而得名。在实际制造中，对于中小型电动机，为了节省铜材，常采用在转子槽管内浇铸铝液的方式来制造鼠笼式转子。现在 100 kW 以下的三相异步电动机，转子槽内的导体、两个端环、风扇叶都是用铝铸成的，其各部分形状如图 5.3 所示。

绕线式转子绕组的构造如图 5.4 所示，其形式与定子绕组基本上相同。3 个绕组的末端连接在一起构成星形连接，而 3 个始端连接在 3 个铜集电环上。环和环之间以及环和轴之间都彼此互相绝缘。起动变阻器和调速变阻器通过电刷与集电环和转子绕组相连接。

 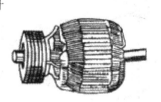

图 5.2　铜条鼠笼式转子　　图 5.3　铸铝鼠笼式转子　　图 5.4　绕线式转子

虽然鼠笼式转子异步电动机和绕线式转子异步电动机在转子结构上有所不同，但它们的工作原理是一样的。由于鼠笼式电动机构造简单、价格便宜、工作可靠、使用方便，因此在工业生产和家用电器上应用得最为广泛。

5.1.2　旋转磁场的产生

为便于分析，设在三相异步电动机的定子铁心中相隔 120° 角对称地放置匝数相同的 3 个绕组，它们的首端分别为 A、B、C，末端分别为 X、Y、Z，并且把三相绕组接成星形，如图 5.5（a）所示。当把三相异步电动机的三相定子绕组接到对称三相电源时，定子绕组中便有对称三相电流流过。设电流的参考方向由绕组的始端流向末端，流过三相绕组的电流分别为：

$$i_A = I_m \sin \omega t$$
$$i_B = I_m \sin(\omega t - 120°)$$
$$i_C = I_m \sin(\omega t + 120°)$$

其波形如图 5.5（b）所示。在电流的正半周实际方向与参考方向一致；在负半周实际方向与参考方向相反。

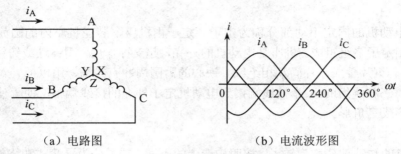

（a）电路图　　　　　　　　（b）电流波形图

图 5.5　对称三相电流

在 $\omega t = 0°$ 瞬时，定子绕组中的电流 $i_A = 0$；i_B 为负，其方向与参考方向相反，电流从 Y 流到 B（B 端用 ⊙ 表示，Y 端用 ⊗ 表示）；i_C 为正，其方向与参考方向相同，电流从 C 流到 Z（C 端用 ⊗ 表示，Z 端用 ⊙ 表示），如图 5.6（a）所示。用右手定则可以确定 3 个绕组中的电流在这一瞬间所产生的合成磁场方向是自上而下。

用同样的方法分析可知，在 $\omega t = 120°$ 瞬间，定子铁心中合成磁场的方向如图 5.6（b）所示，合成磁场方向已在空间顺时针转过了 120°。

同理，在 $\omega t = 240°$ 瞬间，合成磁场的方向如图 5.6（c）所示，合成磁场方向又顺时针转过了 120°。在 $\omega t = 360°$（0°）瞬间，合成磁场方向又转回到图 5.6（a）所示的情况。

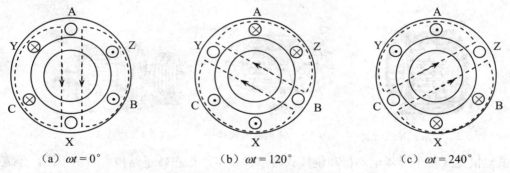

（a）$\omega t = 0°$　　　　　　（b）$\omega t = 120°$　　　　　　（c）$\omega t = 240°$

图 5.6　三相电流产生的旋转磁场

由以上分析可以得到以下结论：

（1）在对称的三相绕组中通入三相电流，可以产生在空间旋转的合成磁场。

（2）磁场的旋转方向与电流的相序一致。电流按正序 A→B→C 排列时，合成磁场按顺时针方向旋转；电流按逆序 A→B→C 排列时，合成磁场则按逆时针方向旋转。

（3）旋转磁场的转速（称为同步转速）与电流频率有关，改变电流的频率可以改变合成磁场的转速。对两极（一对磁极）磁场而言，电流变化一周，则合成磁场旋转一周。若三相交流电的频率为 50 Hz，则合成磁场的同步转速为 50 r/s，即 3000 r/min。如果电动机的旋转磁场不只一对磁极，进一步分析还可得到同步转速 n_0 与磁场磁极对数 p 的关系为：

$$n_0 = \frac{60 f_1}{p} \text{ r/min}$$

式中 f_1 为三相电源的频率，我国电网的频率 $f_1 = 50 \text{ Hz}$。对于制成的电动机，磁极对数 p 已定，所以决定同步转速的唯一因素是频率。同步转速 n_0 与旋转磁场磁极对数 p 的对应关系如表 5.1 所示。

表 5.1　同步转速 n_0 与旋转磁场磁极对数 p 的对应关系

磁极对数 p	1	2	3	4	5	6
同步转速 n_0（r/min）	3000	1500	1000	750	600	500

三相异步电动机的磁极对数越多，电动机的磁场转速越慢。电动机磁极对数的增加，需要采用更多的定子线圈，加大电动机的铁心，这将使电动机的成本提高，重量增大。因此，电动机的磁极对数 p 有一定的限制，常用电动机的磁极对数多为 1～4。

5.1.3　三相异步电动机的转动原理

由以上分析可知，三相异步电动机的定子绕组通入三相电流后，即在定子、转子铁心及其之间的空气隙中产生一个同步转速为 n_0 的旋转磁场，在空间按顺时针方向旋转，如图 5.7 所示。因转子尚未转动，所以静止的转子与旋转磁场产生相对运动，在转子导体中产生感应电动势，并在形成闭合回路的转子导体中产生感应电流，其方向用右手定则判定。在图 5.7 中，转子上方导体电流流出纸面，下方导体电流流进纸面。转子电流在旋转磁场中受到磁场力 F 的作用，F 的方向用左手定则判定。电磁力在转轴上形成电磁转矩。由图可见，电磁转矩的方向与旋转磁场的方向一致。

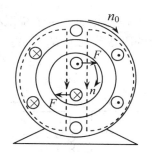

图 5.7　异步电动机原理图

显然，电动机转子的转速 n 必须小于旋转磁场的同步转速 n_0。如果 $n=n_0$，则转子导体与旋转磁场之间就没有相对运动，转子导体不切割磁力线，就不会产生感应电流，电磁转矩为零，转子因而失去动力而减速。待到 $n<n_0$ 时，转子导体与旋转磁场之间又存在相对运动，产生电磁转矩。因此，电动机在正常运转时，其转速 n 总是稍低于同步转速 n_0，因而称为异步电动机。又因为产生电磁转矩的电流是电磁感应所产生的，所以也称为感应电动机。

异步电动机同步转速和转子转速的差值与同步转速之比称为转差率，用 s 表示，即：

$$s = \frac{n_0 - n}{n_0} \times 100\%$$

转差率表示了转子转速 n 与旋转磁场同步转速 n_0 之间相差的程度，是分析异步电动机的一个重要参数。转子转速 n 越接近同步转速 n_0，转差率 s 越小。当 $n=0$（起动初始瞬间）时，转差率 $s=1$；当理想空载时，即转子转速与旋转磁场转速相等（$n=n_0$）时，转差率 $s=0$。所以，三相异步电动机运转时转差率 s 的值在 0～1 范围内，即 $0<s<1$。

转差率是分析异步电动机的一个重要参数。由于三相异步电动机的额定转速与同步转速十分接近，所以其转差率很小。通常异步电动机在额定负载下运行时的转差率约为 1%～9%。

例 5.1 有一台 4 极感应电动机，电压频率为 50 Hz，转速为 1440 r/min，试求这台感应电动机的转差率。

解 因为磁极对数 $p = 2$，所以同步转速为：

$$n_0 = \frac{60 f_1}{p} = \frac{60 \times 50}{2} = 1500 \text{ r/min}$$

转差率为：

$$s = \frac{n_0 - n}{n_0} \times 100\% = \frac{1500 - 1440}{1500} \times 100\% = 4\%$$

5.2 三相异步电动机的电磁转矩和机械特性

电动机拖动生产机械工作时，负载的改变会使电动机产生的电磁转矩改变，从而使电动机的转速发生变化。电动机的转速与电磁转矩的关系 $n = f(T)$ 称为电动机的机械特性。机械特性是电动机的重要特性，不同的生产机械要求不同特性的电动机拖动。

5.2.1 三相异步电动机的电路分析

三相异步电动机的电磁关系与变压器相似，定子绕组相当于变压器的原绕组，转子绕组相当于副绕组。设定子和转子每相的匝数分别为 N_1 和 N_2，如图 5.8 所示是三相异步电动机的每相电路图。

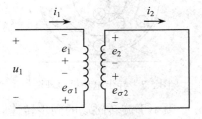

图 5.8 三相异步电动机的每相电路图

1. 定子电路分析

电动机内部旋转磁场的磁感应强度沿定子和转子的空气隙近似成正弦分布，因此当转子旋转时，通过定子每相绕组的磁通也按正弦规律变化，设 $\Phi = \Phi_m \sin \omega t$，其中 Φ_m 是通过每相绕组的磁通最大值，磁通 Φ 在定子每相绕组中产生感应电动势 e_1。除旋转磁通 Φ 外，定子电流还会在定子每相绕组中产生漏磁通 $\Phi_{\sigma 1}$，感应出漏磁电动势 $e_{\sigma 1}$。由图 5.8 可得定子电路的电压方程为：

$$u_1 = i_1 R_1 + (-e_{\sigma 1}) + (-e_1) = i_1 R_1 + L_1 \frac{\mathrm{d} i_1}{\mathrm{d} t} - e_1$$

相量形式为：

$$\dot{U}_1 = \dot{I}_1 R_1 + (-\dot{E}_{\sigma 1}) + (-\dot{E}_1) = \dot{I}_1 R_1 + \mathrm{j} \dot{I}_1 X_1 - \dot{E}_1$$

式中 R_1 和 $X_1 = \omega_1 L_1 = 2\pi f_1 L_1$ 分别为定子每相绕组的电阻和漏抗。由于 R_1 和 X_1 都很小，其上的电压与电动势 $\dot{E}_1$ 相比可忽略不计，所以：

$$\dot{U}_1 \approx -\dot{E}_1$$

有效值关系为：

$$U_1 \approx E_1 = 4.44 f_1 N_1 \Phi_m$$

上式说明当电源频率 f_1 和定子绕组匝数 N_1 一定时，磁通的最大值 Φ_m 仅由电源电压（即定子绕组电压）U_1 决定。

2. 转子电路分析

旋转磁场在转子每相绕组中感应出的电动势 $\dot{E}_2$ 的有效值为：

$$E_2 = 4.44 f_2 N_2 \Phi_m$$

式中 f_2 为转子电动势 $\dot{E}_2$ 或转子电流 $\dot{I}_2$ 的频率。对转子来说，旋转磁场是以 $(n_0 - n)$ 的速度相对于转子旋转的，如果旋转磁场的磁极对数为 p，则转子感应电动势的频率为：

$$f_2 = \frac{p(n_0 - n)}{60} = \frac{n_0 - n}{n_0} \cdot \frac{pn_0}{60} = sf_1$$

可见转子电流频率 f_2 与转差率 s 有关，也就是与转子转速 n 有关。转子电动势为：

$$E_2 = 4.44 sf_1 N_2 \Phi_m$$

在 $n = 0$ 即 $s = 1$ 时，转子电动势为：

$$E_{20} = 4.44 f_1 N_2 \Phi_m$$

这时 $f_2 = f_1$，转子电动势最大。s 为任意值时的转子电动势为：

$$E_2 = sE_{20}$$

和定子电流一样，转子电流也会产生漏磁通 $\Phi_{\sigma 2}$，从而在转子每相绕组中产生漏磁电动势 $e_{\sigma 2}$。由图 5.8 可得转子电路的电压方程为：

$$e_2 = i_2 R_2 + (-e_{\sigma 2}) = i_2 R_2 + L_2 \frac{di_2}{dt}$$

相量形式为：

$$\dot{E}_2 = \dot{I}_2 R_2 + (-\dot{E}_{\sigma 2}) = \dot{I}_2 R_2 + j\dot{I}_2 X_2$$

式中 R_2 和 X_2 分别为转子每相绕组的电阻和漏抗。转子漏抗 X_2 与转子频率 f_2 有关，为：

$$X_2 = \omega_2 L_2 = 2\pi f_2 L_2 = 2\pi sf_1 L_2$$

在 $n = 0$ 即 $s = 1$ 时，转子漏抗为：

$$X_{20} = 2\pi f_1 L_2$$

这时 $f_2 = f_1$，转子漏抗最大。s 为任意值时的转子漏抗为：

$$X_2 = sX_{20}$$

转子每相电流：

$$I_2 = \frac{E_2}{\sqrt{R_2^2 + X_2^2}} = \frac{sE_{20}}{\sqrt{R_2^2 + (sX_{20})^2}}$$

转子的功率因数为：

$$\cos\varphi_2 = \frac{R_2}{\sqrt{R_2^2 + X_2^2}} = \frac{R_2}{\sqrt{R_2^2 + (sX_{20})^2}}$$

可见异步电动机的转子电流 I_2 和转子功率因数 $\cos\varphi_2$ 也都与转差率 s 有关，I_2 和 $\cos\varphi_2$ 与 s 的关系曲线如图 5.9 所示。

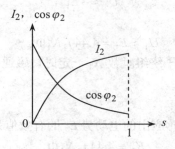

图 5.9　I_2 和 $\cos\varphi_2$ 与 s 的关系

通过上面的分析可知，转子的电动势、电流、频率、感抗、功率因数等都与转差率有关，即与转速有关。这是学习三相异步电动机时应注意的一个特点。

5.2.2　三相异步电动机的电磁转矩

三相异步电动机的电磁转矩 T 是由旋转磁场的每极磁通 Φ 与转子电流 I_2 相互作用而产生的，故电磁转矩与转子电流的有功分量 $I_2\cos\varphi_2$ 及定子旋转磁场的每极磁通 Φ 成正比，即：

$$T = K_T \Phi I_2 \cos\varphi_2$$

式中 K_T 是一个与电动机结构有关的常数。将 I_2、$\cos\varphi_2$ 的表达式及 Φ 与 U_1 的关系式代入上式，得三相异步电动机电磁转矩公式的另一个表示式：

$$T = K \frac{sR_2U_1^2}{R_2^2 + (sX_{20})^2}$$

式中 K 是一常数。可见电磁转矩 T 也与转差率 s 有关，并且与定子每相电压 U_1 的平方成正比，电源电压对转矩影响较大。同时，电磁转矩 T 还受到转子电阻 R_2 的影响。

5.2.3　三相异步电动机的机械特性

在电源电压 U_1 和转子电阻 R_2 为定值时，转矩 T 与转差率 s 的关系曲线 $T = f(s)$ 或转速 n 与转矩 T 的关系曲线 $n = f(T)$ 称为电动机的机械特性。由转矩公式可以画出三相异步电动机的机械特性曲线，如图 5.10 所示。

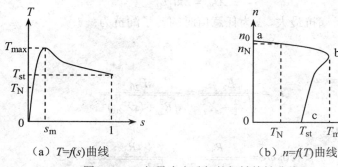

（a）$T=f(s)$ 曲线　　　　　（b）$n=f(T)$ 曲线

图 5.10　三相异步电动机的机械特性曲线

1. 起动转矩 T_{st} 及起动过程

电动机刚起动（$n=0$，$s=1$）时的转矩称为起动转矩，用 T_{st} 表示。从图 5.10 中可以看出，当起动转矩 T_{st} 大于转轴上的阻转矩时，转子就旋转起来，并在电磁转矩作用下逐渐加速。此时，电磁转矩也逐渐增大（沿 cb 段上升）到最大转矩 T_{max}。随着转速的继续上升，曲线进入到 ba 段，电磁转矩反而减小。最后，当电磁转矩等于阻转矩时，电动机就以某一转速作等速旋转。由转矩公式得起动转矩 T_{st} 的大小为：

$$T_{st} = K \frac{R_2 U_1^2}{R_2^2 + X_{20}^2}$$

可见 T_{st} 与 U_1^2 及 R_2 有关，如图 5.11 所示。如果降低电源电压 U_1，起动转矩 T_{st} 会减小。而当转子电阻 R_2 适当增大时，起动转矩也会随着增大。

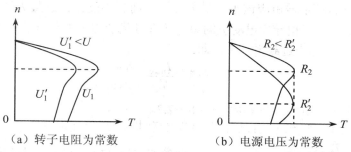

（a）转子电阻为常数　　（b）电源电压为常数

图 5.11　对应不同电源电压和转子电阻时三相异步电动机的机械特性曲线

2. 额定转矩 T_N

电动机在额定负载下工作时的电磁转矩称为额定转矩，用 T_N 表示。电动机在匀速运行时，电磁转矩 T 必须与阻转矩 T_C 相平衡。阻转矩主要是机械负载转矩 T_2，此外还包括空载损耗转矩 T_0（主要是机械摩擦和风阻所产生的阻转矩）。由于 T_0 很小，可忽略不计。这样，电磁转矩 T 应该与电动机轴上输出的机械负载转矩 T_2 相等，即：

$$T \approx T_2 = \frac{60 P_2}{2\pi n}$$

式中 P_2 是电动机轴上输出的机械功率，单位为 W；T 是电动机的电磁转矩，单位是 N·m；n 是转速，单位是 r/min。功率如果用 kW 为单位，则额定转矩为：

$$T_N = 9550 \frac{P_N}{n_N}$$

从电动机铭牌上的额定功率和额定转速即可应用上式求得电动机的额定转矩 T_N。

通常三相异步电动机一旦起动，很快就会沿着起动特性曲线进入机械特性曲线的 ab 段稳定运行。电动机在 ab 段工作时，若负载增大，则因为阻转矩大于电磁转矩，电动机转速开始下降；随着转速的下降，转子与旋转磁场之间的转差率增大，于是转子中的感应电势和感应电流增大，使得电动机的电磁转矩同时在增加。当电磁转矩增加到与阻转矩相等时，电动机达到新的平衡状态。这时电动机以较低于前一平衡状态的转速稳定运行。

从特性图上还可以看出，ab 段较为平坦，也就是说电动机从空载到满载时其转速下降很少，这种特性称为电动机的硬机械特性。具有硬机械特性的三相异步电动机适用于一般的金属切削机床。

3. 最大转矩 T_{max}

从机械特性曲线上看，转矩有一个最大值，称为最大转矩或临界转矩，用 T_{max} 表示。对应于最大转矩的转差率 s_m 可由 $\dfrac{\mathrm{d}T}{\mathrm{d}s} = 0$ 求得，为 $s_m = \dfrac{R_2}{X_{20}}$。最大转矩为：

$$T_{max} = K\frac{U_1^2}{2X_{20}}$$

可见三相异步电动机的最大转矩与 U_1^2 成正比，而与转子电阻 R_2 无关，如图 5.11 所示。

如果负载转矩大于电动机的最大转矩，电动机就带不动负载，转速沿特性曲线 bc 段迅速下降到 0，发生闷车现象。此时，三相异步电动机的电流会升高 6～7 倍，电动机严重过热，时间一长就会烧毁电动机。

显然，电动机的额定转矩应该小于最大转矩，而且不能太接近最大转矩，否则电动机稍微一过载就立即闷车。三相异步电动机的短时允许过载能力用电动机的最大转矩 T_{max} 与额定转矩 T_N 之比来表示，称为过载系数 λ，即：

$$\lambda = \frac{T_{max}}{T_N}$$

一般三相异步电动机的过载系数 $\lambda = 1.8 \sim 2.2$。

例 5.2 有一台 4 极三相鼠笼式异步电动机，其额定功率 $P_N = 7.5\text{kW}$，额定转速 $n_N = 1450\ \text{r/min}$，$\dfrac{T_{max}}{T_N} = 1.8$，$\dfrac{T_{st}}{T_N} = 1.2$，电源频率 $f_1 = 50\text{Hz}$，求这台电动机的额定转矩 T_N、最大转矩 T_{max}、起动转矩 T_{st} 和额定转差率 s_N。

解 额定转矩为：

$$T_N = 9550\frac{P_N}{n_N} = 9550 \times \frac{7.5}{1450} = 49.4\ （\text{N·m}）$$

最大转矩为：

$$T_{max} = 1.8T_N = 1.8 \times 49.4 = 88.9\ （\text{N·m}）$$

起动转矩为：

$$T_{st} = 1.2T_N = 1.2 \times 49.4 = 59.3\ （\text{N·m}）$$

因为该电动机的磁极数为 4，故磁极对数为 $p = 2$，从而得同步转速为：

$$n_0 = \frac{60f_1}{p} = \frac{60 \times 50}{2} = 1500\ （\text{r/min}）$$

额定转差率为：

$$s_N = \frac{n_0 - n_N}{n_0} \times 100\% = \frac{1500 - 1450}{1500} \times 100\% = 3.3\%$$

5.3 三相异步电动机的起动、调速与制动

5.3.1 三相异步电动机的起动

异步电动机接上三相电源后，如果电磁转矩 T 大于负载转矩 T_2，电动机就可以从静止状

态过渡到稳定运转状态，这个过程叫做起动。

通常对电动机的起动要求是：起动电流小，起动转矩大，起动时间短。

电动机起动时由于旋转磁场对静止的转子相对运动速度很大，转子导体切割磁力线的速度也很快，所以电动机的起动电流很大，一般约为额定电流的5～7倍。由于起动后转子的速度不断增加，所以电流将迅速下降。若电动机起动不频繁，则短时间的起动过程对电动机本身的影响并不大。但当电网的容量较小时，这么大的起动电流会使电网电压显著降低，从而影响电网上其他设备的正常工作。另外，电动机的起动转矩 T_{st} 对起动过程也有一定的影响，若起动转矩太小，即使电动机能够起动，加速也将必然较慢，起动时间较长。考虑到上述原因及起动要求，必须根据具体的情况选择不同的起动方法。

鼠笼式电动机的起动有直接起动和降压起动两种。

1. 直接起动

直接起动是利用闸刀开关或接触器将电动机直接接到额定电压上的起动方式，又叫全压起动。这种起动方法简单，但起动电流较大，将使线路电压下降，影响负载正常工作。一般电动机容量在10kW以下并且小于供电变压器容量的20%时，可采用这种起动方式。

2. 降压起动

如果电动机直接起动时电流太大，必须采用降压起动。由于降压起动同时也减小了电动机的起动转矩，所以这种方法只适用于对起动转矩要求不高的生产机械。鼠笼式电动机常用的降压起动方式有星形－三角形（Y-Δ）换接起动和自耦降压起动。

Y-Δ换接起动是在起动时将定子绕组连接成星形，通电后电动机运转，当转速升高到接近额定转速时再换接成三角形，如图5.12所示。这种起动方式只适用于正常运行时定子绕组是三角形连接且每相绕组都有两个引出端子的电动机。根据三相交流电路的理论，用Y-Δ换接起动可以使电动机的起动电流降低到全压起动时的1/3。由于电动机的起动转矩与电压的平方成正比，所以用星形－三角形换接起动时电动机的起动转矩也是直接起动时的1/3。

自耦降压起动是利用三相自耦变压器将电动机在起动过程中的端电压降低，以达到减小起动电流的目的，如图5.13所示。对于有些三相异步电动机来说，在正常运转时要求其转子绕组必须接成星形，这样一来就不能采用Y-Δ换接起动方式，而只能采用自耦降压起动方式。自耦变压器备有40%、60%、80%等多种抽头，使用时要根据电动机起动转矩的要求具体选择。

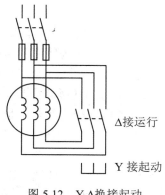

图 5.12 Y-Δ换接起动

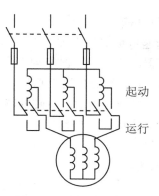

图 5.13 自耦降压起动

　　对于既要求限制起动电流又要求有较高起动转矩的生产场合，可采用绕线式异步电动机拖动。绕线式异步电动机转子绕组串入附加电阻后，既可以降低起动电流，又可以增大起动转矩，接线图如图 5.14 所示。绕线式电动机多用在起动较频繁而又要求有较高起动转矩的机械设备上，如卷扬机、起重机、锻压机等。

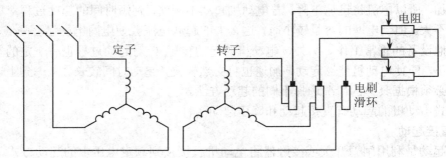

图 5.14　绕线式异步电动机起动时的接线图

5.3.2　三相异步电动机的调速

　　电动机的调速是在保持电动机电磁转矩（即负载转矩）一定的前提下，改变电动机的转动速度，以满足生产过程的需要。从转差率公式得三相异步电动机的转速为：

$$n = (1-s)n_0 = (1-s)\frac{60f_1}{p}$$

　　可见三相异步电动机的调速可以从改变电源频率 f_1、改变磁极对数 p、改变转差率 s 三个方面进行。

1．变极调速

　　若电源频率 f_1 一定，则改变电动机的定子绕组所形成的磁极对数 p 可以达到调速的目的。但因为磁极对数只能是按 1、2、3、…的规律变化，所以用这种方法调速电动机的转速不能连续、平滑地进行调节。

　　能够改变磁极对数的电动机称为多速电动机。这种电动机的定子有多套绕组或绕组有多个抽头引至电动机的接线盒，通过在外部改变绕组接线的方法来改变电动机的磁极对数。多速电动机可以做到二速、三速、四速等，它普遍应用在机床上。采用多速电动机可以简化机床的传动机构。

2．变频调速

　　变频调速是目前生产过程中使用最广泛的一种调速方式。主要是通过由晶闸管整流器和晶闸管逆变器组成的变频器把频率为 50Hz 工频的三相交流电源变换成为频率和电压均可调节的三相交流电源，然后供给三相异步电动机，从而使电动机的速度得到调节。变频调速属于无级调速，具有机械特性曲线较硬的特点。目前，市场上有各种型号的变频器产品，在选择使用的过程中应该注意按三相异步电动机的容量来选择变频器，以免出现因变频器容量不够而烧毁变频器的现象。

3．变转差率调速

　　这种方法只适用于绕线式异步电动机，是通过改变转子绕组中串接调速电阻的大小来调整转差率实现平滑调速的，又称为变阻调速。调速电阻的接法与起动电阻相同，如图 5.14 所示。变转差率调速使用的设备简单，但能量损耗较大，一般用在起重设备中。

5.3.3 三相异步电动机的制动

电动机的制动是指电动机受到与转子运动方向相反的转矩作用，从而迅速减低转速，最后停止转动的过程。制动的关键是使电动机产生一个与实际转动方向相反的电磁转矩，这时的电磁转矩称为制动转矩。常用的制动方法有 3 种：能耗制动、反接制动和发电反馈制动。

1．能耗制动

这种制动方法是在电动机切断定子三相电源以后，迅速在定子绕组中接通直流电源，如图 5.15 所示。直流电产生的磁场是不随时间变化的固定磁场，而电动机的转子却在惯性的作用下继续转动。根据右手定则和左手定则可以确定，这时转子中感应电流与固定磁场相互作用产生的电磁转矩方向与电动机转子的转动方向相反，因而起到制动作用。制动转矩的大小同直流电流的大小有关。直流电流的大小一般为电动机额定电流的 0.5～1 倍。由于该制动方法是将转子的动能转换成电能消耗在转子绕组的电阻上，故称为能耗制动。能耗制动的特点是制动准确、平稳，但需要额外的直流电源。

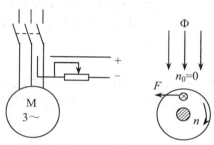

图 5.15　能耗制动

2．反接制动

这种制动方式是在电动机停车时，将电动机与电源相连的三相电源中的任意两相对调，从而使电动机产生的旋转磁场改变方向，电磁转矩方向也随之改变。这样，作用在转子上的电磁转矩与电动机转子的运动方向相反，成为制动转矩，起到制动作用，如图 5.16 所示。当电动机转速接近为零时，要及时断开电源防止电动机反转。反接制动比较简单，制动效果好，但由于反接时旋转磁场与转子间的相对运动加快，因而电流较大。对于功率较大的电动机制动时必须在定子电路（鼠笼式）或转子电路（绕线式）中接入电阻，用以限制电流。

3．发电反馈制动

当电动机转子轴上受外力作用，使转子的转速超过了旋转磁场的转速时，如起重机吊着重物下降，这时电磁转矩的作用就不再是驱动转矩了，此时电磁转矩的方向与转子的运动方向相反，从而限制转子的转速，起到了制动作用。因为当转子转速大于旋转磁场的转速时，有电能从电动机的定子返回给电源，实际上这时电动机已经转入发电机运行，所以这种制动称为发电反馈制动，如图 5.17 所示。

另外，在将多速电动机从高速调到低速的过程中，也自然发生发电反馈制动。因为刚将磁极对数 p 加倍时，磁场转速立即减半，而转子转速由于惯性只能逐渐下降，因此就出现了转子转速大于磁场转速的情况。

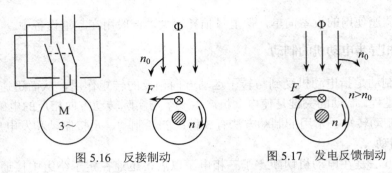

图 5.16　反接制动　　　　　图 5.17　发电反馈制动

5.4　三相异步电动机的选择与使用

电动机的使用寿命是有限的，因为电动机轴承的逐渐磨损、绝缘材料的逐渐老化等，这些现象是不可避免的。但一般来说，只要选用正确、安装良好、维修保养完善，电动机的使用寿命还是比较长的。在使用中如何尽量避免对电动机的损害，及时发现电动机运行中的故障隐患，对电动机的安全运行意义重大。因此，电动机在运行中的监视和维护、定期的检查维修，是消灭故障隐患，延长电动机使用寿命，减少不必要损失的重要手段。

5.4.1　三相异步电动机的铭牌

每台电动机的外壳上都有一块铭牌，标出这台电动机的主要规格，如型号、额定数据、使用条件等。要正确使用、维护、修理电动机，都必须要看得懂铭牌。今以 Y132M-4 型电动机来说明铭牌上各个数据的意义。

三相异步电动机		
型　号　Y132M-4	功　率　7.5kW	频　率　50Hz
电　压　380V	电　流　15.4A	接　法　△
转　速　1440r/min	绝缘等级　B	工作方式　连续
年　　月　　日	编号	××电机厂

（1）型号。是不同规格电动机的代号，它的每一个字母都有一定含义。例如型号为 Y132M-4 的异步电动机，代表的意义如下：

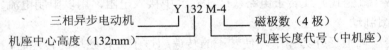

三相异步电动机　　　　　　Y 132 M-4　　　磁极数（4 极）
机座中心高度（132mm）　　　　　　机座长度代号（中机座）

关于型号的具体标示有一定的规则和标准，可以查手册。

（2）功率。指电动机在铭牌规定条件下正常工作时转轴上输出的机械功率，称为额定功率或容量，单位用千瓦（kW）。电动机的输出功率与输入功率并不相等，其差值等于电动机本身的损耗，包括铜损、铁损、机械摩擦损耗等。电动机输出功率与输入功率之比称为电动机的效率，用字母 η 表示。

（3）电压。指电动机的额定线电压。对电动机来讲，要求电源电压值的波动不应超过额定电压的 5%，否则电动机不能正常工作。有的电动机铭牌上标有两个电压值，比如"220/380V

表示电动机绕组采用三角形和星形两种不同连接时，可分别适用于这两种电源线电压。

（4）电流。指电动机在额定工作状态下运行时的线电流。如果电动机铭牌上有两个电流值，表示绕组采用三角形和星形两种不同连接方式时对应的输入电流。

（5）频率。指电动机所接交流电源的工作频率。我国工频为 50Hz。

（6）转速。指额定转速，表示电动机在额定功率时转子每分钟的转数。

（7）接线方法。这里特指三相定子绕组的连接方法，即接成星形还是三角形。为了便于接线，常将三相绕组的 6 个出线头引至接线盒中，三相绕组的始端标为 U_1、V_1、W_1，末端标为 U_2、V_2、W_2。6 个出线头在出线盒的位置排列及星形和三角形两种接线方式如图 5.18 所示。

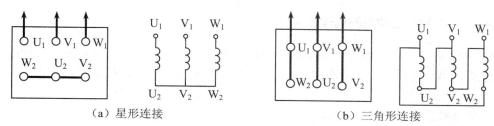

（a）星形连接　　　　　　　　　　（b）三角形连接

图 5.18　定子绕阻的接线方法

（8）工作方式。工作方式分连续、短时、断续 3 种。

（9）绝缘等级。绝缘材料按耐热性能分为 7 个等级。电动机的工作温度主要受绝缘材料的限制。若工作温度过高，会使绝缘材料老化。在修理电动机时，选用的绝缘材料要符合铭牌规定的绝缘等级。

（10）功率因数。因为电动机是感性负载，定子相电压的相位滞后电流的相位一个 φ 角，$\cos\varphi$ 就是电动机的功率因数。三相异步电动机的功率因数较低，空载时只有 0.2～0.3，因此必须正确选择电动机的容量，防止大马拉小车，并力求缩短空载的时间。

例 5.3　一台三相异步电动机的额定数据如下：$P_N = 10\,kW$、$n_N = 1450\,r/min$、$U_N = 380\,V$、$I_N = 20\,A$、效率 $\eta_N = 0.88$、$\cos\varphi_N = 0.86$、$\dfrac{I_{st}}{I_N} = 6.5$、$\dfrac{T_{st}}{T_N} = 1.2$、$\dfrac{T_{max}}{T_N} = 1.8$。

求起动电流 I_{st}、额定转矩 T_N、最大转矩 T_{max}、起动转矩 T_{st}、额定转差率 s_N 和定子功率 P_1。

解　起动电流为：

$$I_{st} = 6.5 I_N = 6.5 \times 20 = 130 \quad (A)$$

额定转矩为：

$$T_N = 9550 \frac{P_N}{n_N} = 9550 \times \frac{10}{1450} = 65.9 \quad (N \cdot m)$$

最大转矩为：

$$T_{max} = 1.8 T_N = 1.8 \times 65.9 = 118.6 \quad (N \cdot m)$$

起动转矩为：

$$T_{st} = 1.2 T_N = 1.2 \times 65.9 = 79 \quad (N \cdot m)$$

由额定转速 $n_N = 1450\,r/min$ 可知电动机是 4 极的，即 $p = 2$，所以同步转速为：

$$n_0 = \frac{60 f_1}{p} = \frac{60 \times 50}{2} = 1500 \quad (r/min)$$

额定转差率为：

$$s_N = \frac{n_0 - n_N}{n_0} = \frac{1500 - 1450}{1500} = 0.033$$

定子功率即电动机的输入功率为：

$$P_1 = \frac{P_N}{\eta_N} = \frac{10}{0.88} = 11.36 \quad (\text{kW})$$

定子功率也可由公式 $P_1 = \sqrt{3} U_N I_N \cos\varphi_N$ 计算，即：

$$P_1 = \sqrt{3} U_N I_N \cos\varphi_N = 1.732 \times 380 \times 20 \times 0.86 = 11.32 \quad (\text{kW})$$

5.4.2　三相异步电动机的选择

合理选择电动机是正确使用电动机的前提。电动机品种繁多，性能各异，选择时要全面考虑电源、负载、使用环境等诸多因素。对于与电动机使用相配套的控制电器和保护电器的选择也是同样重要的。

1．电源的选择

在三相异步电动机中，中小功率电动机大多采用三相 380V 电压，但也有使用三相 220V 电压的。在电源频率方面，我国自行生产的电动机采用 50Hz 的频率，而世界上有些国家采用 60Hz 的交流电源。虽然频率不同不至于烧毁电动机，但其工作性能将大不一样。因此，在选择电动机时应根据电源的情况和电动机的铭牌正确选用。

2．防护型式的选择

由于工作环境不尽相同，有的生产场所温度较高，有的生产场所有大量的粉尘，有的生产场所空气中含有爆炸性气体或腐蚀性气体等。这些环境都会使电动机的绝缘状况恶化，从而缩短电动机的使用寿命，甚至危及生命和财产的安全。因此，使用时有必要选择各种不同结构形式的电动机，以保证在各种不同的工作环境中能安全可靠地运行。电动机的外壳一般有如下型式：

（1）开启型。外壳有通风孔，借助和转轴连成一体的通风风扇使周围的空气与电动机内部的空气流通。这种型式的电动机冷却效果好，适用于干燥无尘的场所。

（2）防护型。机壳内部的转动部分及带电部分有必要的机械保护，以防止意外的接触。若电动机通风口用带网孔的遮盖物盖起来，叫网罩式；通风口可防止垂直下落的液体或固体直接进入电动机内部的叫防漏式；通风口可防止与垂直成 100° 范围内任何方向的液体或固体进入电动机内部的叫防溅式。

（3）封闭式。机壳严密密封，靠自身或外部风扇冷却，外壳带有散热片。适用于潮湿、多尘或含酸性气体的场合。

（4）防爆式。电动机外壳能阻止电动机内部的气体爆炸传递到电动机外部，从而引起外部燃烧气体的爆炸。

此外，还得考虑电动机是否应用于特殊环境，如高原、户外、湿热等。

3．功率的选择

选用电动机的功率要满足所带负载的要求。一般电动机的额定功率要比负载的功率大一些，以留有一定余量，但也不宜大太多，否则既浪费设备容量，又降低了电动机的功率因数和效率。

对于短时运行的工作场合，如果选用连续工作型电动机，由于电动机允许短时过载，因此所选电动机的额定功率可以略小一些。一般可以是生产机械要求功率的 $\frac{1}{\lambda}$，其中 λ 为电动机的过载系数。

4．转速的选择

应该根据生产机械的要求来选择电动机的额定转速，但转速也不宜选择过低（一般不低于 500r/min），否则会提高设备成本。如果电动机转速和机械转速不一样，可以用皮带轮或齿轮等变速装置变速。在负载转速要求不严格的情况下，尽量选用 4 极电动机。因为在相同容量下，二极电动机起动电流大、起动转矩小且机械磨损大；而多极电动机又体积大、造价高、空载损耗大，所以都不尽相宜。

5.4.3 电动机的安装原则和接地装置

1．电动机的安装原则

若安装电动机的场所选择得不好，不但会使电动机的寿命大大缩短，也会引起故障，还会损坏周围的设备，甚至危及操作人员的生命安全，因此，必须慎重考虑安装场所。

电动机的安装应遵循如下原则：

（1）有大量尘埃、爆炸性或腐蚀性气体、环境温度 40℃ 以上、水中作业等场所，应该选择具有合适防护型式的电动机。

（2）一般场所安装电动机，要注意防止潮气。不得已的情况下要抬高基础，安装换气扇排潮。

（3）通风条件要良好。环境温度过高会降低电动机的效率，甚至使电动机过热烧毁。

（4）灰尘少。灰尘会附在电动机的线圈上，使电动机绝缘电阻降低，冷却效果恶化。

（5）安装地点要便于对电动机的维护、检查。

2．电动机的接地装置

电动机的绝缘如果损坏，运行中机壳就会带电。一旦机壳带电而电动机又没有良好的接地装置，当操作人员接触到机壳时，就会发生触电事故。因此，电动机的安装、使用一定要有接地保护。在电源中性点直接接地系统中，采用保护接中性线，在电动机密集地区应将中性线重复接地。在电源中性点不接地系统中，应采用保护接地。

接地装置包括接地极和接地线两部分。接地极通常用钢管或角钢等制成。钢管多采用 $\Phi50mm$，角钢采用 45mm×45mm，长度为 2.5m。接地极应垂直埋入地下，每隔 5m 打一根，其上端离地面的深度不应小于 0.5～0.8m，接地极之间用 5mm×50mm 的扁钢焊接。

接地线最好用裸铜线，截面积不小于 16mm²。接地线一端固定在机壳上，另一端和接地极焊牢。容量 100kW 以下的电动机保护接地，其电阻不应大于 10Ω。

下列情况可以省略接地：

（1）设备的电压在 150V 以下。

（2）设备置于干燥的木板地上或绝缘性能较好的物体上。

（3）金属体和大地之间的电阻在 100Ω 以下。

5.5　单相异步电动机

用单相交流电源供电的电动机叫做单相异步电动机。这类电动机输出功率比较小（1kW以下），被广泛应用于日常生活、医疗器械、小型机床和电子仪表上，如电风扇、洗衣机、电冰箱、电钻上都用单相异步电动机来作为动力驱动。

5.5.1　单相异步电动机的工作原理与特性

单相异步电动机的总体结构和三相异步电动机相似，也是由定子和转子组成的。转子大多数为鼠笼式结构，定子绕组是单相的。

1. 脉动磁场的产生

与三相异步电动机不同，当单相异步电动机的定子绕组通入单相交流电以后，电动机内就产生一个大小及方向随时间沿定子绕组轴线方向变化的磁场，称为脉动磁场，如图 5.19 所示。这个磁场的磁通总是随电源的频率而变化，并且沿着轴线方向垂直地上下变化。根据右手定则可知，当定子中电流的方向如图 5.19（a）所示时，磁通的方向垂直向下；当电流的方向与图 5.19（a）所示相反时，磁通的方向垂直向上。这个磁场的轴线在空间固定不变，并不旋转。由此可见，单靠在定子绕组中通入单相交流电是不能产生旋转磁场的。

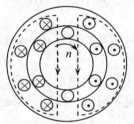
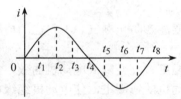
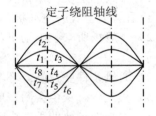

（a）脉动磁场的产生　　　（b）单相定子电流　　　（c）不同时刻气隙中磁感应强度的分布

图 5.19　单相异步电动机的脉动磁场

2. 脉动磁场的分解

脉动磁场可以分解为两个大小一样、转速相等、方向相反的旋转磁场 B_1、B_2，如图 5.20 所示。每个旋转磁场和转子间的相互作用同三相异步电动机一样，顺时针方向转动的旋转磁场 B_1 对转子产生顺时针方向的电磁转矩；逆时针方向转动的旋转磁场 B_2 对转子产生逆时针方向的电磁转矩。由于在任何时刻这两个电磁转矩都大小相等、方向相反，所以电动机的转子是不会转动的，也就是说单相异步电动机的起动转矩为零。

3. 机械特性

虽然单相异步电动机起动转矩为零，不能自行起动，但是一旦让电动机转动起来以后，情况就发生了变化。假设已经让转子在顺时针方向转动起来了，由于转子的转向与顺时针旋转磁场 B_1 的方向相同，彼此间相对运动较小，因此，B_1 在转子中产生的感应电流频率小于静止时的电流频率，转子的感抗较静止时要小，这样顺时针方向转子电流的功率因数也较高，顺时针方向的电磁转矩也就比静止时的转矩要大。另一方面，转子的转向与逆时针旋转磁场 B_2 的方向相反，彼此间相对运动较大，因此 B_2 在转子中的感应电流频率及产生的感抗均大于静止时的值，这样逆时针方向转子电流的功率因数也较低，逆时针方向的电磁转矩也就较小。

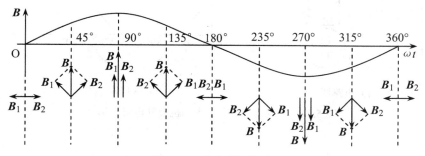

图 5.20　脉动磁场的分解

　　综上所述，一旦让电动机的转子转动起来后，由顺时针旋转磁场 B_1 和逆时针旋转磁场 B_2 产生的合成电磁转矩不再为零，在这个合成转矩的作用下，即使不需要其他的外在因素，单相异步电动机仍将沿着原来的运动方向继续运转。

　　单相异步电动机的这种机械特性如图 5.21 所示。由于单相异步电动机总有一个反向的制动转矩存在，所以其效率和负载能力都不及三相异步电动机。

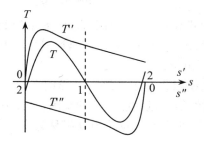

图 5.21　单相异步电动机的机械特性

5.5.2　单相异步电动机的起动

　　通过上节的分析可知，单相异步电动机的主要缺点是没有起动转矩。为了使单相异步电动机能按预定的方向自动起动运转，必须采取一些起动措施使电动机在起动时出现起动转矩。常用的起动方式有分相法和罩极法。

1. 分相法

　　图 5.22（a）所示是电容分相式异步电动机的原理图，定子有两个绕组：一个是工作绕组（又叫主绕组）；另一个是起动绕组（又叫副绕组），两个绕组在空间互成 90°。起动绕阻与电容 C 串联，使起动绕组电流 i_2 和工作绕组电流 i_1 产生 90° 的相位差，即：

$$i_1 = \sqrt{2}I_1 \sin \omega t$$
$$i_2 = \sqrt{2}I_2 \sin(\omega t + 90°)$$

　　波形如图 5.22（b）所示。图 5.23 所示分别为 $\omega t = 0°$、45°、90° 时合成磁场的方向，由图可见该磁场随着时间的增长顺时针方向旋转。这样一来，单相异步电动机就可以在该旋转磁场的作用下起动了。

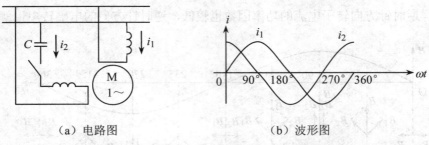

（a）电路图　　　　　　　　　　（b）波形图

图 5.22　电容分相式异步电动机及其电流波形

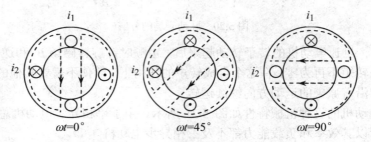

图 5.23　两相旋转磁场

　　值得注意的是，电容分相式异步电动机如果起动绕组连续通电，有可能因过热而烧毁起动绕组，因此，起动完后，必须把起动绕组和电容器通过离心开关从电源上脱开，只有工作绕组通电，这时电动机在脉动磁场的作用下继续运转。

　　若省去离心开关，且起动绕组也和工作绕阻一样按长时间运行方式设计，便成为电容运行式单相异步电动机，其运行性能、过载能力、功率因数等均比电容分相式电动机好。

　　除电容分相外，也可用电阻来分相，这种电动机称为电阻分相式电动机。

2．罩极法

　　罩极法是在单相异步电动机的定子磁极的极面上约 1/3 处套装一个铜环（又称短路环），套有短路环的磁极部分叫做罩极，如图 5.24 所示。当定子绕组通入电流产生脉动磁场后，有一部分磁通穿过铜环，使铜环内产生感应电动势和感应电流。根据楞次定律，铜环中的感应电流所产生的磁场阻止铜环部分磁通的变化，结果使得没套铜环的那部分磁极中的磁通与套有铜环的这部分磁极内的磁通有了相位差，罩极外的磁通超前罩极内的磁通一个相位角。随着定子绕组中电流变化率的改变，单相异步电动机定子磁场的方向也就不断发生变化，相当于在电动机内形成了一个旋转磁场。在这个旋转磁场的作用下，电动机的转子就能够起动了。

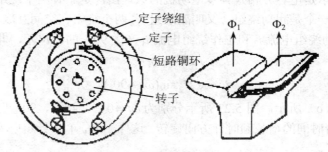

图 5.24　罩极式单相异步电动机

罩极式单相异步电动机磁场的旋转方向是由铜环在罩极上的位置来决定的。电动机生产出厂以后，其转动方向是固定的，不能随意改变。

罩极式电动机结构简单、制造容易、价格便宜，其主要缺点是起动转矩较小，且铜环在电动机工作时并不断开，因而产生能量损耗，工作效率较低。罩极式电动机主要应用于小台扇、电吹风、录音机等小功率负载的场合。

本章小结

（1）三相异步电动机由定子和转子两部分组成，这两部分之间由空气隙隔开。转子按结构形式的不同分为鼠笼式和绕线式两种。鼠笼式三相异步电动机结构简单，价格便宜，运行、维护方便，使用广泛。绕线式三相异步电动机起动、调速性能好，但结构复杂，价格高。

三相异步电动机的转动原理是：在三相定子绕组中通入三相交流电流产生旋转磁场，旋转磁场与转子产生相对运动，在转子绕组中感应出电流，转子感应电流与旋转磁场相互作用产生电磁转矩，驱动电动机旋转。转子的转动方向与旋转磁场的方向及三相电流的相序一致，这是三相异步电动机改变转向的原理。旋转磁场的转速即同步转速为：

$$n_0 = \frac{60 f_1}{p}$$

三相异步电动机旋转的必要条件是转差率的存在，即转子转速恒小于旋转磁场转速。转差率是三相异步电动机的一个重要参数，定义为：

$$s = \frac{n_0 - n}{n_0} \quad 或 \quad n = (1 - s)n_0$$

（2）电磁转矩的表达式 $T = K_T \Phi I_2 \cos\varphi_2$，表明电磁转矩是由主磁通与转子电流的有功分量相互作用产生的，其参数表达式为：

$$T = K \frac{s R_2 U_1^2}{R_2^2 + (s X_{20})^2}$$

由此可以绘出 $T = f(s)$ 及 $n = f(T)$ 机械特性曲线。机械特性曲线是分析三相异步电动机运行性能的依据。三相异步电动机具有较硬的机械特性，在负载变化时，其转速变化不大。由于 T 正比于 U_1^2，故三相异步电动机电磁转矩对电源电压的波动十分敏感。

对三相异步电动机的机械特性，重点掌握 3 个特征转矩：额定转矩、最大转矩和起动转矩。额定转矩为 $T_N = 9550 \frac{P_N}{n_N}$，最大转矩决定了电动机的过载能力，起动转矩反映了电动机的起动性能。

（3）三相异步电动机直接起动时起动电流大而起动转矩小。对稍大容量的鼠笼式电动机常采用降压起动来限制起动电流，降压起动有星形－三角形换接起动和自耦降压起动两种方式。降压起动虽然可以限制起动电流，但也使得起动转矩更小，故只适用于空载或轻载起动。对绕线式电动机，采用在转子回路串联电阻起动，既能降低起动电流，又可增大起动转矩。

三相异步电动机的调速有变极调速、变频调速和变转差率调速 3 种。变极调速为有级调速，变频调速为无级调速，变转差率调速只适用于绕线式电动机，即在转子回路串联可变电阻调速。

　　三相异步电动机的制动有能耗制动、反接制动和发电反馈制动 3 种。能耗制动是在切断交流电源的同时把直流电通入三相绕组中的两相，形成恒定磁场而产生制动转矩。反接制动是改变电流相序形成反向旋转磁场而产生制动转矩。发电反馈制动是电动机转速大于同步转速时使电动机变为发电运行状态而产生制动转矩。

　　（4）铭牌是电动机的运行依据，其中额定功率是指在额定状态下电动机转子轴上输出的机械功率，不是电动机从电源取得的电功率。额定电压和额定电流均指线电压和线电流。

　　合理选择电动机关系到生产机械的安全运行和投资效益。可根据生产机械所需功率选择电动机的容量，根据工作环境选择电动机的结构形式，根据生产机械对调速、起动的要求选择电动机的类型，根据生产机械的转速选择电动机的转速。

　　（5）单相异步电动机的单相绕组通入单相正弦电流产生脉动磁场，脉动磁场本身没有起动转矩，故单相异步电动机的关键是解决起动转矩，常用的起动方法有分相法和罩极法。

习题五

　　5.1　三相异步电动机主要由哪几个部分构成，各部分的主要作用是什么？

　　5.2　三相电源的相序对三相异步电动机旋转磁场的产生有何影响？

　　5.3　三相异步电动机转子的转速能否等于或大于旋转磁场的转速，为什么？

　　5.4　一台三相异步电动机，电源频率 $f_1 = 50$ Hz，同步转速 $n_0 = 1500$ r/min，求这台电动机的磁极对数及转速分别为 0 和 1440 r/min 时的转差率。

　　5.5　一台三相异步电动机铭牌数据如下：$f_1 = 50$ Hz，额定转速 $n_N = 960$ r/min，该电动机的磁极对数是多少？

　　5.6　一台 4 极的三相异步电动机，电源频率 $f_1 = 50$ Hz，额定转速 $n_N = 1440$ r/min。计算这台电动机在额定转速下的转差率 s_N 和转子电流的频率 f_2。

　　5.7　三相异步电动机的电磁转矩是否会随负载而变化？如何变化？

　　5.8　如果三相异步电动机发生堵转，试问对电动机有何影响？

　　5.9　为什么三相异步电动机的起动电流较大？用哪几种起动方式可减小起动电流？

　　5.10　绕线式三相异步电动机采用串联转子电阻起动时，是否电阻越大起动转矩越大？

　　5.11　三相异步电动机有哪几种调速方式，各有何特点？

　　5.12　三相异步电动机有哪几种制动方式，各有何特点？

　　5.13　电动机的额定功率指什么功率？额定电流指定子绕组的线电流还是相电流？

　　5.14　在工作电源的线电压为 380V 时，能否使用一台铭牌数据为：额定电压为 220V，接法为三角形或星形的三相异步电动机，如果能使用，定子绕组应该采用何种接法？

　　5.15　一台三相异步电动机的额定数据如下：$P_N = 5.5$kW、$n_N = 1440$ r/min、$U_N = 380$V、效率 $\eta_N = 0.855$、$\cos\varphi_N = 0.84$、$\dfrac{I_{st}}{I_N} = 7$、$\dfrac{T_{st}}{T_N} = 2.2$、$\dfrac{T_{max}}{T_N} = 2.2$，电源频率为 50 Hz。求：

　　（1）额定状态下的转差率 s_N、电流 I_N 和转矩 T_N。

　　（2）起动电流 I_{st}、最大转矩 T_{max}、起动转矩 T_q 和定子功率 P_1。

5.16　三相异步电动机若有一相绕组开路，则会发生什么后果？

5.17　对绕线转子异步电动机能否用改变磁极对数的方法来调速，为什么？

5.18　三相异步电动机的额定功率为 20kW，额定电压为 380V，三角形连接，频率为 50Hz，$p=2$，且 $\dfrac{T_{st}}{T_N}=1.3$，$\dfrac{I_{st}}{I_N}=8$；在额定负载下运行时的转差率为 0.03，效率为 85%，线电流为 40 A，求：

（1）额定转矩。

（2）电动机的功率因数。

（3）用星形－三角形换接起动时的起动电流和起动转矩。

（4）当负载为额定转矩的 80%时，电动机能否起动？

5.19　试阐述分相式单相异步电动机改变旋转方向的道理；罩极式单相异步电动机能否改变旋转方向？

5.20　将在时间上相差 1/6 周期的两个电流通入在空间上相差 90°的两个定子线圈中，是否也能产生旋转磁场，试用画图的方法说明。

第 6 章　继电接触器控制

- 掌握鼠笼式三相异步电动机典型控制电路的工作原理。
- 理解常用控制电器的动作原理及其控制作用。
- 了解常用控制电器的结构及选用原则。
- 了解安全用电常识。

在生产过程中，电动机的起动、停止、正反转、调速、制动普遍采用继电器、接触器、按钮等控制电器来实现自动控制。本章在介绍常用控制电器的结构、动作原理及其控制作用的基础上，主要介绍三相异步电动机的一些典型控制电路，并简要介绍了安全用电常识。

6.1　常用控制电器

异步电动机是应用最为普遍的旋转动力源，各种生产机械的运动部件大多是由异步电动机来驱动的。为了自动完成各种加工过程，减轻劳动强度，提高劳动生产率，提高产品质量，在生产过程中要对电动机进行自动控制。

对电动机和生产机械实现控制和保护的电工设备叫做控制电器。控制电器的种类很多，按动作方式可分为手动和自动两类。手动电器的动作是由工作人员手动操纵的，如刀开关、组合开关、按钮等。自动电器的动作是根据指令、信号或某个物理量的变化自动进行的，如各种继电器、接触器、行程开关等；按功能分类，可分为开关电器、主令电器、保护电器、接触器和继电器等。

6.1.1　开关电器

开关电器是控制电路中用于不频繁地接通或断开电路的开关，或用于机床电路电源的引入开关，开关电器包括刀开关、组合开关、自动开关等。

1. 刀开关

刀开关又叫闸刀开关，一般用于不频繁操作的低压电路中，用作接通和切断电源，或用来将电路与电源隔离，有时也用来控制小容量电动机的直接起动与停机。

刀开关由闸刀（动触点）、静插座（静触点）、手柄和绝缘底板等组成，如图 6.1（a）所示是常见的胶盖瓷底闸刀开关的结构示意图。

刀开关的种类很多。按极数（刀片数）分为单极、双极和三极；按结构分为平板式和条架式；按操作方式分为直接手柄操作式、杠杆操作机构式和电动操作机构式；按转换方向分为单投和双投等。如图 6.1（b）所示是双极和三极刀开关的符号。

刀开关一般与熔断器串联使用，以便在短路或过负荷时熔断器熔断而自动切断电路。

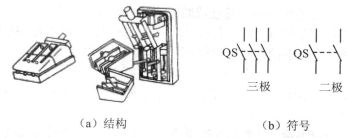

（a）结构　　　　　　　　　（b）符号

图 6.1　刀开关的结构与符号

刀开关的额定电压通常为 250V 和 500V，额定电流在 1500A 以下。

安装刀开关时，电源线应接在静触点上，负荷线接在与闸刀相连的端子上。对有熔断丝的刀开关，负荷线应接在闸刀下侧熔断丝的另一端，以确保刀开关切断电源后闸刀和熔断丝不带电。在垂直安装时，手柄向上合为接通电源，向下拉为断开电源，不能反装，否则会因闸刀松动自然落下而误将电源接通。

刀开关的选用主要考虑回路额定电压、长期工作电流以及短路电流所产生的动热稳定性等因素。刀开关的额定电流应大于其所控制的最大负荷电流。用于直接起停 3 kW 及以下的三相异步电动机时，刀开关的额定电流必须大于电动机额定电流的 3 倍。

2. 组合开关

组合开关又叫转换开关，是一种转动式的闸刀开关，主要用于接通或切断电路、换接电源、控制小型鼠笼式三相异步电动机的起动、停止、正反转或局部照明。

组合开关的结构如图 6.2 所示。它有若干个动触片和静触片，分别装于数层绝缘件内，静触片固定在绝缘垫板上，动触片装在转轴上，随转轴旋转而变更通、断位置。

如图 6.3 所示是用组合开关起停电动机的接线图。

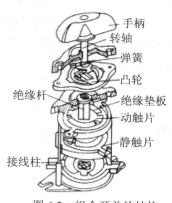

图 6.2　组合开关的结构

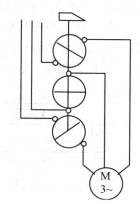

图 6.3　组合开关的接线图

组合开关按通、断类型可分为同时通断和交替通断两种；按转换位数分有二位转换、三位转换、四位转换 3 种。额定电流有 10A、25A、60A 和 100A 等多种。

与刀开关相比，组合开关具有体积小、使用方便、通断电路能力高等优点。

6.1.2　主令电器

主令电器是自动控制系统中用于接通或断开控制电路（指小电流电路）的电器设备，用以发送控制指令或进行程序控制。主令电器主要有控制按钮、行程开关、接近开关、万能转换开关等。这里只介绍应用较多的按钮和行程开关。

1.按钮

按钮主要用于远距离操作继电器、接触器接通或断开控制电路，从而控制电动机或其他电气设备的运行。

按钮由按钮帽、复位弹簧、接触部件等组成，其外形、结构及符号如图 6.4 所示。按钮的触点分常闭触点（又叫动断触点）和常开触点（又叫动合触点）两种。常闭触点是按钮未按下时闭合、按下后断开的触点。常开触点是按钮未按下时断开、按下后闭合的触点。按钮按下时，常闭触点先断开，然后常开触点闭合；松开后，依靠复位弹簧使触点恢复到原来的位置。按钮内的触点对数及类型可根据需要组合，最少具有一对常闭触点或常开触点。

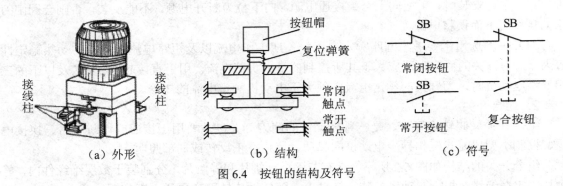

（a）外形　　　（b）结构　　　（c）符号

图 6.4　按钮的结构及符号

2.行程开关

行程开关也称位置开关，主要用于将机械位移变为电信号，以实现对机械运动的电气控制。行程开关的结构及作用原理与按钮相似，如图 6.5 所示为直动式行程开关的原理示意图及符号。当机械的运动部件撞击触杆时，触杆下移使常闭触点断开，常开触点闭合；当运动部件离开后，在复位弹簧的作用下，触杆回复到原来位置，各触点恢复常态

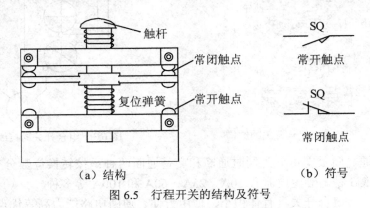

（a）结构　　　（b）符号

图 6.5　行程开关的结构及符号

6.1.3 保护电器

1．熔断器

熔断器主要作短路或过载保护用，串联在被保护的线路中。线路正常工作时如同一根导线，起通路作用；线路短路或过载时熔断器熔断，起保护线路上其他电气设备的作用。

熔断器一般由夹座、外壳和熔体组成。熔体有片状和丝状两种，用电阻率较高的易熔合金或截面积很小的良导体制成。如图6.6所示为3种常用熔断器的结构及符号。

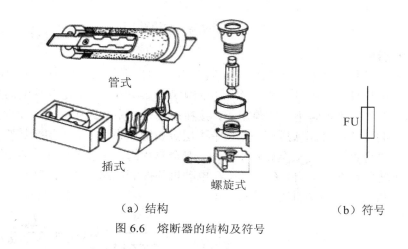

（a）结构　　　　　　　　　　　　（b）符号

图6.6　熔断器的结构及符号

熔断器的选用，主要是选择熔体的额定电流。选择熔体额定电流的方法如下：

（1）电灯支线的熔体：熔体额定电流≥支线上所有电灯的工作电流之和。

（2）一台电动机的熔体：熔体额定电流$\geqslant \dfrac{电动机的起动电流}{2.5}$，如果电动机起动频繁，则为：熔体额定电流$\geqslant \dfrac{电动机的起动电流}{1.6 \sim 2}$。

（3）几台电动机合用的总熔体：熔体额定电流=(1.5～2.5)×容量最大的电动机的额定电流+其余电动机的额定电流之和。

2．断路器

断路器又叫自动空气开关或自动开关，它的主要特点是具有自动保护功能，当发生短路、过载、欠电压等故障时能自动切断电路，起到保护作用。

如图6.7所示是断路器的工作原理图，它主要由触点系统、操作机构和保护元件3部分组成。主触点靠操作机构（手动或电动）闭合。开关的脱扣机构是一套连杆装置，有过流脱扣器和欠压脱扣器等，它们都是电磁铁。主触点闭合后被锁钩锁住。在正常情况下，过流脱扣器的衔铁是释放着的，一旦发生严重过载或短路故障，线圈因流过大电流而产生较大的电磁吸力，把衔铁往下吸而顶开锁钩，使主触点断开，起到了过流保护作用。欠压脱扣器的工作情况与之相反，正常情况下吸住衔铁，主触点闭合，电压严重下降或断电时释放衔铁而使主触点断开，实现了欠压保护。电源电压正常时，必须重新合闸才能工作。

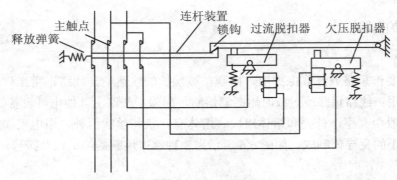

图 6.7　断路器的结构原理图

3．热继电器

热继电器主要用于负载的过载保护，其触点的动作不是由电磁力产生的，而是通过感温元件受热产生的机械变形推动机构动作来开闭触点。如图 6.8 所示是热继电器的结构原理图和符号。发热元件是一段电阻不大的电阻丝，接在电动机的主电路中。感温元件是双金属片，由热膨胀系数不同的两种金属辗压而成，图中下层金属膨胀系数大，上层金属膨胀系数小。当主电路中电流超过容许值而使双金属片受热时，双金属片的自由端便向上弯曲超出扣板，扣板在弹簧的拉力下将常闭触点断开。触点是接在电动机的控制电路中的，控制电路断开便使接触器的线圈断电，从而断开电动机的主电路。

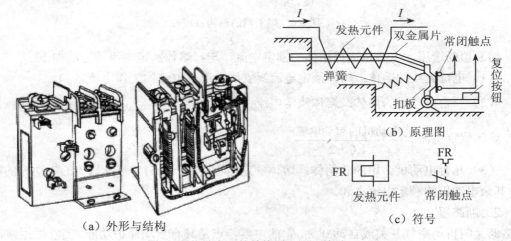

（a）外形与结构

（b）原理图

（c）符号

图 6.8　热继电器的结构原理图及符号

6.1.4　交流接触器

交流接触器是用来远距离频繁接通或切断电动机或其他负载主电路的一种控制电器。如图 6.9 所示为交流接触器的结构原理示意图和符号。

交流接触器利用电磁铁的吸引力而动作，主要由电磁机构、触点系统和灭弧装置 3 部分组成。触点用以接通或断开电路，由动触点、静触点和弹簧组成。电磁机构实际上是一个电磁铁，包括吸引线圈、铁心和衔铁。当电磁铁的线圈通电时，产生电磁吸引力，将衔铁吸下，使常开触点闭合，常闭触点断开。电磁铁的线圈断电后，电磁吸引力消失，依靠弹簧使触点恢复到原来的状态。

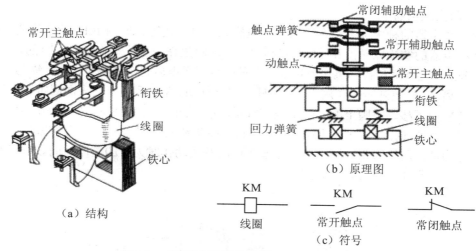

（a）结构

（b）原理图

（c）符号

图 6.9　交流接触器的结构原理图及符号

　　根据用途不同，交流接触器的触点分主触点和辅助触点两种。主触点一般比较大，接触电阻较小，用于接通或分断较大的电流，常接在主电路中；辅助触点一般比较小，接触电阻较大，用于接通或分断较小的电流，常接在控制电路（或称辅助电路）中。有时为了接通或分断较大的电流，在主触点上装有灭弧装置，以熄灭由于主触点断开而产生的电弧，防止烧坏触点。

　　接触器是电力拖动中最主要的控制电器之一。在设计它的触点时已考虑到接通负荷时的起动电流问题，因此，选用接触器时主要应根据负荷的额定电流来确定。如一台 Y112M-4 三相异步电动机，额定功率为 4kW，额定电流为 8.8A，选用主触点额定电流为 10A 的交流接触器即可。除电流外，还应满足接触器的额定电压不小于主电路的额定电压。

6.1.5　继电器

　　继电器是一种根据特定输入信号而动作的自动控制电器，其种类很多，有中间继电器、时间继电器等类型。

1．中间继电器

　　中间继电器通常用来传递信号和同时控制多个电路，也可用来直接控制小容量电动机或其他电气执行元件。中间继电器的结构和工作原理与交流接触器基本相同，与交流接触器的主要区别是触点数目多些，且触点容量小，只允许通过小电流。在选用中间继电器时，主要是考虑电压等级和触点数目。如图 6.10（a）所示是 JZ7 型电磁式中间继电器的外形图，如图 6.10（b）所示是中间继电器的图形符号。

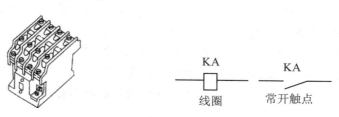

（a）JZ7 型电磁式中间继电器的外形　　　　　（b）中间继电器的符号

图 6.10　中间继电器的外形图和符号

2．时间继电器

时间继电器的种类很多，有空气式、电磁式、电子式等。如图 6.11 所示为通电延时空气式时间继电器的结构原理图及符号，它利用空气的阻尼作用达到动作延时的目的，主要由电磁系统、触点、空气室和传动机构等组成。当吸引线圈通电后将衔铁吸下，使衔铁与活塞杆之间有一段距离。在释放弹簧的作用下，活塞杆就向下移动。在伞形活塞的表面固定有一层橡皮膜，因此当活塞向下移动时膜上面将会造成空气稀薄的空间，活塞受到下面空气的压力不能迅速下移。当空气由进气孔进入时，活塞才逐渐下移。移动到最后位置时，杠杆使微动开关动作。延时时间即为从电磁铁吸引线圈通电时刻起到微动开关动作时为止的这段时间。通过调节螺钉调节进气孔的大小即可调节延时时间。

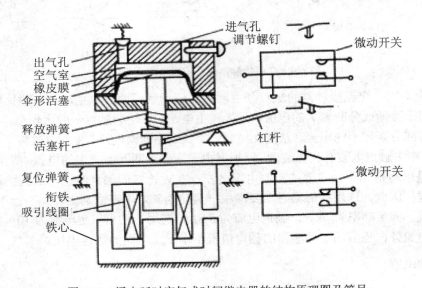

图 6.11　通电延时空气式时间继电器的结构原理图及符号

吸引线圈断电后，依靠复位弹簧的作用而复原。空气经出气孔被迅速排出。此时间继电器有两个延时触点：一个是延时断开的常闭触点，一个是延时闭合的常开触点，此外还有两个瞬动触点。

6.2　三相异步电动机的基本控制电路

通过开关、按钮、继电器、接触器等电器触点的接通或断开来实现的各种控制叫做继电—接触器控制，这种方式构成的自动控制系统称为继电—接触器控制系统。典型的控制环节有点动控制、单向自锁运行控制、正反转控制、行程控制、时间控制等。

电动机在使用过程中由于各种原因可能会出现一些异常情况，如电源电压过低、电动机电流过大、电动机定子绕组相间短路、电动机绕组与外壳短路等，如不及时切断电源则可能会给设备或人身带来危险，因此必须采取保护措施。常用的保护环节有短路保护、过载保护、零压保护和欠压保护等。

6.2.1　三相异步电动机的简单起停控制

1．点动控制

点动控制常用于各种机械的调整、调试等情况。如图 6.12（a）所示是用按钮、接触器实现的三相异步电动机点动控制的连接示意图，如图 6.12（b）所示为其电气原理图。图中 SB 为按钮，KM 为接触器。合上开关 S，三相电源被引入控制电路，但电动机还不能起动。按下按钮 SB，接触器 KM 线圈通电，衔铁吸合，常开主触点接通，电动机定子接入三相电源起动运转。松开按钮 SB，接触器 KM 线圈断电，衔铁松开，常开主触点断开，电动机因断电而停转。

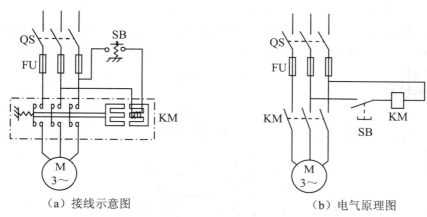

（a）接线示意图　　　　　　　　　（b）电气原理图

图 6.12　点动控制

2．直接起停控制

更多的情况要求电动机连续长时间运转，如图 6.13 所示的电路就是为满足这一要求而设计的电动机的连续运转控制电路，其工作过程如下：

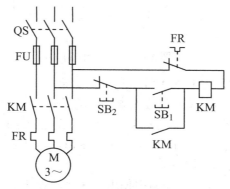

图 6.13　直接起动控制

（1）起动过程。按下起动按钮 SB_1，接触器 KM 线圈通电，与 SB_1 并联的 KM 的辅助常开触点闭合，以保证松开按钮 SB_1 后 KM 线圈持续通电，串联在电动机回路中的 KM 的主触点持续闭合，电动机连续运转，从而实现连续运转控制。

（2）停止过程。按下停止按钮 SB_2，接触器 KM 线圈断电，与 SB_1 并联的 KM 的辅助常开触点断开，以保证松开按钮 SB_2 后 KM 线圈持续失电，串联在电动机回路中的 KM 的主触点持续断开，电动机停转。

与 SB$_1$ 并联的 KM 的辅助常开触点的这种作用称为自锁。

如图 6.13 所示的控制电路还可以实现短路保护、过载保护和零压保护。

起短路保护的是串接在主电路中的熔断器 FU。一旦电路发生短路故障，熔体立即熔断，电动机立即停转。

起过载保护的是热继电器 FR。当过载时，热继电器的发热元件发热，将其常闭触点断开，使接触器 KM 线圈断电，串联在电动机回路中的 KM 的主触点断开，电动机停转。同时 KM 的辅助触点也断开，解除自锁。故障排除后若要重新起动，需要按下 FR 的复位按钮，使 FR 的常闭触点复位（闭合）。

起零压（或欠压）保护的是接触器 KM 本身。当电源暂时断电或电压严重下降时，接触器 KM 线圈的电磁吸力不足，衔铁自行释放，使主、辅触点自行复位，切断电源，电动机停转，同时解除自锁。

3．正反转控制

在实际生产中，无论是工作台的上升、下降，还是立柱的夹紧、放松，或者是进刀、退刀，大都是通过电动机的正反转来实现的。如图 6.14 所示的电路可以实现电动机的正反转控制。

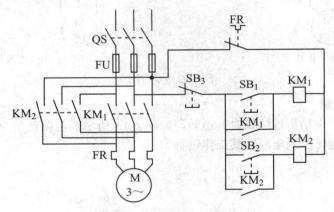

图 6.14　正反转控制

在主电路中，通过接触器 KM$_1$ 的主触点将三相电源顺序接入电动机的定子三相绕组，通过接触器 KM$_2$ 的主触点将三相电源逆序接入电动机的定子三相绕组。因此当接触器 KM$_1$ 的主触点闭合而 KM$_2$ 的主触点断开时，电动机正向运转；当接触器 KM$_2$ 的主触点闭合而 KM$_1$ 的主触点断开时，电动机反向运转。当接触器 KM$_1$ 和 KM$_2$ 的主触点同时闭合时，将引起电源相间短路，因此这种情况是不允许发生的。

为了实现主电路的要求，在控制电路中使用了 3 个按钮 SB$_1$、SB$_2$ 和 SB$_3$，用于发出控制指令。SB$_1$ 为正向起动控制按钮，SB$_2$ 为反向起动控制按钮，SB$_3$ 为停机按钮。通过接触器 KM$_1$、KM$_2$ 来实现电动机的正反转，动作过程如下：

（1）正向起动过程。按下起动按钮 SB$_1$，接触器 KM$_1$ 线圈通电，与 SB$_1$ 并联的 KM$_1$ 的辅助常开触点闭合，以保证 KM$_1$ 线圈持续通电，串联在电动机回路中的 KM$_1$ 的主触点持续闭合，电动机连续正向运转。

（2）停止过程。按下停止按钮 SB$_3$，接触器 KM$_1$ 线圈断电，与 SB$_1$ 并联的 KM$_1$ 的辅助触点断开，以保证 KM_1 线圈持续失电，串联在电动机回路中的 KM_1 的主触点持续断开，切断电动机定子电源，电动机停转。

（3）反向起动过程。按下起动按钮 SB_2，接触器 KM_2 线圈通电，与 SB_2 并联的 KM_2 的辅助常开触点闭合，以保证 KM_2 线圈持续通电，串联在电动机回路中的 KM_2 的主触点持续闭合，电动机连续反向运转。

如图 6.14 所示的控制电路在使用时应该特别注意 KM_1 和 KM_2 线圈不能同时通电，因此不能同时按下 SB_1 和 SB_2，也不能在电动机正转时按下反转起动按钮或在电动机反转时按下正转起动按钮。如果操作错误，将引起主回路电源短路，这对操作带来潜在的危险和很大的不便。在控制回路中引入联锁可以解决这一问题。

如图 6.15（a）所示为带接触器联锁的正反转控制电路。将接触器 KM_1 的辅助常闭触点串入 KM_2 的线圈回路中，从而保证在 KM_1 线圈通电时 KM_2 线圈回路总是断开的；将接触器 KM_2 的辅助常闭触点串入 KM_1 的线圈回路中，从而保证在 KM_2 线圈通电时 KM_1 线圈回路总是断开的。这样接触器的辅助常闭触点 KM_1 和 KM_2 保证了两个接触器线圈不能同时通电，这种控制方式称为联锁或互锁，这两个辅助常开触点称为联锁触点或互锁触点。

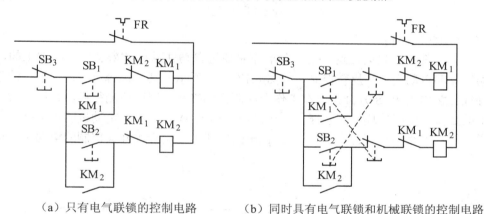

（a）只有电气联锁的控制电路　　（b）同时具有电气联锁和机械联锁的控制电路

图 6.15　具有联锁环节的正反转控制

上述电路在具体操作时，若电动机处于正转状态要反转时必须先按停止按钮 SB_3，使联锁触点 KM_1 闭合后按下反转起动按钮 SB_2 才能使电动机反转；若电动机处于反转状态要正转时必须先按停止按钮 SB_3，使联锁触点 KM_2 闭合后按下正转起动按钮 SB_1 才能使电动机正转。在图 6.15（b）中采用了复式按钮，将 SB_1 按钮的常闭触点串接在 KM_2 的线圈电路中，将 SB_2 的常闭触点串接在 KM_1 的线圈电路中，这样，无论何时，只要按下反转起动按钮，在 KM_2 线圈通电之前就首先使 KM_1 断电，从而保证 KM_1 和 KM_2 不同时通电；从反转到正转的情况也是一样。这种由机械按钮实现的联锁也叫机械联锁或按钮联锁，相应地，将上述由接触器触点实现的联锁称为电气联锁。在图 6.15（b）中用虚线来表示机械联动关系，也可以不用虚线而将复式按钮用相同的文字符号表示。

6.2.2　行程控制

根据生产机械运动部件的位置或行程距离来进行的控制称为行程控制，行程控制使用的控制电器是行程开关。行程控制分限位控制和自动往返控制两种。

1. 限位控制

具有限位控制的控制电路，是将行程开关 SQ 的常闭触点与接触器 KM 的线圈串联，如图 6.16 所示。当生产机械的运动部件到达预定的位置时，压下行程开关的触杆，将常闭触点断开，接触器线圈断电，使电动机断电而停止运行。

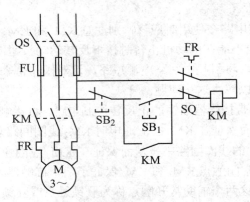

图 6.16　限位控制

2. 自动往返控制

许多机床都需要自动往返运动，如磨床是通过自动往返运动来实现磨削加工的，这就要求电动机能够自动实现正反转控制。如图 6.17（a）所示是某工作台自动往返运动的工作循环图，行程开关 SQ_1 和 SQ_2 分别装在工作台的原位和终点，用以检测行程。行程开关由装在工作台上的挡铁（或叫挡块）来碰撞，工作台由电动机 M 来带动。电动机的主电路与正反转电路一样，控制电路如图 6.17（b）所示。该电路实质上是用行程开关控制的电动机正反转自动控制电路。

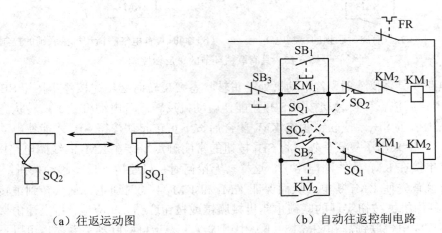

（a）往返运动图　　　　　　（b）自动往返控制电路

图 6.17　自动往返控制

按下正向起动按钮 SB_1，电动机正向起动运行，带动工作台向前运动。当运行到 SQ_2 位置时，挡块压下 SQ_2，接触器 KM_1 断电释放，KM_2 通电吸合，电动机反向起动运行，使工作台后退。工作台退到 SQ_1 位置时，挡块压下 SQ_1，KM_2 断电释放，KM_1 通电吸合，电动机又正向起动运行，工作台又向前进，如此一直循环下去，直到需要停止时按下 SB_3，KM_1 和 KM_2

线圈同时断电释放，电动机脱离电源停止转动。

自动往返循环控制电路，对于有触点的电器，要采用行程控制原则，用行程开关进行切换，以控制运动方向。行程开关的常开触点应与相应的起动按钮并联，常闭触点作为互锁触点。这样，既能准确变换运动方向，又使运行安全可靠。

6.2.3　时间控制

在很多应用场合要用到时间控制，即以时间作为参量实现控制。如电动机的 Y-Δ 换接起动，先将电动机接成星形起动，经过一定时间，当转速上升到接近额定值时换成三角形连接，使电动机在额定电压下运行。

鼠笼式三相异步电动机直接起动控制电路简单经济，操作方便，但由于起动电流大，引起过大的电源电压降落，影响同一电源的其他用户，故 10kW 以上的鼠笼式异步电动机常常需要降压起动以减小起动电流。对于正常运转时定子绕组连接成三角形的笼型异步电动机，可采用 Y-Δ 换接的办法起动，以降低起动电压，从而达到减小起动电流的目的。这种方法在起动时将电动机的定子绕组连接成星形接入电源，待转速接近额定值时，把定子绕组改接成三角形连接，使电动机在额定电压下正常运行。图 6.18 所示为鼠笼式三相异步电动机 Y-Δ 换接起动控制电路。

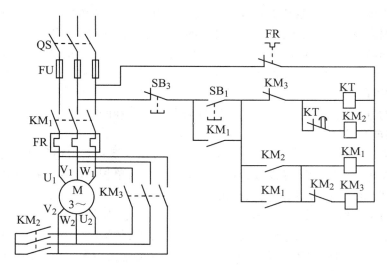

图 6.18　Y-Δ 换接起动的控制电路

按下起动按钮 SB₁，时间继电器 KT 和接触器 KM₂ 同时通电吸合，KM₂ 的常开主触点闭合，把定子绕组连接成星形，其常开辅助触点闭合，接通接触器 KM₁。KM₁ 的常开主触点闭合，将定子接入电源，电动机在星形连接下起动。KM₁ 的一对常开辅助触点闭合，进行自锁。经一定延时，KT 的常闭触点断开，KM₂ 断电复位，接触器 KM₃ 通电吸合。KM₃ 的常开主触点将定子绕组接成三角形，使电动机在额定电压下正常运行。与按钮 SB₁ 串联的 KM₃ 的常闭辅助触点的作用是：当电动机正常运行时，该常闭触点断开，切断了 KT、KM₂ 的通路，即使误按 SB₁，KT 和 KM₂ 也不会通电，以免影响电路正常运行。若要停车，则按下停止按钮 SB₃，接触器 KM₁、KM₂ 同时断电释放，电动机脱离电源停止转动。

6.3 安全用电

电气化给人类带来了巨大的物质文明，但同时也给人们带来了触电伤亡的危险。为了保证使用者的人身安全和设备安全，保证电气设备正常运行，必须有相应的安全措施，以防止触电和设备事故的发生。

6.3.1 触电方式

触电是电流通过人体对人身产生的伤害。电流对人身的伤害程度与电流在人体内流经的途径、时间的长短以及电流的强弱等因素有关。研究表明，危险的电流途径是从手到手经过胸部或从手到脚经过神经组织最多处。25～300Hz 的交流电对人体的伤害最严重。在工频电流的作用下，一般成年男性感知电流约为 1.1mA，成年女性约为 0.7mA。人触电后能够自主摆脱电源的最大电流值男性约为 10mA，女性约为 6mA。当通过人体电流与时间乘积超过 50mA·s时，心脏就会停止跳动，发生昏迷，出现致命的灼伤。通过人体电流与时间乘积如果不超过 30mA·s 时，一般不致引起心室纤维性颤动和器质性损伤。我国规定安全电流为 30mA，这是指触电时间不超过 1s 而定的。

通过人体电流的大小取决于触电电压和人体电阻，而人体电阻又与皮肤的干湿程度、电流流过途径等因素有关。国际电工委员会规定的安全电压为 50V，是根据人体允许电流 30mA和人体电阻 1700Ω 的条件而确定的。我国采用的安全电压是 36V 和 12V 两种。一般情况下可采用 36V 的安全电压，在非常潮湿的场所或容易大面积触电的场所，如坑道内、锅炉内作业，应采用 12V 的安全电压。

人体触电的方式是多种多样的，一般可分为直接触电和间接触电。

1. 直接触电及其防护

人体直接接触带电设备称为直接触电，其防护方法主要是对带电导体加绝缘、变电所的带电设备加隔离栅栏或防护罩等设施。直接触电又可分为单相触电和两相触电。

（1）单相触电。当人体直接接触三相电源中的一根相线时，电流通过人体流入大地，这种触电方式称为单相触电。其危险程度与电源中性点是否接地有关。在电源中性点接地的情况下，人体上作用的是电源的相电压，人触电时电流通过人体流经大地至电源中性点构成回路，如图 6.19（a）所示。由于人体电阻比中性点直接接地电阻大得多，所以相电压几乎全部加在人体上。因此，人若穿有鞋袜，并站在干燥地板上，则人体与大地之间电阻较大，通过人体电流很小，或许不会造成触电危险。如果赤脚着地，则人体与大地之间电阻较小，这是很危险的，因此要绝对禁止赤脚站在地面上接触电器设备。应当指出，若人的不同部位同时接触相线和中性线，这时尽管脚下绝缘很好，仍会发生单相触电，这一点在进行电工作业时尤应注意。在电源中性点不接地的情况下，接地短路电流就通过人体流入到大地，与三相导线对地分布电容构成回路，也会危及人身安全，如图 6.19（b）所示。由于电流不直接构成回路，所以人体接触一根相线时，通过人体电流很小，各相线对地绝缘电阻很大，所以不致于造成严重伤害。但当另一相接地绝缘损坏或绝缘降低时，触电的危险仍然存在，因为这时触电者承受的是电源的线电压，出现的情况会更危险。

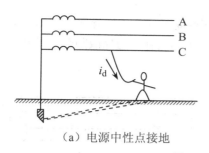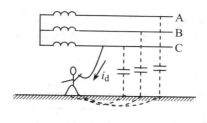

（a）电源中性点接地	（b）电源中性点不接地

图 6.19　单相触电

（2）两相触电。人体同时接触三相电源中的两根相线，人体上作用的是电源的线电压，这是很危险的一种触电方式。

2．间接触电及其防护

人体接触正常时不带电、事故时带电的导电体称为间接触电，如电气设备的金属外壳、框架等。防护的方法是将这些正常时不带电的外露可导电部分接地，并装设接地保护等。间接触电主要有跨步电压触电和接触电压触电。

（1）跨步电压触电。当电气设备发生接地故障时，接地电流通过接地体向大地流散，在地面形成分布电位。人若站在接地短路点附近，两脚之间的电位差就是跨步电压，由跨步电压引起的人体触电称为跨步电压触电。

（2）接触电压触电。当人站在发生接地短路故障设备的旁边时，手接触设备外露可导电部分，手、脚之间所承受的电压称为接触电压，由接触电压引起的触电称为接触电压触电。

6.3.2　接地与接零

电气设备的保护接地和保护接零是为了防止人体接触绝缘损坏的电气设备所引起的触电事故而采取的有效措施。

1．保护接地

电气设备的金属外壳或构架与土壤之间作良好的电气连接称为接地，与土壤直接接触的金属物体称接地体。连接接地体与电气设备接地部分的金属线称接地线，接地体和接地线总称为接地装置。

电气设备的接地可分为工作接地和保护接地两种。

工作接地是为了保证电气设备在正常及事故情况下可靠工作而进行的接地，如三相四线制电源中性点的接地。

保护接地是为了防止电气设备正常运行时，不带电的金属外壳或框架因漏电使人体接触时发生触电事故而进行的接地，如图 6.20（a）所示。采用了保护接地后，若人体接触到电气设备的金属外壳或构架，人体就与接地装置的接地电阻并联，只要接地电阻足够小（一般为 4Ω 以下范围），流过人体的电流就不会对人体造成伤害。

保护接地适用于中性点不接地的低压电网。在中性点不接地的电网中，由于单相接地电流较小，利用保护接地即可使人体避免发生触电事故。

2．保护接零

在中性点接地的电网中，由于单相对地电流较大，保护接地就不能完全避免人体触电的危险，而要采用保护接零。将电气设备的金属外壳或构架与电网的零线相连接的保护方式叫保护接零，如图 6.20（b）所示。当电气设备电线一相碰壳时，该相就通过金属外壳对零线发生单相对地短路，短路电流能促使线路上的保护装置迅速动作，切除故障部分的电流，消除人体触及外壳时的触电危险。

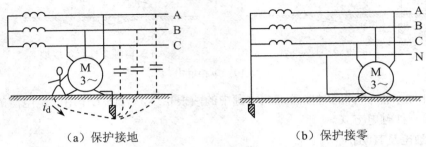

（a）保护接地　　　　　　　　　　（b）保护接零

图 6.20　保护接地与保护接零

　　保护接零适用于电压为 380V/220V 中性点直接接地的三相四线制系统。在这种系统中，凡是由于绝缘破坏或其他原因可能出现危险电压的金属部分，除有另行规定外，均应采取接零保护。

本章小结

　　（1）控制电器是电气控制的基本元件，分为手动电器（如刀开关、组合开关、按钮等）和自动电器（如接触器、继电器等）两大类。接触器用来接通或切断带负载的主电路，并易于实现远距离控制的自动切换。继电器及其他一些控制电器用来对主电路进行控制、检测及保护。

　　（2）用继电器、接触器及按钮等有触点的控制电器来实现的自动控制称为继电—接触器控制。继电—接触器控制工作可靠、维护简单，并能对电动机实现起动、调速、正反转、制动等自动控制，所以应用极广。

　　在三相异步电动机的控制电路中，点动控制、直接起停控制和正反转控制，自锁和联锁，以及短路保护、过载保护和零压（欠压）保护等是一些最基本的控制电路，任何一个复杂的控制系统均是由这些基本控制电路再加上一些能满足特殊要求的控制电路构成的。

　　（3）在使用电气设备和家用电器的时候，为了确保使用者的人身安全和设备安全，必须有相应的安全措施，如保护接地、保护接零等。

习题六

6.1　刀开关与组合开关有何异同？

6.2　按钮与开关的作用有何差别？

6.3　熔断器有何用途，如何选择？

6.4　交流接触器有何用途？主要由哪几部分组成，各起什么作用？

6.5　简述热继电器的主要结构和动作原理。

6.6　断路器有何用途？简述断路器的动作原理。

6.7　行程开关与按钮有何异同？

6.8 简述通电延时空气式时间继电器的动作原理。

6.9 画出交流接触器、控制按钮、热继电器、时间继电器、中间继电器、行程开关等电气元件的图形符号。

6.10 在电动机主电路中既然装有熔断器，为什么还要装热继电器？它们各起什么作用？为什么在照明电路中一般只装熔断器而不装热继电器？

6.11 什么是点动控制？什么是连续运转控制？试画出既能实现点动控制又能实现连续运转控制的控制电路。

6.12 能在多个地方对一台电动机进行的控制称为多地控制，画出两地控制一台电动机的直接起停控制电路。

6.13 什么是自锁？什么是联锁？试举例说明如何实现自锁与联锁。

6.14 电动机主电路中的热继电器是按电动机的额定电流选择的，在起动时电动机起动电流比额定电流大4～7倍，为什么热继电器并不动作？在运行时，当负载电流大于额定电流时，为什么热继电器又会动作？

6.15 在用图6.13所示的电路做电动机单向连续运转控制实验时，合上开关，按下起动按钮后发现以下现象，试分析故障原因：

（1）接触器不动作。

（2）接触器动作但电动机不转。

（3）电动机转动，但手松开起动按钮后，电动机又停转。

（4）电动机不转或转得很慢，并有"嗡嗡"声。

6.16 如图6.21所示的控制电路哪些有自锁作用？哪些没有？为什么？

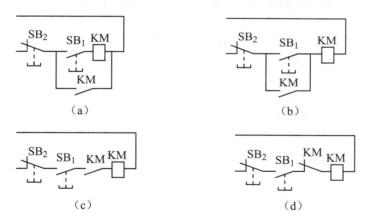

图6.21 习题6.16的图

6.17 如图6.22所示的控制电路哪些能正常工作？哪些不能？不能正常工作的请改正。

6.18 在如图6.17所示的自动往返控制电路中，再增加两个行程开关用以实现终端限位保护，以避免由于SQ_1和SQ_2经常受挡铁碰撞而动作失灵，造成工作台越出正常行程的危险。

6.19 利用时间继电器设计两台电动机的联锁控制电路。要求：

（1）按下起动按钮，第一台电动机先起动，经一定延时后第二台电动机自行起动。

（2）第二台电动机起动后经一定延时第一台电动机自动停止。

（3）按下停止按钮后第二台电动机停止运转。

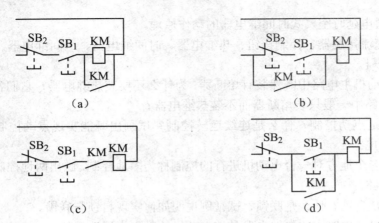

图 6.22 习题 6.17 的图

6.20 有两台电动机 M_1 和 M_2，试画出满足以下要求的控制电路：

（1）M_1 先起动，经过一定时间后，M_2 才能起动。

（2）M_2 起动一定时间后，M_1 停转。

6.21 有 3 台电动机 M_1、M_2 和 M_3，试画出满足以下要求的控制电路：

（1）按 M_1、M_2、M_3 顺序起动。

（2）具有过载保护和短路保护。

6.22 试说明安全用电的意义及安全用电的措施。

6.23 为什么在中性点不接地的系统中不采用保护接零？

6.24 试说明工作接地、保护接地、保护接零的原理与区别。

第 7 章　电工测量

- 掌握电流、电压、电功率及电阻的测量方法。
- 掌握电流表、电压表、功率表及万用表的使用方法。
- 理解磁电式、电磁式及电动式仪表的工作原理。
- 了解磁电式、电磁式及电动式仪表的结构以及电度表的接线和电能的测量。

电工测量是电工技术的一个重要组成部分，对生产过程的监测、保证生产安全和经济运行、实现生产过程自动化都起着十分重要的作用。本章介绍电工测量的一般知识、常用电工仪表的结构原理、常用的测量电路等。

7.1　电工仪表的类型、误差和准确度

电工测量就是利用电工测量仪表对电路中的各个物理量，如电流、电压、电功率、电能量等参数的大小进行试验测量。测量是人类对自然界的客观事物取得数量概念的一种认识过程。随着科学技术的发展，需要测量乃至精密测量的物理量不断增多，测量的方法、手段和精度也在不断地提高，电工测量的地位越来越重要，并被广泛应用在科学研究、工农业生产、工程建设、交通运输、通信事业、医疗卫生和日常生活的各个领域中。

电工仪表是实现电工测量过程所需技术工具的总称。电工仪表的测量对象主要是电学量与磁学量。电学量又分为电量与电参量。通常要求测量的电量有电流、电压、功率、电能、频率等；电参量有电阻、电容、电感等。通常要求测量的磁学量有磁感应强度、磁导率等。

7.1.1　电工仪表的分类

表 7.1 列出了一些常用电工仪表的符号和意义，这些符号大都表示在仪表的度盘上。

表 7.1　常用电工仪表的符号和意义

分类	符号	名称	被测量的种类
电流种类	—	直流电表	直流电流、电压
	～	交流电表	交流电流、电压、功率
	≃	交直流两用表	直流电量或交流电量
	≋ 或 3～	三相交流电表	三相交流电流、电压、功率
测量对象	Ⓐ ⓜ ⓐ mA μA	安培表、毫安表、微安表	电流
	Ⓥ ⓚ kV	伏特表、千伏表	电压

续表

分类	符号	名称	被测量的种类
	Ⓦ Ⓚw	瓦特表、千瓦表	功率
	kW·h	千瓦时表	电能量
	φ	相位表	相位差
	f	频率表	频率
	Ω Ⓜω	欧姆表、兆欧表	电阻、绝缘电阻
工作原理		磁电式仪表	电流、电压、电阻
		电磁式仪表	电流、电压
		电动式仪表	电流、电压、电功率、功率因数、电能量
		整流式仪表	电流、电压
		感应式仪表	电功率、电能量
准确度等级	1.0	1.0 级电表	以标尺量限的百分数表示
	(1.5)	1.5 级电表	以指示值的百分数表示
绝缘等级	⚡2kV	绝缘强度试验电压	表示仪表绝缘经过 2kV 耐压试验
工作位置	→	仪表水平放置	
	↑	仪表垂直放置	
	∠60°	仪表倾斜 60° 放置	
端钮	+	正端钮	
	—	负端钮	
	± 或 ✳	公共端钮	
	⊥ 或 ⏚	接地端钮	

按测量方法，电工仪表可分为比较式仪表和直读式仪表两类。比较式仪表需要将被测量与标准量进行比较后才能得出被测量的数量，常用的比较式仪表有电桥、电位差计等。直读式仪表将被测量的数量由仪表指针在刻度盘上直接指示出来，常用的电流表、电压表等均属直读式仪表。直读式仪表测量过程简单，操作容易，但准确度不可能太高；比较式仪表的结构较复杂，造价较昂贵，测量过程也不如直读法简单，但测量的结果较直读式仪表准确。

按被测量的种类，电工仪表可分为电流表、电压表、功率表、频率表、相位表等。

按电流的种类，电工仪表可分为直流仪表、交流仪表和交直流两用仪表。

按仪表的工作原理，电工仪表可分为磁电式仪表、电磁式仪表、电动式仪表等。

按仪表的显示方法，电工仪表可分为指针式（模拟式）仪表和数字式仪表两大类。指针式仪表用指针和刻度盘指示被测量的数值；数字式仪表是随电子技术的发展而出现的一种新型仪表，这种仪表先将被测量的模拟量转化为数字量，然后用数字显示被测量的数值。

按仪表的准确度，电工仪表可分为 0.1、0.2、0.5、1.0、1.5、2.5 和 5.0 共 7 个等级。

7.1.2　电工仪表的误差和准确度

电工仪表的准确度是指测量结果（简称示值）与被测量真实值（简称真值）间相接近的

程度，是测量结果准确程度的量度。误差是指示值与真值的偏离程度。准确度与误差本身的含义是相反的，但两者又是紧密联系的，测量结果的准确度高，其误差就小，因此，在实际测量中往往采用误差的大小来表示准确度的高低。

由于制造工艺的限制及测量时外界环境因素和操作人员的因素，误差是不可避免的。根据引起误差的原因不同，仪表误差可分为基本误差和附加误差。基本误差是在规定的温度、湿度、频率、波形、放置方式以及无外界电磁场干扰等正常工作条件下，由于仪表本身的缺点所产生的误差。附加误差是由于外界因素的影响和仪表放置不符合规定等原因所产生的误差。附加误差有些可以消除或限制在一定范围内，而基本误差却不可避免。

误差一般有以下几种表示方法：

（1）绝对误差 ΔA。用示值 A_x 与真值 A_0 的差值表示，即：

$$\Delta A = A_x - A_0$$

（2）相对误差。绝对误差不能反映测量结果的准确程度，因此用相对误差 γ 来反映测量结果的准确程度。相对误差用绝对误差 ΔA 与真值 A_0 之比的百分数表示，即：

$$\gamma = \frac{\Delta A}{A_0} \times 100\%$$

实际计算时，当已知误差很小或要求不高的情况下，也可用示值 A_x 代替真值 A_0 来近似求出相对误差（称为示值误差），即：

$$\gamma = \frac{\Delta A}{A_x} \times 100\%$$

（3）引用误差。对于同一台仪表，示值不同，相对误差也不相等，因此相对误差并不能说明一个仪表的性能。为此在国家标准中对指示仪表的误差规定用引用误差表示。引用误差是仪表的绝对误差与仪表的满标度值 A_m（即量限）之比的百分数，即：

$$\gamma_n = \frac{\Delta A}{A_m} \times 100\%$$

仪表的准确度用仪表的最大引用误差表示。设仪表的满标度值为 A_m，最大绝对误差为 ΔA_m，则仪表的准确度为：

$$K = \frac{\Delta A_m}{A_m} \times 100\%$$

例如，用一量程为 150V 的电压表在正常条件下测某电路的两点间电压 U，示值为 100V，绝对误差为 1V，这时 U 的真值为 $100 - 1 = 99$ V，相对误差 $\gamma = 1\%$。如果示值为 10V，绝对误差为 $-0.8V$，则其真值为 12.8V，相对误差 $\gamma = 8\%$。如果已知该电压表可能发生的最大绝对误差 ΔA_m 为 1.5V，则仪表的最大引用误差即准确度为：

$$K = \frac{\Delta A_m}{A_m} \times 100\% = \frac{1.5}{150} \times 100\% = 1\%$$

直读式仪表的准确度用最大引用误差来分级。我国生产的仪表的准确度分为 0.1、0.2、0.5、1.0、1.5、2.5 和 5.0 共 7 个等级。如准确度为 2.5 级的仪表，其最大引用误差为 2.5%。

测量结果的准确程度除了与仪表的准确度等级有关外，还与选用的仪表量程有关。若示值为 A_x，则测量结果可能出现的最大相对误差为：

$$\gamma_{\mathrm{m}} = \frac{\Delta A_{\mathrm{m}}}{A_{\mathrm{x}}} = \frac{\Delta A_{\mathrm{m}}}{A_{\mathrm{x}}} \times \frac{A_{\mathrm{m}}}{A_{\mathrm{m}}} = \frac{\Delta A_{\mathrm{m}}}{A_{\mathrm{m}}} \times \frac{A_{\mathrm{m}}}{A_{\mathrm{x}}} = K \times \frac{A_{\mathrm{m}}}{A_{\mathrm{x}}}$$

可见被测量比仪表量程小得越多，测量结果可能出现的最大相对误差值也越大。例如，用 1.0 级量程为 150V 的电压表测量 30V 的电压，可能出现的最大相对误差为 5%；而改用 1.0 级量程为 50V 的电压表测量 30V 的电压，可能出现的最大相对误差为 1.67%。所以选用仪表的量程时应使读数在 2/3 量程以上。

7.2 指针式仪表的结构及工作原理

电工测量中常用的指针式仪表有磁电式、电动式、电磁式 3 种。这些仪表的结构虽然不同，但工作原理却是相同的，都是利用电磁现象使仪表的可动部分受到电磁转矩的作用而转动，从而带动指针偏转来指示被测量的大小。

7.2.1 磁电式仪表

磁电式仪表也叫动圈式仪表，是根据载流导体在磁场中受电磁力作用的原理制成的，构造如图 7.1（a）所示，包括固定部分和可动部分。固定部分由永久磁铁、极掌和圆柱形铁心组成，极掌与铁心之间空气隙的长度是均匀的，其中产生均匀的辐射方向的磁场，如图 7.1（b）所示。可动部分由可动线圈、转轴、指针、平衡锤和游丝等组成。

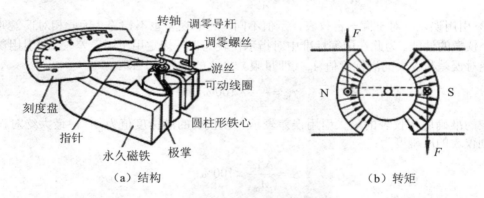

（a）结构　　　　　　　　　　　　（b）转矩

图 7.1 磁电式仪表的结构及转矩

当直流电流 I 通过可动线圈时，载流线圈与空气隙中的磁场相互作用，使线圈获得磁场力的作用，如图 7.1（b）所示，从而使线圈产生转动力矩，带动指针偏转。线圈带动指针偏转后，就会扭紧弹簧游丝，使游丝产生反抗力矩。当反抗力矩和转动力矩相平衡时，线圈和指针便停止偏转。由于在线圈转动的范围内磁场均匀分布，因此线圈的转动力矩与电流的大小成正比。又由于游丝的反抗力矩与线圈的偏转角度成正比，所以仪表指针的偏转角度 α 与流过线圈的电流的大小成正比，即：

$$\alpha = KI$$

式中 K 为常数，由此可见磁电式仪表标尺上的刻度是均匀的。

磁电式仪表除刻度均匀外，还具有灵敏度和准确度高、消耗功率小、受外界磁场影响小等优点。其缺点是结构复杂、造价较高、过载能力小，而且只能测量直流，不能测量交流。电表接入电路时要注意极性，否则指针反打会损坏电表。通常磁电式仪表的接线柱旁均标有+、—记号，以防接错。

7.2.2　电磁式仪表

电磁式仪表也叫动铁式仪表，分为推斥型和吸入型两种。它是利用放置于固定线圈中的铁心受到线圈电流产生的磁场磁化后，铁心与线圈或者铁心与铁心相互作用产生转矩的原理制成的。

如图 7.2 所示为推斥型电磁式仪表的结构，也包括固定部分和可动部分。固定部分由固定线圈和线圈内侧的固定铁片组成。可动部分由转轴、固定在转轴上的可动铁片、指针、阻尼片、平衡锤和游丝等组成。

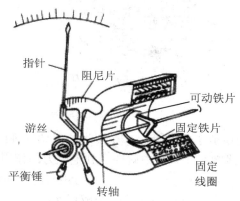

图 7.2　推斥型电磁式仪表的结构

线圈通入电流时，就会产生磁场，使其内部的固定铁片和可动铁片同时被磁化。由于两铁片同一端的极性相同，因此两者相斥，致使可动铁片受到转动力矩的作用，从而通过转轴带动指针偏转。当转动力矩与游丝的反抗力矩相平衡时，指针便停止偏转。由于作用在铁心上的电磁力与空气隙中磁感应强度的平方成正比，磁感应强度又与线圈电流成正比，因此仪表的转动力矩与电流的平方成正比。又由于游丝的反抗力矩与线圈的偏转角度成正比，所以仪表指针的偏转角度 α 与线圈电流的平方成正比，即：

$$\alpha = KI^2$$

式中 K 为常数，由此可见电磁式仪表标尺上的刻度是不均匀的。

推斥型电磁式仪表也可以测量交流，当线圈中电流方向改变时，它所产生磁场的方向随之改变，因此动、静铁片磁化的极性也发生变化，两铁片仍然相互排斥，转动力矩方向不变，其平均转矩与交流电流有效值的平方成正比。

电磁式仪表的特点是转动部分和反抗弹簧不带电。因此坚固耐用，过载能力大，制造容易，价格便宜，广泛地用于制成电流表和电压表。其缺点是磁场弱，易受外界磁场影响，铁片被交变磁化时产生铁损耗，消耗的功率较大，测直流电时有剩磁的影响，刻度不均匀，所以它的灵敏度和准确度都比较低。但经过精心设计，可使准确度提高到 0.2 或 0.1 级。

7.2.3　电动式仪表

电动式仪表的作用原理基本上与磁电式仪表相同，只是电动式仪表的磁场不用永久磁铁提供，而是用通电的固定线圈取代永久磁铁来建立磁场，其构造如图 7.3 所示，主要由固定线圈、可动线圈和空气阻尼装置（包括阻尼片和空气室）等组成。可动线圈通常放在固定线圈里面，由较细的导线绕成。

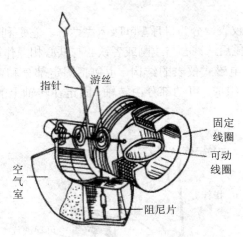

指针　游丝

固定线圈

可动线圈

空气室

阻尼片

图 7.3　电动式仪表的结构

当固定线圈中通入直流电流 I_1 时，就会产生磁场，磁感应强度 B_1 正比于 I_1。如果可动线圈通入直流电流 I_2，则可动线圈在此磁场中就要受到电磁力的作用而带动指针偏转，电磁力 F 的大小与磁感应强度 B_1 和电流 I_2 成正比。直到转动力矩与游丝的反抗力矩平衡时，才停止偏转。仪表指针的偏转角度 α 与两线圈电流的乘积成正比，即：

$$\alpha = KI_1I_2$$

式中 K 为常数。

对于线圈通入交流电的情况，由于两线圈中电流的方向均改变，因此产生的电磁力方向不变，这样可动线圈所受到转动力矩的方向就不会改变。设两线圈的电流分别为 i_1 和 i_2，则转动力矩的瞬时值与两个电流瞬时值的乘积成正比。而仪表可动部分的偏转程度取决于转动力矩的平均值，由于转动力矩的平均值不仅与 i_1 及 i_2 的有效值成正比，而且还与 i_1 和 i_2 相位差的余弦成正比，因此电动式仪表用于交流时，指针的偏转角与两个电流的有效值及两电流相位差的余弦成正比，即：

$$\alpha = KI_1I_2\cos\varphi$$

电动式仪表准确度高，适用于交流或直流电路中电流、电压及功率的测量，但易受外界磁场的影响，测量电流、电压时刻度不均匀，过载能力也较小。

7.3　电流、电压、功率及电能的测量

7.3.1　电流的测量

测量电流时用电流表，测量直流电流通常采用磁电式电流表，测量交流电流主要采用电磁式电流表。电流表必须与被测电路串联，否则将会烧毁电表，如图 7.4（a）所示。此外，测量直流电流时还要注意仪表的极性。

电流表的量程一般较小，只能测量几十微安至几十毫安的电流。为了测量更大的电流，就必须扩大仪表的量程。扩大量程的方法是在表头上并联一个称为分流器的低值电阻 R_A，如图 7.4（b）所示。

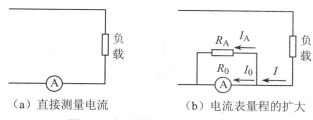

（a）直接测量电流　　　　（b）电流表量程的扩大

图 7.4　电流的测量及量程的扩大

根据并联电路的特点，可以求出分流器的阻值为：

$$R_A = \frac{R_0}{n-1}$$

式中 R_0 为表头内阻，$n = \dfrac{I}{I_0}$ 为分流系数，其中 I_0 为表头的量程，I 为扩大后的量程。

7.3.2　电压的测量

测量电压时用电压表，测量直流电压常用磁电式电压表，测量交流电压常用电磁式电压表。电压表必须与被测电路并联，否则影响电路工作，如图 7.5（a）所示。此外，测量直流电压时还要注意仪表的极性。

由于仪表表头内阻很小，只能通过微小电流，所以能测量的电压很低。为了测量更高的电压，就必须扩大仪表的量程。扩大量程的方法是在表头上串联一个称为倍压器的高值电阻 R_V，如图 7.5（b）所示。

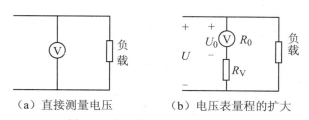

（a）直接测量电压　　　　（b）电压表量程的扩大

图 7.5　电压的测量及量程的扩大

根据串联电路的特点，可以求出倍压器的阻值为：

$$R_V = (m-1)R_0$$

式中 R_0 为表头内阻，$m = \dfrac{U}{U_0}$ 为倍压系数，其中 U_0 为表头的量程，U 为扩大后的量程。

7.3.3　功率的测量

测量功率时采用电动式仪表。测量时将仪表的固定线圈与负载串联，反映负载中的电流，因而固定线圈又叫电流线圈；将可动线圈与负载并联，反映负载两端电压，所以可动线圈又叫电压线圈。

1. 直流和单相交流功率的测量

直流和单相交流功率的测量均可用电动式功率表，而且接线方式相同，如图7.6所示。为了保证功率表正确连接，在两个线圈的首端标有"*"号或"±"号，这两端均应接在电源的同一端。

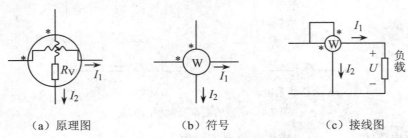

（a）原理图　　　　　（b）符号　　　　　（c）接线图

图 7.6　直流和单相交流功率的测量

在图 7.6 中，电流线圈中的电流 I_1 即为负载电流，R_V 为电压线圈附加电阻，电压线圈总电阻 $R = R_V + r$，电压线圈的电流为 I_2，负载电压为 $U = (R_V + r)I_2$。所以，通入直流电时，仪表指针的偏转角度为：

$$\alpha = KI_1I_2 = K'UI_1 = K'P$$

对于交流电的情况，同样可知指针的偏转角度为：

$$\alpha = KI_1I_2 \cos\varphi = K'UI_1 \cos\varphi = K'P$$

可见电动式功率表既可以用来测量直流功率，也可以用来测量单相交流功率，并且测单相交流功率时的读数与测直流功率时的读数一样。

功率表标尺上的刻度只标了分格数，未注明瓦特数。被测功率数值的大小需要用分格常数进行换算。分格常数 C 表示每一分格的瓦特数，其值为：

$$C = \frac{U_N I_N}{a_m} \quad (\text{W/div})$$

式中 U_N、I_N 为所接量程电压、电流的额定值，a_m 为功率表标尺的满刻度格数。若功率表指针所指的格数为 a，则被测功率的瓦特数为：

$$P = Ca$$

2. 三相功率的测量

三相电路的总功率为 3 个相的有功功率之和。当三相负载对称时，可以用一个单相功率表测得一相功率，然后乘以 3 即得三相负载的总功率，这种方法称为一表法。如图7.7（a）、（b）所示为负载星形连接和三角形连接时功率表的接法。

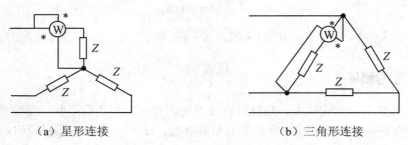

（a）星形连接　　　　　　　　（b）三角形连接

图 7.7　一表法测三相功率

由三相四线制供电的不对称负载的功率可用 3 个单相功率表来测量，这种方法称为三表法，其接线如图 7.8 所示。设 3 个功率表的读数分别为 P_a、P_b 和 P_c，则三相总功率为：

$$P = P_a + P_b + P_c$$

对三相三线制电路，无论负载是否对称，均可采用二表法。即利用两只单相功率表来测量三相功率，其接线如图 7.9 所示。三相总功率为两个功率表的读数之和，即 $P = P_1 + P_2$。若负载功率因数小于 0.5（即 $|\varphi| > 60°$），则其中一个功率表的读数为负，会使这个功率表的指针反转。为了避免指针反转，需要将其电压线圈或电流线圈反接，这时三相总功率为两个功率表的读数之差。注意，这里每只功率表的读数单独都没有实际的物理意义，只有两只功率表读数的代数和才是三相总功率。

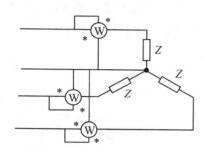

图 7.8　三表法测三相功率

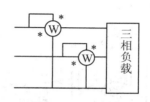

图 7.9　二表法测三相功率

我国生产有三相功率表，包括二元功率表和三元功率表，专门用以测量三相三线制电路的总功率和三相四线制电路的总功率，且三相总功率均可直接从表上读出。二元功率表和三元功率表的接线如图 7.10（a）、（b）所示。

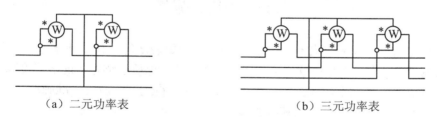

（a）二元功率表　　　　　　　　　（b）三元功率表

图 7.10　三相功率表测三相功率

7.3.4　电能的测量

测量电能采用电度表。电度表是用来测量某一段时间内发电机发出的电能或负载所消耗的电能的仪表。电能是电功率在时间上的累积，电力工业中电能的单位是千瓦小时，也叫度，所以电度表又叫千瓦时计。凡是用电的地方几乎都用到电度表，因此电度表是电工仪表中生产和使用数量最多的一种。

1．单相电度表的结构和工作原理

根据工作原理的不同，电度表可分为感应式、电动式和磁电式 3 种；按接入电源的相数不同，又有单相和三相之分。目前主要使用成本低、稳定性高的感应式电度表，各种型号的基本结构是相似的。如图 7.11 所示是单相电度表的结构示意图，其主要组成包括驱动机构、制动机构和积算机构（又叫计度器）3 个部分。

　　驱动机构用来产生转动力矩，包括电压线圈、电流线圈和铝制转盘。当电压线圈和电流线圈通过交流电流时，就有交变的磁通穿过转盘，在转盘上感应出涡流，涡流与交变磁通相互作用产生转动力矩，从而使转盘转动。

　　制动机构用来产生制动力矩，由永久磁铁和转盘组成。转盘转动后，涡流与永久磁铁的磁场相互作用，使转盘受到一个反方向的磁场力，从而产生制动力矩，致使转盘以某一转速旋转，其转速与负载功率的大小成正比。

　　积算机构用来计算电度表转盘的转数，以实现电能的测量和计算。转盘转动时，通过蜗杆及齿轮等传动机构带动字轮转动，从而直接显示出电能的度数。

2．单相电度表的接线

　　单相电度表接线时，电流线圈与负载串联，电压线圈与负载并联。单相电度表共有 4 根连接导线，两根输入，两根输出。电流线圈及电压线圈的电源端应接在相（火）线上，并靠电源侧，如图 7.12 所示。

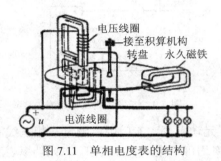

图 7.11　单相电度表的结构

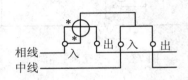

图 7.12　单相电度表的接线图

7.4　电阻的测量

　　电阻的测量方法有多种，如伏安法、电桥法、欧姆表法等。伏安法是通过测量被测电阻的电流及其两端的压降，然后由欧姆定律求出被测电阻。电桥法测电阻的准确度高，属于比较测量法，限于篇幅，本章不作介绍。欧姆表法最简便，得到广泛应用，准确度可达 2.5%，满足一般要求。本节主要介绍万用表和兆欧表。

7.4.1　万用表

　　万用表是一种多量程、多用途的便携式常用直读仪表，在工程技术人员中得到广泛的应用。万用表一般可以测量交直流电流、交直流电压和电阻等，有的还能测量电感、电容等其他电学量，所以又称为繁用表或多用表。根据内部结构及原理的不同，万用表可分为磁电式和数字式两种类型。

1．磁电式万用表

　　磁电式万用表主要由测量机构、转换开关和测量电路组成。

　　测量机构又称表头，通常是由磁电式直流微安表组成。在表头面板上刻有多种量程的刻度盘，另外还有指针及调零器等。转换开关是利用固定触头和活动触头的接通与断开来达到多种测量量程和种类的转换。测量电路是把被测量转换成适合于表头指示用的电量，如图 7.13 所示是一般万用表测量电路的原理图。

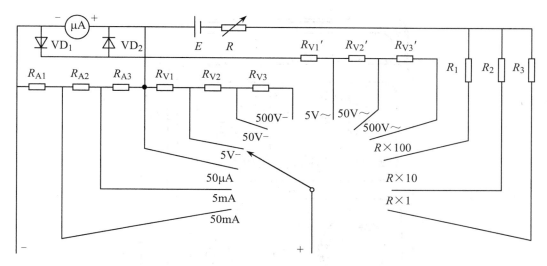

图 7.13　万用表测量电路原理图

　　（1）直流电流的测量。转换开关置于直流电流挡，被测电流从"+"、"−"两端接入，便构成了直流电流的测量电路。图中 R_{A1}、R_{A2}、R_{A3} 是分流器电阻，与表头构成闭合电路。通过改变转换开关的挡位来改变分流器的电阻，从而达到改变电流量程的目的。

　　（2）直流电压的测量。转换开关置于直流电压挡，被测电压接在"+"、"−"两端，便构成了直流电压的测量电路。图中 R_{V1}、R_{V2}、R_{V3} 是倍压器电阻，与表头构成闭合电路。通过改变转换开关的挡位来改变倍压器的电阻，从而达到改变电压量程的目的。

　　（3）交流电压的测量。转换开关置于交流电压挡，被测交流电压接在"+"、"−"两端，便构成了交流电压的测量电路。表头因属磁电式直流表，测量交流时必须加整流器。图中用两个二极管 VD_1 和 VD_2 组成半波整流电路，表盘刻度反映的是交流电压的有效值。R_{V1}'、R_{V2}'、R_{V3}' 是倍压器电阻，电压量程的改变与测量直流电压时相同。

　　（4）电阻的测量。转换开关置于电阻挡，被测电阻接在"+"、"−"两端，便构成了电阻的测量电路。由于电阻自身不带电源，因此在电路中接入了电池 E。由于被测电阻越小，通过表头的电流越大，所以在电阻挡的刻度盘上，电阻的刻度与电流、电压的刻度方向相反。又由于电流与被测电阻不成正比关系，所以电阻的标度尺的分度是不均匀的。

　　如图 7.14 所示为 500 型万用表的面板图。它有两个"功能/量程"转换旋钮，每个旋钮上方有一个尖形标志。利用两个旋钮不同位置的组合，可以实现交直流电流和电压、电阻及音频电平的测量。如测量直流电流，先转动左边的旋钮，使"A"挡对准尖形标志，再将右边旋钮转至所需直流电流量程即可进行测量。使用前注意先调节调零旋钮，使指针准确指示在标尺的零位置。

2．数字式万用表

　　数字式万用表和普通磁电式万用表一样，也是一种多量程、多用途（可以测量交直流电流、交直流电压和电阻、电容、二极管等）的便携式常用直读仪表。与普通磁电式万用表相比，数字式万用表测量速度快、精度高、输入阻抗高、保护功能齐全，并且以十进制数字直接显示，读数直接、简单、准确。

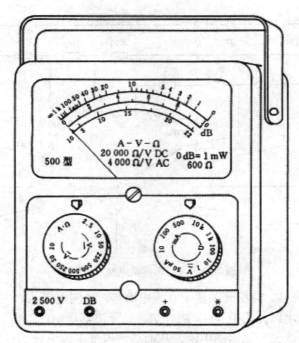

图 7.14　500 型万用表的面板图

数字式万用表由功能变换器、转换开关和直流数字电压表 3 部分组成，其原理框图如图
7.15 所示。直流数字电压表是数字式万用表的核心部分，各种电量或参数的测量，都是首先经
过相应的变换器，将其转化为直流数字电压表可以接受的直流电压，然后送入直流数字电压表，
经模/数转换器变换为数字量，再经计数器计数并以十进制数字将被测量显示出来。

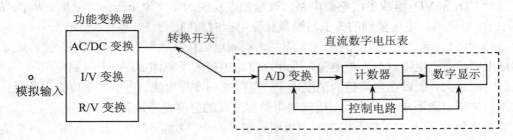

图 7.15　数字式万用表的原理框图

数字式万用表的外形结构如图 7.16 所示。各部分的功能如下：

（1）输入端插孔：黑表笔总是插"COM"插孔，测量交直流电压、电阻、二极管及通断
检测时，红表笔插"V/Ω"插孔；测量 200mA 以下交直流电流时，红表笔插"mA"插孔；测
量 200mA 以上交直流电流时，红表笔插"A"插孔。

（2）功能和量程选择开关：交、直流电压档的量程为 200mV、2V、20V、200V、1000V，
共 5 挡。交、直流电流挡的量程为 200μA、2mA、20mA、200mA、10A，共 5 挡。电阻挡的
量程为 200Ω、2kΩ、20kΩ、200kΩ、2MΩ、20MΩ、🔊 200，共 7 档，其中 🔊 200 挡用于判断
电路的通、断。

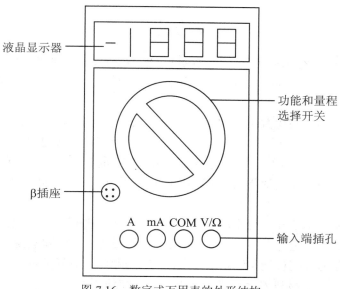

图 7.16　数字式万用表的外形结构

（3）β插座：测量三极管的β值，注意区别管型是 NPN 还是 PNP。

7.4.2　兆欧表

兆欧表俗称摇表，是测量绝缘体电阻的专用仪表，主要由磁电式流比计与手摇直流发电机组成，其结构示意图如图 7.17 所示。

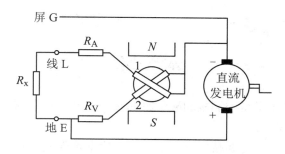

图 7.17　兆欧表内部原理图

流比计是用电磁力代替游丝产生反作用力矩的仪表。它与一般磁电式仪表不同，除了不用游丝产生反作用力矩外，还有两个区别：一是空气隙中的磁感应强度不均匀；二是可动部分有两个绕向相反且互成一定角度的线圈，线圈 1 用于产生转动力矩，线圈 2 用于产生反作用力矩。

被测电阻接在 L（线）和 E（地）两个端子上，形成了两个回路，一个是电流回路，一个是电压回路。电流回路从电源正端经被测电阻 R_x、限流电阻 R_A、可动线圈 1 回到电源负端。电压回路从电源正端经限流电阻 R_V、可动线圈 2 回到电源负端。由于空气隙中的磁感应强度不均匀，因此两个线圈产生的转矩 T_1 和 T_2 不仅与流过线圈的电流 I_1、I_2 有关，还与可动部分的偏转角 α 有关。当 $T_1 = T_2$ 时，可动部分处于平衡状态，其偏转角 α 是两个线圈电流 I_1、I_2 比值的函数（故称为流比计），即：

$$\alpha = f\left(\frac{I_1}{I_2}\right)$$

因为限流电阻 R_A、R_V 为固定值，在发电机电压不变时，电压回路的电流 I_2 为常数，电流回路电流 I_1 的大小与被测电阻 R_x 的大小成反比，所以流比计指针的偏转角 α 能直接反映被测电阻 R_x 的大小。

流比计指针的偏转角与电源电压的变化无关，电源电压 U 的波动对转动力矩和反作用力矩的干扰是相同的，因此流比计的准确度与电压无关。但测量绝缘电阻时，绝缘电阻值与所承受的电压有关。摇手摇发电机时，摇的速度必须按规定，而且要摇够一定的时间。常用兆欧表的手摇发电机的电压在规定转速下有 500V 和 1000V 两种，可以根据需要选用。因电压很高，测量时应注意安全。

兆欧表的接线端钮有 3 个，分别标有"G（屏）"、"L（线）"、"E（地）"。被测的电阻接在 L 和 E 之间，G 端的作用是为了消除表壳表面 L、E 两端间的漏电和被测绝缘物表面漏电的影响。在进行一般测量时，把被测绝缘物接在 L、E 之间即可。但测量表面不干净或潮湿的对象时，为了准确地测出绝缘材料内部的绝缘电阻，就必须使用 G 端。图 7.18 所示为测量电缆绝缘电阻的接线图。

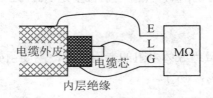

图 7.18　测量电缆绝缘电阻的接线图

本章小结

（1）电工测量包括电学量的测量和磁学量的测量，本章只介绍了电学量中电流、电压、功率、电能及电阻的测量。

（2）仪表误差是仪表的主要技术指标之一，包括基本误差和附加误差。仪表的准确度用最大绝对误差 ΔA_m 与仪表量程 A_m 之比即最大引用误差表示，即：

$$K = \frac{\Delta A_m}{A_m} \times 100\%$$

我国指针式仪表的准确度分为 7 个等级。准确度等级 K 的数值越小，仪表的基本误差就越小，准确度也就越高。但仪表的高准确度还要与仪表的量程相配合，测量时最好使被测量的值在仪表量程的 2/3 以上。

（3）电工仪表按其工作原理可分为磁电式、电磁式、电动式、感应式、整流式等类型。磁电式、电磁式和电动式仪表是常用的 3 种指针式仪表。磁电式仪表利用载流线圈在磁场中受力作用而产生转动力矩，其准确度较高，用于测量直流电流和直流电压。电磁式仪表利用铁心受到线圈电流产生的磁场磁化后，铁心与线圈或铁心与铁心相互作用产生转动力矩，可用于交直流电流和电压的测量，但测量直流时准确度较低，故主要用于交流测量。电动式仪表利用载流线圈之间的相互作用力而产生转动力矩，可用于交直流电流和电压及功率的测量，主要用作功率测量。

（4）万用表是一种多量程、多用途的常用电工仪表，有磁电式和数字式两种类型，可以测量交直流电流、交直流电压和电阻等，有的还能测量电感、电容等其他电学量。若要测量绝缘电阻，则必须使用兆欧表。

习题七

7.1 仪表的准确度等级是如何定义的？

7.2 为什么磁电式仪表只能测量直流量，而电磁式、电动式仪表能交直流两用？

7.3 电动式功率表为什么既可以测量直流电路的功率，又可以测量交流电路的功率？

7.4 用量程 250V 的电压表去测 220V 的标准电源，读得电源电压为 219V。求：

（1）测量的绝对误差和相对误差。

（2）若此时的绝对误差等于电压表的最大绝对误差，该表的准确度为多少？

7.5 一只电流表的量程为 10A，准确度为 1.5 级，试确定测量 3A 和 6A 电流时的最大相对误差，并根据计算结果确定应如何选择仪表的量程。

7.6 有一个单相电动式功率表，满刻度有 150 格，电流量程为 0.5A 和 1A 两种；电压量程为 37.5V、75V、150V 和 300V 四种，额定功率因数 $\cos\varphi = 1$，试确定各量程的仪表分格常数 C。

7.7 已知表头内阻为 25Ω、满量程电流为 40μA，欲将其改装成具有 10mA 和 100mA 两个量程的电流表，如图 7.19 所示，求分流器电阻 R_1、R_2 的阻值。

7.8 已知表头内阻为 25Ω、满量程电流为 40μA，欲将其改装成具有 10V 和 100V 两个量程的电压表，如图 7.20 所示，求倍压器电阻 R_1、R_2 的阻值。

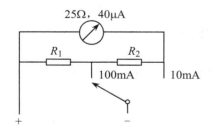

图 7.19 习题 7.7 的图

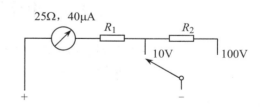

图 7.20 习题 7.8 的图

第 8 章　基本放大电路

- 了解半导体二极管、稳压二极管、双极型晶体管的工作原理和主要参数。
- 掌握基本放大电路的静态、动态分析计算方法。
- 理解放大电路的基本性能指标。
- 了解共发射极、共集电极单管放大电路静态工作点的作用。
- 了解多级放大电路的概念。

半导体器件是用半导体材料制成的电子器件，是构成各种电子电路最基本的核心元件。半导体器件具有体积小、重量轻、功耗低、使用寿命长等优点，在现代工业、农业、科学技术、国防等各个领域得到了广泛的应用。

三极管的主要用途之一是利用其放大作用组成放大电路。放大电路的功能是把微弱的电信号放大成较强的电信号，广泛用于音像设备、电子仪器、测量、控制系统、图像处理等各个领域。在生产和科学实验中，往往要求用微弱的信号去控制较大功率的负载。放大电路是电子设备中最普遍的一种基本单元。

本章介绍二极管、稳压管、双极型三极管等常用半导体器件的结构、工作原理和伏安特性，共发射极、共集电极单管放大电路和多级放大电路的组成和工作原理，以及图解法和微变等效电路法两种放大电路的基本分析方法。

8.1　半导体二极管

半导体器件是用半导体材料制成的电子器件。常用的半导体器件有二极管、三极管、场效应晶体管等。半导体器件是构成各种电子电路最基本的元器件。

8.1.1　PN 结

1. 半导体的导电特征

半导体的导电能力介于导体和绝缘体之间，主要有硅、锗、硒、砷化镓和氧化物、硫化物等。常用的半导体材料是硅和锗，它们都是四价元素。纯净的半导体具有晶体结构，所以半导体又称为晶体。在这种晶体结构中，原子与原子之间构成共价键结构。纯净半导体材料在热力学温度为零度的情况下，电子被共价键束缚得很紧，没有导电能力。当温度升高时，由于热激发，一些电子获得一定能量后会挣脱束缚成为自由电子，使半导体材料具有了一定的导电能力。同时在这些自由电子原来的位置上留下空位，称为空穴，空穴因失掉一个电子而带正电。由于正负电的相互吸引，空穴附近的电子会填补这个空位，于是又会产生新的空穴，又会有相邻的电子来递补，如此进行下去就形成空穴运动。由热激发产生的自由电子和空穴是成对出现的，称为电子空穴对。自由电子和空穴都称为载流子。

由此可见，半导体材料在外加电压作用下出现的电流是由自由电子和空穴两种载流子的运动形成的。这是半导体导电与金属导体导电机理上的本质区别。

在常温下，纯净半导体中自由电子和空穴的数量有限，导电能力并不很强。如果在纯净半导体中掺入某些微量杂质，其导电能力将大大增强。

在纯净半导体硅或锗中掺入磷、砷等五价元素，由于这类元素的原子最外层有 5 个价电子，故在构成的共价键结构中，由于存在多余的价电子而产生大量自由电子，这种半导体主要靠自由电子导电，称为电子半导体或 N 型半导体，其中自由电子为多数载流子，热激发形成的空穴为少数载流子。

在纯净半导体硅或锗中掺入硼、铝等三价元素，由于这类元素的原子最外层只有 3 个价电子，故在构成的共价键结构中，由于缺少价电子而形成大量空穴，这类掺杂后的半导体其导电作用主要靠空穴运动，称为空穴半导体或 P 型半导体，其中空穴为多数载流子，热激发形成的自由电子是少数载流子。

无论是 P 型半导体还是 N 型半导体都是中性的，对外不显电性。图 8.1 所示为 N 型半导体和 P 型半导体中载流子和杂质离子的示意图，图中 ⊕ 表示杂质原子因提供了一个价电子而形成的正离子，⊖ 表示杂质原子因提供了一个空穴而形成的负离子。这些正、负离子不能移动，不能参与导电。

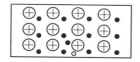 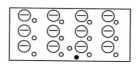

（a）N 型半导体　　　　　　　　　　（b）P 型半导体

图 8.1　N 型半导体和 P 型半导体

2．PN 结及其单向导电性

采用适当工艺把 P 型半导体和 N 型半导体做在同一基片上，使得 P 型半导体与 N 型半导体之间形成一个交界面。由于两种半导体中载流子种类和浓度的差异，将产生载流子的相对扩散运动，如图 8.2（a）所示。多数载流子在交界面处被中和而形成一个空间电荷区，这就是 PN 结。空间电荷区在 N 区一侧是正电荷区，在 P 区一侧是负电荷区，因此在 PN 结内存在一个内电场，其方向是从带正电的 N 区指向带负电的 P 区，如图 8.2（b）所示。

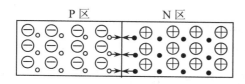 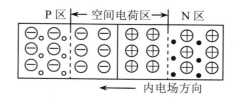

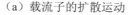

（a）载流子的扩散运动　　　　　　（b）PN 结及其内电场

图 8.2　PN 结的形成

内电场对多数载流子的进一步扩散起阻挡作用，但对少数载流子的漂移起到推动作用，在一定的条件下，漂移和扩散运动达到动态平衡，PN 结处于相对稳定的状态。

如果在 PN 结两端加上正向电压（称为正向偏置），即 P 区接电源正极，N 区接电源负极，如图 8.3（a）所示。此时，外加电压产生的外电场方向与内电场方向相反，外电场削弱了内电场，结果使空间电荷区变薄，于是扩散运动超过漂移运动，PN 结两侧的多数载流子能顺利地通过 PN 结，形成较大的电流，这意味着 PN 结呈现低阻状态。PN 结的这种工作状态称为导通状态。

如果在 PN 结两端加上反向电压（称为反向偏置），即 P 区接电源负极，N 区接电源正极，如图 8.3（b）所示。此时，外加电压产生的外电场方向与内电场方向一致，内电场的作用增强，空间电荷区变厚，使多数载流子的扩散运动难以进行，但内电场的增强有利于少数载流子的漂移运动。由于常温下少数载流子数量很少，所以一般情况下能形成的反向电流很小，即反向偏置时 PN 结呈高阻状态。PN 结的这种工作状态称为截止状态。

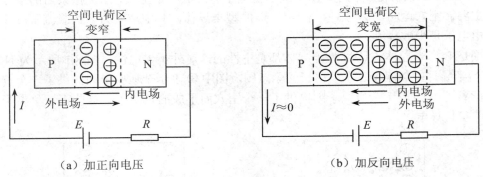

（a）加正向电压　　　　　　　　　　　（b）加反向电压

图 8.3　PN 结的单向导电性

综上所述，PN 结具有单向导电性，即 PN 结加正向电压时，正向电阻很小，PN 结导通，可以形成较大的正向电流；PN 结加反向电压时，反向电阻很大，PN 结截止，反向电流基本为零。半导体二极管和半导体三极管等半导体器件的工作特性都是以 PN 结的单向导电性为基础的。

8.1.2　半导体二极管

在 PN 结两端各引出一个电极，再封装在管壳里就构成半导体二极管。从 P 区引出的电极称为阳极或正极，从 N 区引出的电极称为阴极或负极。半导体二极管的电路符号如图 8.4 所示。

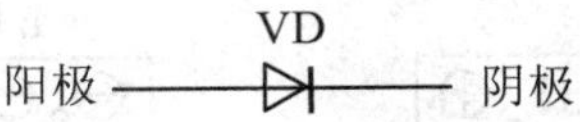

VD

阳极 ————▷|———— 阴极

图 8.4　二极管的电路符号

二极管有点接触型和面接触型两类。点接触型二极管 PN 结的结面积较小，因而结电容很小，适用于小电流高频电路工作，也可用于数字电路中作开关元件。面接触型二极管的结面积较大，允许通过较大电流，但结电容较大，工作频率较低，适用于整流电路。

由于二极管内部是一个 PN 结，因此也具有单向导电性。实际二极管的伏安特性如图 8.5 所示。

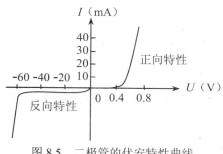

图 8.5　二极管的伏安特性曲线

1．正向特性

当二极管承受的正向电压（又称正向偏置）很低时，还不足以克服 PN 结内电场对多数载流子运动的阻挡作用，二极管的正向电流 I_F 非常小。这一区域称为死区。通常硅二极管的死区电压约为 0.5V，锗二极管的死区电压约为 0.2V。

当二极管的正向电压超过死区电压后，PN 结内电场被抵消，正向电流明显增加，并且随着正向电压增大，电流迅速增长，二极管的正向电阻变得很小，当二极管充分导通后，二极管的正向压降基本维持不变，称为正向导通电压 U_F，硅二极管的 U_F 约为 0.7V，锗二极管的 U_F 约为 0.3V。这一区域称为正向导通区。

2．反向特性

二极管承受反向电压（又称反向偏置）时，由于只有少数载流子的漂移运动，因此形成的反向漏电流 I_R 极小。正常情况下，硅二极管的 I_R 一般在几微安以下，锗二极管的 I_R 较大，一般在几十至几百微安。这一区域称为反向截止区。

当反向电压增加到某一数值时，在强大的外电场力作用下，获得足够能量的载流子高速运动将其他被束缚的电子撞击出来。这种撞击的连锁反应使二极管中的电子与空穴数目急剧增加，造成反向电流突然增大，这种现象称为反向击穿。击穿时对应的电压称为反向击穿电压。这一区域称为反向击穿区。由于二极管发生反向击穿时，反向电流会急剧增大，如不加以限制，将造成二极管永久性损坏，失去单向导电性。

3．主要参数

在使用各种半导体器件时，要根据它们的实际工作条件确定它们的参数，然后从相应的半导体器件手册中查找出合适的半导体器件型号。

半导体二极管的主要参数有：

（1）最大正向电流 I_F。最大正向电流指二极管长期工作时允许通过的最大正向平均电流。实际工作时，管子通过的电流不应超过这个数值，否则将导致管子过热而损坏。

（2）最高反向工作电压 U_{DRM}。U_{DRM} 指二极管不被击穿所容许的最高反向电压。为安全起见，一般 U_{DRM} 为反向击穿电压的 1/2～2/3。

（3）最大反向电流 I_{RM}。I_{RM} 指二极管在常温下承受最高反向工作电压 U_{DRM} 时的反向漏电流，一般很小，但其受温度影响较大。当温度升高时，I_{RM} 显著增大。

二极管的应用范围很广，利用它的单向导电性，可组成整流、检波、限幅、钳位等电路，还可用它构成其他元件或电路的保护电路，或在脉冲与数字电路中作为开关元件等。

在进行电路分析时，一般可将二极管视为理想元件，即认为其正向电阻为零，正向导通时为短路特性，正向压降忽略不计；反向电阻为无穷大，反向截止时为开路特性，反向漏电流忽略不计。

8.1.3 稳压管

稳压管是一种特殊工艺制成的面接触型硅二极管。稳压管的伏安特性和普通二极管的伏安特性基本相似，主要区别是稳压管的反向击穿区特性曲线比普通二极管更陡。稳压管的伏安特性曲线及电路符号如图 8.6 所示。

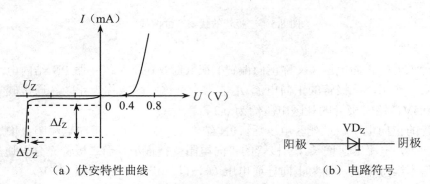

（a）伏安特性曲线　　　　　　　　　（b）电路符号

图 8.6　稳压管的伏安特性曲线及电路符号

从稳压管的反向特性曲线上可以看到，当反向电压达到击穿电压 U_Z 时，反向电流突然增大，稳压管被反向击穿。在反向击穿状态下，反向电流在很大范围内变化时，管子两端的电压基本保持不变，这就是稳压管的稳压特性。只要限制反向电流不超过允许数值，管子就不会损坏。

稳压二极管的主要参数如下：

（1）稳定电压 U_Z。指稳压管反向击穿后稳定工作的电压值。

（2）稳定电流 I_Z。指稳压管的工作电压等于稳定电压时通过管子的电流值。

（3）动态电阻 r_Z。指稳压管在稳定工作范围内，管子两端电压的变化量与相应电流的变化量之比，即：

$$r_Z = \frac{\Delta U_Z}{\Delta I_Z}$$

由图 8.6 可见，稳压管的 r_Z 越小，稳压性能越好。

（4）额定功率 P_Z 和最大稳定电流 I_{ZM}。额定功率 P_Z 是在稳压管允许结温下的最大功率损耗。最大稳定电流 I_{ZM} 是指稳压管允许通过的最大电流。它们之间的关系是：

$$P_Z = U_Z I_{ZM}$$

稳压管在电路中的主要作用是稳压和限幅，也可和其他电路配合构成欠压或过压保护、报警环节等。

8.2　半导体三极管

半导体三极管（常简称为晶体管或三极管）是一种重要的半导体器件，是放大电路和开关电路的基本元件之一。

8.2.1　三极管的结构及类型

三极管的种类很多，按工作频率分有高频管和低频管；按耗散功率分有大、中、小功率管；按半导体材料分有硅管和锗管等。

三极管的基本结构是由两个 PN 结构成。根据 3 个 P、N 区排列方式的不同，可分为 NPN 和 PNP 两种类型。如图 8.7（a）、（b）所示分别为两种三极管的结构示意图和电路符号。两种三极管符号的区别是发射极的箭头方向不同，该箭头方向表示发射结加正向电压时的电流方向。

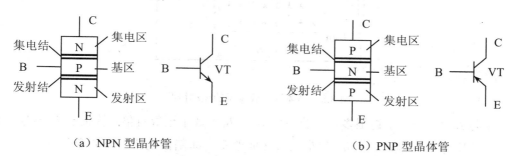

（a）NPN 型晶体管　　　　　　　　　　（b）PNP 型晶体管

图 8.7　三极管的结构示意图和电路符号

不论何种类型的晶体管，其内部均有发射区、基区和集电区 3 个区。从这 3 个区引出的 3 个电极分别称为发射极 E、基极 B 和集电极 C。基区和发射区之间的 PN 结称为发射结，基区与集电区之间的 PN 结称为集电结。

为保证晶体管具有电流放大作用，制造时通过工艺措施使它具有如下特点：

（1）发射区的掺杂浓度大，以保证有足够的载流子可供发射。

（2）集电区的面积大，以便收集从发射区发射来的载流子。

（3）基区做得很薄（一般只有 1 微米至几十微米），且掺杂浓度低，以减小基极电流，即增强基极电流的控制作用。

NPN 型和 PNP 型三极管工作原理相似，不同之处仅在于使用时工作电源极性相反。由于应用中采用 NPN 型三极管较多，所以下面以 NPN 型三极管为例进行分析讨论，所得结论对于 PNP 型管同样适用。

8.2.2　电流分配和电流放大作用

三极管在电路中工作时，两个 PN 结上的电压可能是正向电压，也可能是反向电压。根据两个结上电压正反向的不同，管内电流的流动与分配便有很大的不同，由此而导致其性能上有显著的差别。为了使三极管具有放大作用，必须使发射结加正向电压，集电结加反向电压，如图 8.8 所示。

由于发射结承受正向电压抵消了发射结内电场，发射区的多数载流子（自由电子）不断向基区扩散，形成发射极电流 I_E。因基区很薄，掺杂浓度很低，且 $U_{CC} > U_{BB}$，在强大的外电场作用下，扩散到基区的自由电子绝大部分穿过集电结流向集电极形成集电极电流 I_C，只有极少部分电子与基区的空穴复合形成基极电流 I_B。根据克希霍夫电流定律，3 个电极的电流 I_E、I_C 和 I_B 满足如下关系式：

$$I_E = I_C + I_B$$

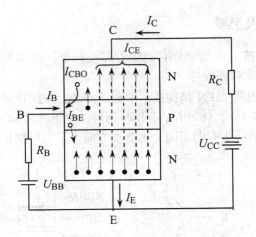

图 8.8　晶体管中载流子的运动情况

且 I_B 与 I_E、I_C 相比小得很多，实验表明 I_C 比 I_B 大数十至数百倍，因而有 $I_E \approx I_C$。I_B 虽然很小，但对 I_C 有控制作用，I_C 随 I_B 的改变而改变，即基极电流较小的变化可以引起集电极电流较大的变化，表明基极电流对集电极具有小量控制大量的作用，这就是三极管的电流放大作用。

综上所述，三极管 3 个电极的电流分配关系和电流放大作用是由其内在特性所决定的。三极管能够起电流放大作用的外部条件是发射结正向偏置，集电结反向偏置。由于三极管内部自由电子和空穴都参与导电，属双极型电流控制器件，故亦称为双极型三极管。

8.2.3　三极管的特性曲线

三极管的特性曲线是用来表示三极管各电极电压与电流之间相互关系的，是分析三极管各种电路的重要依据。各种三极管的特性曲线形状相似，但由于种类不同，数据差异很大，使用时可查阅有关半导体器件手册或用晶体管特性图示仪直接观察，也可用如图 8.9 所示的实验电路测量得到。

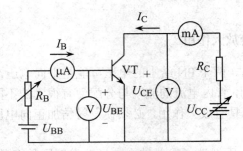

图 8.9　测量三极管特性的实验电路

1. 输入特性曲线

输入特性曲线是指在三极管的集、射极间所加的电压 U_{CE} 为常数时，基、射极间电压 U_{BE} 与基极电流 I_B 之间的关系曲线，即：

$$I_B = f(U_{BE})|_{U_{CE}=常数}$$

一般情况下，当 $U_{CE} \geqslant 1V$ 时，就能保证集电结处于反向偏置，可以把发射区扩散到基区的电子中的绝大部分拉入集电区。此时，再增大 U_{CE} 对 I_B 影响甚微，亦即 $U_{CE} \geqslant 1V$ 的输入特性曲线基本上是重合的。所以，半导体器件手册中通常只给出一条 $U_{CE} \geqslant 1V$ 时三极管的输入特性曲线，如图 8.10 所示。由图可见，三极管的输入特性曲线与二极管的伏安特性曲线很相似，也存在一段死区，硅管的死区电压约为 0.5V，锗管的死区电压约为 0.2V。在正常导通时，硅管的 U_{BE} 约在 0.6~0.8V 之间，而锗管在 0.2~0.3V 之间。

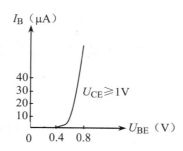

图 8.10 晶体管的输入特性曲线

2．输出特性曲线

输出特性曲线是指当三极管基极电流 I_B 为常数时，集电极电流 I_C 与集、射极间电压 U_{CE} 之间的关系曲线，即：

$$I_C = f(U_{CE})|_{I_B = 常数}$$

I_B 的取值不同，得到的输出特性曲线也不同，所以三极管的输出特性曲线是一簇曲线，如图 8.11 所示。根据三极管的工作状态不同，可将输出特性曲线分为 3 个区域：

（1）放大区。放大区是输出特性曲线中近似平行于横轴的曲线簇部分。当 U_{CE} 超过一定数值后（1V 左右），I_C 的大小基本上与 U_{CE} 无关，呈现恒流特性。在放大区，I_C 与 I_B 成正比，即 $I_C = \beta I_B$，随着 I_B 增加 I_C 也增加，三极管具有电流放大作用。如前所述，三极管在放大状态下，发射结处于正向偏置，集电结处于反向偏置。

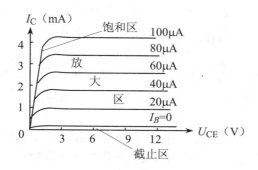

图 8.11 晶体管的输出特性曲线

（2）截止区。$I_B = 0$ 这条曲线及以下的区域称为截止区。在截止区，$I_C = I_{CEO} \approx 0$，集、射极间只有微小的反向漏电流，近似于断开状态。对 NPN 硅管，$U_{BE} < 0.5V$ 时即已开始截止。为了使三极管可靠截止，通常给发射结加上反向偏置电压，即 $U_{BE} < 0V$。这样，发射结和集电结都处于反向偏置，三极管处于截止状态。

（3）饱和区。靠近输出特性纵坐标轴、曲线上升部分所对应的区域称为饱和区。在饱和区，I_C 不再随 I_B 的增大而成比例地增大，三极管失去线性放大作用。饱和时的 I_C 称为集电极饱和电流，用 I_{CS} 表示；集、射极电压称为集、射极饱和电压，用 U_{CES} 表示。U_{CES} 很小，约为 0.3V。一般认为 $U_{CES} = 0\,V$，集、射极间相当于接通状态。在饱和状态下，发射结和集电结均为正向偏置。

8.2.4 三极管的主要参数

1．电流放大系数

（1）动态（交流）电流放大系数β。指 U_{CE} 为定值时，集电极电流变化量 ΔI_C 与基极电流变化量 ΔI_B 之比，即：

$$\beta = \frac{\Delta I_C}{\Delta I_B}$$

（2）静态（直流）电流放大系数 $\overline{\beta}$。表示在无交流信号输入时集电极电流 I_C 与基极电流 I_B 的比值，即：

$$\overline{\beta} = \frac{I_C}{I_B}$$

β与 $\overline{\beta}$ 虽含义不同，但在常用的工作范围内两者数值差别很小，一般不作严格区分。常用小功率三极管的β值在 50～200 之间，大功率管的β值一般较小。选用三极管时应注意，β太小的管子放大能力差，而β太大则管子的热稳定性较差。

2．极间反向电流

（1）集、基极间反向饱和电流 I_{CBO}。指发射极开路时，集电结在反向偏置作用下，集、基极间的反向漏电流，它是由少数载流子漂移形成的。三极管的 I_{CBO} 越小越好。在室温下，小功率硅管的 I_{CBO} 小于 1μA，而小功率锗管的 I_{CBO} 则在 10μA 左右。

（2）穿透电流 I_{CEO}。指在基极开路时，集电结处于反向偏置、发射结处于正向偏置的情况下，集、射极间的反向漏电流。I_{CEO} 中除含有由集电区的少数载流子（空穴）漂移形成的 I_{CBO} 外，还有从发射区的多数载流子（电子）扩散形成的电流 $\overline{\beta} I_{CBO}$，即：

$$I_{CEO} = I_{CBO} + \overline{\beta} I_{CBO} = (1 + \overline{\beta}) I_{CBO}$$

I_{CBO}、I_{CEO} 受温度影响很大，它们均随温度升高而增大，造成三极管工作不稳定。I_{CEO} 是 I_{CBO} 的 $(1 + \overline{\beta})$ 倍，且 $\overline{\beta}$ 值也随温度升高而增大，因此 I_{CEO} 对三极管的影响更大。I_{CEO} 的大小是判别三极管质量好坏的重要参数，一般希望 I_{CEO} 越小越好。

3．极限参数

（1）集电极最大允许电流 I_{CM}。三极管的集电极电流超过一定数值时，其β值会下降，规定β值下降至正常值的 2/3 时的集电极电流为集电极最大允许电流 I_{CM}。使用时如果 $I_C > I_{CM}$，除了使β值显著下降外，还有可能使管子损耗过大导致三极管损坏。

（2）反向击穿电压 $U_{(BR)CEO}$。基极开路时，集、射极之间的最大允许电压称为集、射极反向击穿电压 $U_{(BR)CEO}$。当三极管的 U_{CE} 大于 $U_{(BR)CEO}$ 时，管子的电流由很小的 I_{CEO} 突然剧增，表示管子已被反向击穿，造成管子损坏。$U_{(BR)CEO}$ 常称为管子的耐压，使用时，应根据电源电压 U_{CC} 选取 $U_{(BR)CEO}$，一般应使 $U_{(BR)CEO} \geqslant (2\sim3)U_{CC}$。

（3）集电极最大允许耗散功率 P_{CM}。集电极电流流经集电结时，要产生功率损耗，使集电结发热，当结温超过一定数值后，将导致管子性能变坏，甚至烧毁。为了使管子结温不超过允许值，规定了集电极最大允许耗散功率 P_{CM}，P_{CM} 与 I_C、U_{CE} 的关系为：

$$P_{CM} = I_C U_{CE}$$

8.3　放大电路的组成

放大电路用以放大微弱信号，广泛用于音像设备、电子仪器、测量、控制系统、图像处理等各个领域，是应用最广泛的电子电路之一。

放大电路并不能放大能量，实际上，负载得到的能量来自于放大器的供电电源，放大器的作用是控制电源的能量，使其按输入信号的变化规律向负载传送。所以，放大的实质是用较小的信号去控制较大的信号。

单管放大电路是构成其他类型放大电路（如差动放大电路）和多级放大电路的基本单元电路。如图 8.12 所示的单管放大电路，三极管的发射极是输入信号 u_i 和输出信号 u_o 的公共参考点，所以称为共发射极放大电路。各构成元件的作用分别如下：

（1）晶体管 VT。电流放大元件，用基极电流 i_B 控制集电极电流 i_C。

（2）电源 U_{CC} 和 U_{BB}。使晶体管的发射结正偏，集电结反偏，晶体管处在放大状态，同时也是放大电路的能量来源，提供电流 i_B 和 i_C。U_{CC} 一般在几伏到十几伏之间。

（3）偏置电阻 R_B。用来调节基极偏置电流 I_B，使晶体管有一个合适的工作点，一般为几十千欧到几百千欧。

（4）集电极负载电阻 R_C。将集电极电流 i_C 的变化转换为电压的变化，以获得电压放大，一般为几千欧。

（5）电容 C_1、C_2。用来传递交流信号，起到耦合的作用。同时，又使放大电路和信号源及负载间直流相隔离，起隔直作用。为了减小传递信号的电压损失，C_1、C_2 应选得足够大，一般为几微法至几十微法，通常采用电解电容器。

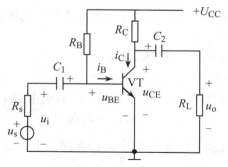

图 8.12　共发射极放大电路

8.4　放大电路的静态分析

放大电路的工作状态分静态和动态两种。静态是指无交流信号输入（ $u_i = 0$ ）时，电路中的电流、电压都不变的状态，静态时三极管各极电流和电压值称为静态工作点 Q（主要指 I_B、I_C 和 U_{CE}）。动态是指有交流信号输入（$u_i \neq 0$）时，电路中的电流、电压随输入信号作相应变化的状态。

静态分析主要是确定放大电路中的静态值 I_B、I_C 和 U_{CE}。静态分析方法有估算法和图解法两种。

8.4.1 估算法

估算法是用放大电路的直流通路计算静态值。对如图 8.12 所示的共发射极放大电路，由于电容 C_1、C_2 具有隔直作用，可视为开路，因而其直流通路如图 8.13 所示。由图 8.13 可得静态基极电流为：

$$I_B = \frac{U_{CC} - U_{BE}}{R_B}$$

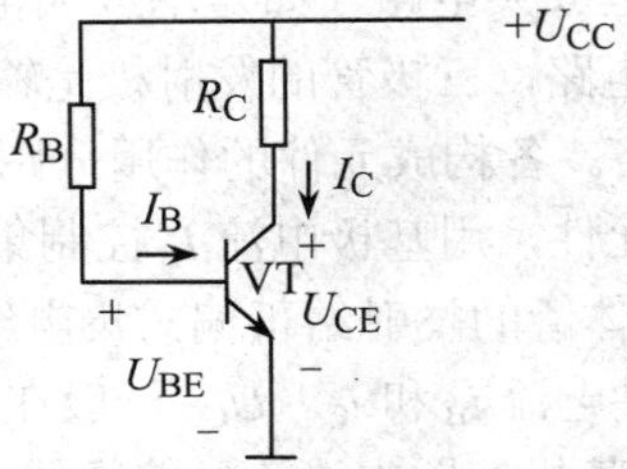

图 8.13　共发射极放大电路的直流通路

式中 $U_{BE} \approx 0.7V$（硅管），可忽略不计。由 I_B 可求出集电极电流的静态值为：

$$I_C = \beta I_B$$

静态时集电极与发射极间的电压为：

$$U_{CE} = U_{CC} - I_C R_C$$

8.4.2 图解法

根据晶体管的输出特性曲线，用作图的方法求静态值称为图解法。设晶体管的输出特性曲线如图 8.14 所示，图解步骤如下：

（1）用估算法求出基极电流 I_B（如 40μA）。

（2）根据 I_B 在输出特性曲线中找到对应的曲线。

（3）作直流负载线。根据集电极电流 I_C 与集、射间电压 U_{CE} 的关系式：

$$U_{CE} = U_{CC} - I_C R_C$$

可画出一条直线，该直线在纵轴上的截距为 $\dfrac{U_{CC}}{R_C}$，在横轴上的截距为 U_{CC}，其斜率为 $-\dfrac{1}{R_C}$，只与集电极负载电阻 R_C 有关，称为直流负载线。

（4）求静态工作点 Q，并确定 U_{CE}、I_C 的值。

晶体管的 I_C 和 U_{CE} 既要满足 $I_B = 40\,\mu A$ 的输出特性曲线，又要满足直流负载线，因而晶体管必然工作在它们的交点 Q，该点就是静态工作点。由静态工作点 Q 便可在坐标上查得静态值 I_C 和 U_{CE}。

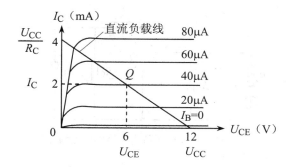

图 8.14　用图解法求放大电路的静态工作点

例 8.1　在如图 8.12 所示的共发射极放大电路中，已知电源电压 $U_{CC} = 12\,V$，基极电阻 $R_B = 300\,k\Omega$，集电极电阻 $R_C = 3\,k\Omega$，晶体管的 $\beta = 50$，晶体管的输出特性曲线如图 8.14 所示。试分别用估算法和图解法求该放大电路的静态值。

解　（1）用估算法求静态值，为：

$$I_B = \frac{U_{CC} - U_{BE}}{R_B} \approx \frac{U_{CC}}{R_B} = \frac{12}{300} = 0.04 \quad (mA)$$

$$I_C = \beta I_B = 50 \times 0.04 = 2 \quad (mA)$$

$$U_{CE} = U_{CC} - I_C R_C = 12 - 2 \times 3 = 6 \quad (V)$$

（2）用图解法求静态值。在图 8.14 中，根据 $\dfrac{U_{CC}}{R_C} = \dfrac{12}{3} = 4\,mA$、$U_{CC} = 12\,V$ 作直流负载线，与 $I_B = 40\,\mu A$ 的特性曲线相交得静态工作点 Q，根据点 Q 查坐标得：

$$I_C = 2\,mA$$

$$U_{CE} = 6\,V$$

8.5　共发射极基本放大电路的动态分析

动态时放大电路是在直流电源 U_{CC} 和交流输入信号 u_i 共同作用下工作，电路中的电压 u_{CE}、电流 i_B 和 i_C 均包含两个分量，即：

$$i_B = I_B + i_b$$

$$i_C = I_C + i_c$$

$$u_{CE} = U_{CE} + u_{ce}$$

其中 I_B、I_C 和 U_{CE} 是在电源 U_{CC} 单独作用下产生的电流、电压，实际上就是放大电路的静态值，称为直流分量。而 i_b、i_c 和 u_{ce} 是在输入信号 u_i 作用下产生的电流、电压，称为交流分量。动态分析就是在静态值确定后分析信号的传输情况，主要是确定放大电路的电压放大倍数、输入电阻和输出电阻等。动态分析方法有图解法和微变等效电路法两种。

动态分析需要用放大电路的交流通路（u_i 单独作用下的电路）。在如图 8.12 所示的电路中，由于电容 C_1、C_2 足够大，容抗近似为零（相当于短路），直流电源 U_{CC} 去掉（短接），因而其交流通路如图 8.15 所示。

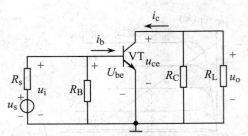

图 8.15　共发射极放大电路的交流通路

8.5.1　图解分析法

图解分析法是利用晶体管的特性曲线，通过作图的方法分析动态工作情况。图解法可以形象直观地看出信号传递过程，各个电压、电流在输入信号 u_i 作用下的变化情况和放大器的工作范围等。以图 8.12 的电路为例，设输入信号 $u_i = U_{im} \sin \omega t$，分析步骤如下：

（1）根据静态分析方法，求出静态工作点 Q（I_B、I_C 和 U_{CE}），见图 8.16 中的 Q 点。

（2）根据 u_i 在输入特性上求 u_{BE} 和 i_B。u_i 为正弦量时，u_{BE} 为：

$$u_{BE} = U_{BE} + u_i = U_{BE} + U_{im} \sin \omega t$$

其波形如图 8.16（a）中的曲线①所示，它是由直流分量 U_{BE} 和交流分量 u_{be} 叠加而成的，其中交流分量 u_{be} 为：

$$u_{be} = u_i = U_{im} \sin \omega t = U_{bem} \sin \omega t$$

在 u_{BE} 的作用下，工作点 Q 在输入特性曲线的线性段 Q_1 和 Q_2 之间移动，由此可作出基极电流 i_B 的波形，它也是由直流分量 I_B 和交流分量 i_b 叠加而成的，即：

$$i_B = I_B + i_b = I_B + I_{bm} \sin \omega t$$

其波形如图 8.16（a）中的曲线②所示。根据 i_B 的变化情况，可确定工作点在输出特性曲线上的变化范围 $Q_1 \sim Q_2$。

（3）作交流负载线。在图 8.12 放大电路的输出端接有负载电阻 R_L 时，直流负载线的斜率仍为 $-\dfrac{1}{R_C}$，与负载电阻 R_L 无关。但在 u_i 作用下的交流通路中，负载电阻 R_L 与 R_C 并联（见图 8.15），其交流负载电阻 $R_L' = R_C \ // \ R_L$ 决定的负载线称为交流负载线。由于在 $u_i = 0$ 时晶体管必定工作在静态工作点 Q，又因为 $R_L' < R_C$，因而交流负载线是一条通过静态工作点 Q、斜率为 $-\dfrac{1}{R_L'}$、比直流负载线更陡一些的直线，如图 8.16（b）所示。

（4）由输出特性曲线和交流负载线求 i_C 和 u_{CE}。在 i_B 的作用下，工作点 Q 随 i_B 的变化在交流负载线 Q_1 和 Q_2 之间移动，集电极电流 i_C 和集、射间电压 u_{CE} 分别为：

$$i_C = I_C + i_c = I_C + I_{cm} \sin \omega t$$
$$u_{CE} = U_{CE} + u_{ce} = U_{CE} - U_{cem} \sin \omega t$$

其波形如图 8.16（b）中的曲线③、④所示。

从以上图解分析过程可得出如下几个重要结论：

（1）放大器中的各个量 u_{BE}、i_B、i_C 和 u_{CE} 都由直流分量和交流分量两部分组成。

（2）由于 C_2 的隔直作用，u_{CE} 中的直流分量 U_{CE} 被隔开，放大器的输出电压 u_o 等于 u_{CE}

中的交流分量 u_{ce}，且与输入电压 u_i 反相。

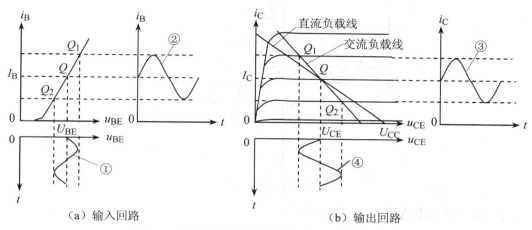

（a）输入回路　　　　　　　（b）输出回路

图 8.16　用图解分析法分析放大电路的动态工作情况

（3）放大器的电压放大倍数可由 u_o 与 u_i 的幅值之比或有效值之比求出，其值为：

$$|A_u| = \frac{U_{om}}{U_{im}} = \frac{U_o}{U_i}$$

负载电阻 R_L 越小，交流负载电阻 R_L' 也越小，交流负载线就越陡，使 U_{om} 减小，电压放大倍数下降。

（4）静态工作点 Q 设置得不合适，会对放大电路的性能造成影响。若 Q 点偏高，如图 8.17 所示，当 i_b 按正弦规律变化时，Q_1 进入饱和区，造成 i_c 和 u_{ce} 的波形与 i_b（或 u_i）的波形不一致，输出电压 u_o（即 u_{ce}）的负半周出现平顶畸变，称为饱和失真；若 Q 点偏低，如图 8.18 所示，则 Q_2 进入截止区，输出电压 u_o 的正半周出现平顶畸变，称为截止失真。饱和失真和截止失真统称为非线性失真。

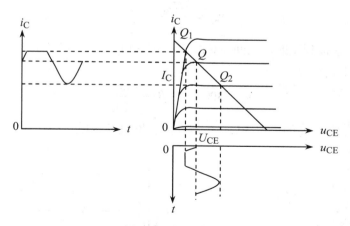

图 8.17　饱和失真

将静态工作点 Q 设置到放大区的中部，不但可以避免非线性失真，而且可以增大输出动态范围。另外，限制输入信号 u_i 的大小，也是避免非线性失真的一个途径。

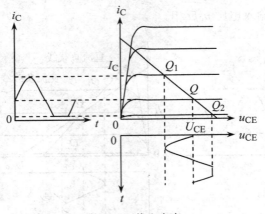

图 8.18　截止失真

8.5.2　微变等效电路法

用图解法分析放大电路虽然简单直观，但是不够精确。对于小信号情况下放大电路的定量分析，往往采用微变等效电路分析法。

把非线性元件晶体管所组成的放大电路等效成一个线性电路，就是放大电路的微变等效电路，然后用线性电路的分析方法来分析，这种方法称为微变等效电路分析法。等效的条件是晶体管在小信号（微变量）情况下工作。这样就能在静态工作点附近的小范围内，用直线段近似地代替晶体管的特性曲线。

基极和发射极之间的电流、电压关系由三极管的输入特性曲线决定。在静态工作点 Q 附近，当输入信号 u_i 较小时，引起 i_b 和 u_{be} 的变化也很微小。因此对于如图 8.19（a）所示的输入特性曲线，从整体上看虽然是非线性的，但在 Q 点附近的微小范围内可以认为是线性的。当 u_{BE} 有一微小变化 ΔU_{BE} 时，基极电流变化 ΔI_B，两者的比值称为三极管的动态输入电阻，用 r_{be} 表示，即：

$$r_{be} = \frac{\Delta U_{BE}}{\Delta I_B} = \frac{u_{be}}{i_b}$$

由上式可知，基极到发射极之间，对微变量 u_{be} 和 i_b 而言，相当于一个电阻 r_{be}。低频小功率管的 r_{be} 可以用下式估算：

$$r_{be} = 300 + (1+\beta)\frac{26（\text{mV}）}{I_E（\text{mA}）}$$

式中 I_E 为静态值，r_{be} 的单位为Ω，一般在几百欧到几千欧。

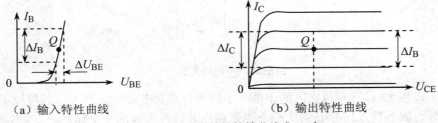

（a）输入特性曲线　　　　　　　　　　（b）输出特性曲线

图 8.19　从三极管的特性曲线求 r_{be} 和β

集电极和发射极之间的电流、电压关系由三极管的输出特性曲线决定。如图 8.19（b）所示为三极管的输出特性曲线。假如认为输出特性曲线在放大区内呈水平线，则集电极电流的微小变化 ΔI_C 仅与基极电流的微小变化 ΔI_B 有关，而与电压 u_{CE} 无关，故集电极和发射极之间可等效为一个受 i_b 控制的电流源 βi_b，即：

$$\Delta I_C = \beta \Delta I_B$$

或

$$i_c = \beta i_b$$

据此可得三极管的微变等效电路，如图 8.20 所示。

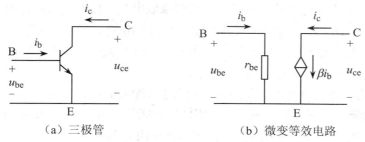

（a）三极管　　　　　　　　　　（b）微变等效电路

图 8.20　三极管的微变等效电路

将如图 8.15 所示交流通路中的晶体管 V 用其微变等效电路代替，便可得到放大电路的微变等效电路，如图 8.21 所示。设 u_i 为正弦量，则电路中所有的电流、电压均可用相量表示。

（1）电压放大倍数。放大电路的输出电压 $\dot{U}_o$ 与输入电压 $\dot{U}_i$ 的比值称为放大电路的电压放大倍数，又叫做电压增益，用 $\dot{A}_u$ 表示，即：

$$\dot{A}_u = \frac{\dot{U}_o}{\dot{U}_i}$$

由图 8.21 可得共发射极基本放大电路的电压放大倍数为：

$$\dot{A}_u = \frac{\dot{U}_o}{\dot{U}_i} = \frac{-R'_L \dot{I}_c}{r_{be} \dot{I}_b} = \frac{-R'_L \beta \dot{I}_b}{r_{be} \dot{I}_b} = -\frac{\beta R'_L}{r_{be}}$$

式中 $R'_L = R_C /\!/ R_L$ 称为放大电路的交流负载电阻，负号表明输出电压 $\dot{U}_o$ 与输入电压 $\dot{U}_i$ 反相。若放大电路的输出端开路（未接负载电阻 R_L），则电压放大倍数为：

$$\dot{A}_u = -\frac{\beta R_C}{r_{be}}$$

由于 $R'_L < R_C$，所以接入 R_L 后电压放大倍数下降了。可见放大器的负载电阻 R_L 越小，电压放大倍数就越低。

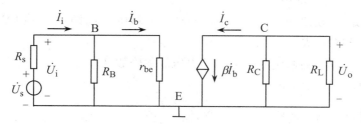

图 8.21　共发射极放大电路的微变等效电路

（2）输入电阻。输入电阻是从信号源两端向放大电路输入端看进去的等效电阻。对于内阻为 R_s 的信号源来说，放大电路就相当于一个负载，它的等效电阻就是放大电路的输入电阻 r_i，即：

$$r_i = \frac{\dot{U}_i}{\dot{I}_i}$$

由图 8.21 可得共发射极基本放大电路的输入电阻为：

$$r_i = \frac{\dot{U}_i}{\dot{I}_i} = R_B /\!/ r_{be}$$

输入电阻 r_i 的大小决定了放大电路从信号源吸取电流（输入电流）$\dot{I}_i$ 的大小。为了减轻信号源的负担，总希望 r_i 越大越好。另外，较大的输入电阻 r_i，也可以降低信号源内阻 R_s 的影响，使放大电路获得较高的输入电压 $\dot{U}_i$。在上式中由于 R_B 比 r_{be} 大得多，r_i 近似等于 r_{be}，在几百欧到几千欧，一般认为是较低的，并不理想。

（3）输出电阻。放大电路对负载而言，相当于一个具有内阻的电压源，该电压源的内阻定义为放大电路的输出电阻，用 r_o 表示。r_o 的计算方法是：信号源 $\dot{U}_s$ 短路，断开负载 R_L，在输出端加电压 $\dot{U}$，求出由 $\dot{U}$ 产生的电流 $\dot{I}$，则输出电阻 r_o 为：

$$r_o = \frac{\dot{U}}{\dot{I}}\bigg|_{\substack{\dot{U}_s=0 \\ R_L=\infty}}$$

对图 8.21 所示的电路，输出电阻 r_o 可用图 8.22 计算。

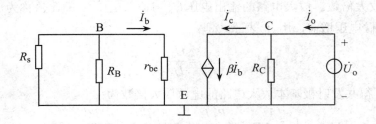

图 8.22　计算输出电阻的等效电路

由于 $\dot{U}_s = 0$，则 $\dot{I}_b = 0$，$\beta\dot{I}_b = 0$，得：

$$r_o = \frac{\dot{U}}{\dot{I}} = R_C$$

对于负载而言，放大器的输出电阻 r_o 越小，负载电阻 R_L 的变化对输出电压 $\dot{U}_o$ 的影响就越小，表明放大器带负载能力越强，因此总希望 r_o 越小越好。上式中 r_o 在几千欧到几十千欧，一般认为是较大的，也不理想。

例 8.2　在如图 8.12 所示的共发射极放大电路中，已知 $U_{CC} = 12\,\text{V}$，$R_B = 300\,\text{k}\Omega$，$R_C = 3\,\text{k}\Omega$，$R_L = 3\,\text{k}\Omega$，$R_s = 3\,\text{k}\Omega$，$\beta = 50$，试求：

（1）R_L 接入和断开两种情况下电路的电压放大倍数 $\dot{A}_u$。

（2）输入电阻 r_i 和输出电阻 r_o。

（3）输出端开路时的源电压放大倍数 $\dot{A}_{us} = \dfrac{\dot{U}_o}{\dot{U}_s}$。

解 例 8.1 已求得 $I_C = 2\text{mA}$，则 $I_E \approx I_C = 2\text{mA}$，所以晶体管的输入电阻为：

$$r_{be} = 300 + (1+\beta)\frac{26}{I_E} = 300 + (1+50)\frac{26}{2} = 963 \ （\Omega） \approx 0.963 \ （\text{k}\Omega）$$

（1）R_L 接入时的电压放大倍数 $\dot{A}_u$ 为：

$$\dot{A}_u = -\frac{\beta R'_L}{r_{be}} = -\frac{50 \times \dfrac{3 \times 3}{3 + 3}}{0.963} = -78$$

R_L 断开时的电压放大倍数 $\dot{A}_u$ 为：

$$\dot{A}_u = -\frac{\beta R_C}{r_{be}} = -\frac{50 \times 3}{0.963} = -156$$

（2）输入电阻 r_i 为：

$$r_i = R_B // r_{be} = 300 // 0.963 \approx 0.96 \ （\text{k}\Omega）$$

输出电阻 r_o 为：

$$r_o = R_C = 3 \ \text{k}\Omega$$

（3）输出端开路时的源电压放大倍数为：

$$\dot{A}_{us} = \frac{\dot{U}_o}{\dot{U}_s} = \frac{\dot{U}_i}{\dot{U}_s} \times \frac{\dot{U}_o}{\dot{U}_i} = \frac{r_i}{R_s + r_i}\dot{A}_u = \frac{1}{3+1} \times (-156) = -39$$

8.6 工作点稳定的放大电路

前面介绍的共发射极基本放大电路，$I_B \approx \dfrac{U_{CC}}{R_B}$，$U_{CC}$、$R_B$ 固定后，I_B 基本不变，因此称为固定偏置放大电路。调整 R_B 可获得一个合适的静态工作点 Q。固定偏置放大电路虽然简单且容易调整，但静态工作点 Q 极易受温度等因素的影响而上下移动，造成输出动态范围减小或出现非线性失真。

晶体管是一种对温度比较敏感的元件，几乎所有参数都与温度有关。如温度每升高 1℃，发射结正向压降 U_{BE} 约减小 2～2.5mV，电流放大系数 β 约增大 0.5%～2%；温度每升高 10℃，反向饱和电流 I_{CBO} 约增加一倍等。所有这些影响都使集电极电流 I_C 随温度升高而增大。但基极电流 I_B 受温度影响较小，可认为基本保持不变。从而导致输出特性曲线上移，工作点相应上移。相反，温度下降工作点会下移。可见，这种放大电路的工作点是不稳定的，温度的变化会导致静态工作点进入饱和区或截止区。

因此，在实用的放大电路中必须稳定工作点，以保证尽可能大的输出动态范围和避免非线性失真。如图 8.23（a）所示就是能稳定静态工作点的共发射极放大电路，这是由 R_{B1} 和 R_{B2} 组成的分压式偏置电路，故称为分压式偏置放大电路。这种电路可以根据温度的变化自动调节基极电流 I_B，以削弱温度对集电极电流 I_C 的影响，使工作点基本稳定。

适当选择 R_{B1} 和 R_{B2}，满足 $I_2 \gg I_B$，$I_1 = I_2 + I_B \approx I_2$。由如图 8.23（b）所示的直流通路，得三极管的基极电位为：

$$U_B = \frac{R_{B2}}{R_{B1} + R_{B2}}U_{CC}$$

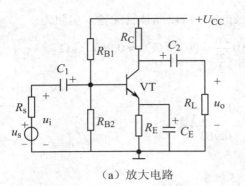

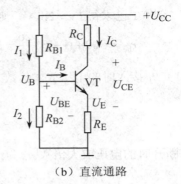

（a）放大电路　　　　　　　　　　（b）直流通路

图 8.23　分压式偏置放大电路

U_B 由 R_{B1}、R_{B2} 对 U_{CC} 分压决定，而与温度基本无关。

当温度发生变化，比如温度升高时，I_C 和 I_E 会增大，由于发射极电阻 R_E 的作用，发射极电位 U_E 随之升高，但因基极电位 U_B 基本恒定，故发射结正向压降 U_{BE} 必然随之减小，从而导致基极电流 I_B 减小，使 I_C 也减小。这就对集电极电流 I_C 随温度的升高而增大起到了削弱作用，使 I_C 基本稳定。上述自动调节过程可表示为：

$$温度\ T\uparrow\rightarrow I_C\uparrow\rightarrow I_E\uparrow\rightarrow U_E(=I_E R_E)\uparrow\rightarrow U_{BE}(=U_B-I_E R_E)\downarrow\rightarrow I_B\downarrow$$
$$I_C\downarrow\longleftarrow$$

调节过程显然与 R_E 有关，R_E 越大，调节效果越显著。但 R_E 的存在同样会对变化的交流信号产生影响，使放大倍数大大下降。若用电容 C_E 与 R_E 并联，对直流（静态值）无影响，但对交流信号而言，R_E 被短路，发射极相当于接地，便可消除 R_E 对交流信号的影响。C_E 称为旁路电容。

例 8.3　在如图 8.23 所示的分压式偏置放大电路中（接 C_E），$U_{CC}=12\text{V}$，$R_{B1}=20\,\text{k}\Omega$，$R_{B2}=10\,\text{k}\Omega$，$R_C=2\,\text{k}\Omega$，$R_E=2\,\text{k}\Omega$，$R_L=3\,\text{k}\Omega$，$\beta=50$，$U_{BE}=0.6\,\text{V}$。试求：

（1）静态值 I_B、I_C 和 U_{CE}。

（2）电压放大倍数 $\dot{A}_u$、输入电阻 r_i 和输出电阻 r_o。

解　（1）用估算法计算静态值。基极电位的静态值为：

$$U_B = \frac{R_{B2}}{R_{B1}+R_{B2}}U_{CC} = \frac{10}{20+10}\times12 = 4\ \text{（V）}$$

集电极电流的静态值为：

$$I_C \approx I_E = \frac{U_B-U_{BE}}{R_E} = \frac{4-0.6}{2} = 1.7\ \text{（mA）}$$

基极电流的静态值为：

$$I_B = \frac{I_C}{\beta} = \frac{1.7}{50}\text{（mA）} = 34\ \text{（μA）}$$

集—射极电压的静态值为：

$$U_{CE} = U_{CC}-I_C(R_C+R_E) = 12-1.7\times(2+2) = 5.2\ \text{（V）}$$

（2）晶体管的输入电阻为：

$$r_{be} = 300+(1+\beta)\frac{26}{I_E} = 300+(1+50)\frac{26}{1.7} = 1080\ \text{（Ω）} = 1.08\ \text{（kΩ）}$$

电压放大倍数为：

$$\dot{A}_{\mathrm{u}} = -\frac{\beta R'_{\mathrm{L}}}{r_{\mathrm{be}}} = -\frac{50 \times \dfrac{2 \times 3}{2+3}}{1.08} = -55.6$$

输入电阻为：

$$r_{\mathrm{i}} = R_{\mathrm{B1}} /\!/ R_{\mathrm{B2}} /\!/ r_{\mathrm{be}} = 20 /\!/ 10 /\!/ 1.08 = 0.93 \quad (\mathrm{k\Omega})$$

输出电阻为：

$$r_{\mathrm{o}} = R_{\mathrm{C}} = 3 \quad (\mathrm{k\Omega})$$

8.7 射极输出器

射极输出器又叫射极跟随器，电路如图 8.24（a）所示。在电路结构上射极输出器与共发射极放大电路不同，输出电压 u_{o} 从发射极取出，而集电极直接接电源 U_{CC}。对交流信号而言，集电极相当于接地，因此这是一种共集电极放大电路。

8.7.1 静态分析

射极输出器的直流通路如图 8.24（b）所示。由图可得：

$$U_{\mathrm{CC}} = I_{\mathrm{B}} R_{\mathrm{B}} + U_{\mathrm{BE}} + I_{\mathrm{E}} R_{\mathrm{E}} = I_{\mathrm{B}} R_{\mathrm{B}} + U_{\mathrm{BE}} + (1+\beta) I_{\mathrm{B}} R_{\mathrm{E}}$$

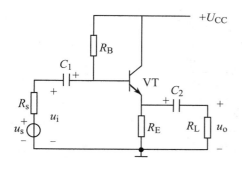 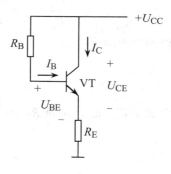

（a）射极输出器   （b）直流通路

图 8.24 射极输出器

所以，基极电流的静态值为：

$$I_{\mathrm{B}} = \frac{U_{\mathrm{CC}} - U_{\mathrm{BE}}}{R_{\mathrm{B}} + (1+\beta) R_{\mathrm{E}}}$$

集电极电流的静态值为：

$$I_{\mathrm{C}} = \beta I_{\mathrm{B}}$$

集电极与发射极之间电压的静态值为：

$$U_{\mathrm{CE}} = U_{\mathrm{CC}} - I_{\mathrm{E}} R_{\mathrm{E}} \approx U_{\mathrm{CC}} - I_{\mathrm{C}} R_{\mathrm{E}}$$

8.7.2 动态分析

（1）电压放大倍数。图 8.25 是如图 8.24（a）所示射极输出器的微变等效电路。由图 8.25

可得：

$$\dot{U}_{\mathrm{o}} = \dot{I}_{\mathrm{e}} R_{\mathrm{L}}' = (1+\beta)\dot{I}_{\mathrm{b}} R_{\mathrm{L}}'$$

$$\dot{U}_{\mathrm{i}} = \dot{I}_{\mathrm{b}} r_{\mathrm{be}} + \dot{U}_{\mathrm{o}} = \dot{I}_{\mathrm{b}} r_{\mathrm{be}} + (1+\beta)\dot{I}_{\mathrm{b}} R_{\mathrm{L}}'$$

式中 $R_{\mathrm{L}}' = R_{\mathrm{E}} /\!/ R_{\mathrm{L}}$ 。电压放大倍数为：

$$\dot{A}_{\mathrm{u}} = \frac{\dot{U}_{\mathrm{o}}}{\dot{U}_{\mathrm{i}}} = \frac{(1+\beta)R_{\mathrm{L}}'}{r_{\mathrm{be}} + (1+\beta)R_{\mathrm{L}}'}$$

一般 $r_{\mathrm{be}} \ll (1+\beta)R_{\mathrm{L}}'$ ，因此 $\dot{A}_{\mathrm{u}}$ 近似等于 1，但总小于 1，也就是说输出电压 u_{o} 近似等于输入电压 u_{i} ，射极跟随器由此而得名。

（2）输入电阻。由图 8.25 可得：

$$\dot{I}_{\mathrm{i}} = \dot{I}_{1} + \dot{I}_{\mathrm{b}} = \frac{\dot{U}_{\mathrm{i}}}{R_{\mathrm{B}}} + \frac{\dot{U}_{\mathrm{i}}}{r_{\mathrm{be}} + (1+\beta)R_{\mathrm{L}}'}$$

所以输入电阻为：

$$r_{\mathrm{i}} = \frac{\dot{U}_{\mathrm{i}}}{\dot{I}_{\mathrm{i}}} = R_{\mathrm{B}} /\!/ [r_{\mathrm{be}} + (1+\beta)R_{\mathrm{L}}']$$

远远大于共发射极放大电路的输入电阻（ r_{be} ）。

（3）输出电阻。将图 8.25 电路中的信号源 $\dot{U}_{\mathrm{s}}$ 短接，断开负载电阻 R_{L} ，在输出端外加电压 $\dot{U}$ ，产生电流 $\dot{I}$ ，如图 8.26 所示。由图可得：

$$\dot{I}_{\mathrm{o}} = \frac{\dot{U}_{\mathrm{o}}}{R_{\mathrm{E}}} + \dot{I}_{\mathrm{e}} = \frac{\dot{U}_{\mathrm{o}}}{R_{\mathrm{E}}} + \dot{I}_{\mathrm{b}} + \beta \dot{I}_{\mathrm{b}} = \frac{\dot{U}_{\mathrm{o}}}{R_{\mathrm{E}}} + \frac{\dot{U}_{\mathrm{o}}}{r_{\mathrm{be}} + R_{\mathrm{s}}'} + \beta \frac{\dot{U}_{\mathrm{o}}}{r_{\mathrm{be}} + R_{\mathrm{s}}'}$$

所以输出电阻为：

$$r_{\mathrm{o}} = \frac{\dot{U}_{\mathrm{o}}}{\dot{I}_{\mathrm{o}}} = R_{\mathrm{E}} /\!/ \frac{r_{\mathrm{be}} + R_{\mathrm{s}}'}{1+\beta}$$

式中 $R_{\mathrm{s}}' = R_{\mathrm{s}} /\!/ R_{\mathrm{B}}$ 。通常 $R_{\mathrm{E}} \gg \dfrac{r_{\mathrm{be}} + R_{\mathrm{s}}'}{1+\beta}$ ，所以：

$$r_{\mathrm{o}} \approx \frac{r_{\mathrm{be}} + R_{\mathrm{s}}'}{1+\beta} \approx \frac{r_{\mathrm{be}} + R_{\mathrm{s}}'}{\beta}$$

远远小于共发射极放大电路的输出电阻（ R_{C} ）。

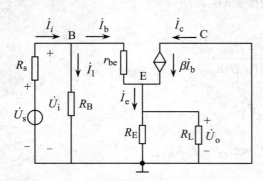

图 8.25　射极输出器的微变等效电路

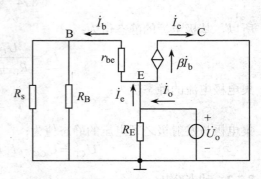

图 8.26　射极输出器的微变等效电路

射极跟随器具有较高的输入电阻和较低的输出电阻，这是射极跟随器最突出的优点。射极跟随器常用作多级放大器的第一级或最末级，也可用于中间隔离级。用作输入级时，其高的输入电阻可以减轻信号源的负担，提高放大器的输入电压。用作输出级时，其低的输出电阻可以减小负载变化对输出电压的影响，并易于与低阻负载相匹配，向负载传送尽可能大的功率。

例 8.4 在如图 8.24（a）所示的射极输出器中，已知 $U_{CC} = 12V$，$R_B = 200\,k\Omega$，$R_E = 2\,k\Omega$，$R_L = 3\,k\Omega$，$\beta = 50$，$R_s = 100\,\Omega$，$U_{BE} = 0.7V$。试求：

（1）静态值 I_B、I_C 和 U_{CE}。

（2）电压放大倍数 $\dot{A}_u$、输入电阻 r_i 和输出电阻 r_o。

解 （1）求静态值 I_B、I_C 和 U_{CE}，为：

$$I_B = \frac{U_{CC} - U_{BE}}{R_B + (1+\beta)R_E} = \frac{12 - 0.7}{200 + (1+50) \times 2} = 0.0374 \ （mA）= 37.4 \ （\mu A）$$

$$I_C = \beta I_B = 50 \times 0.0374 = 1.87 \ （mA）$$

$$U_{CE} \approx U_{CC} - I_C R_E = 12 - 1.87 \times 2 = 8.26 \ （V）$$

（2）求电压放大倍数 $\dot{A}_u$、输入电阻 r_i 和输出电阻 r_o，为：

$$r_{be} = 300 + (1+\beta)\frac{26}{I_E} = 300 + (1+50)\frac{26}{1.87} = 1009 \ （\Omega）\approx 1 \ （k\Omega）$$

$$\dot{A}_u = \frac{\dot{U}_o}{\dot{U}_i} = \frac{(1+\beta)R_L'}{r_{be} + (1+\beta)R_L'} = \frac{(1+50) \times 1.2}{1 + (1+50) \times 1.2} = 0.98$$

式中：

$$R_L' = R_E /\!/ R_L = 2 /\!/ 3 = 1.2 \ （k\Omega）$$

$$r_i = R_B /\!/ [r_{be} + (1+\beta)R_L'] = 200 /\!/ [1 + (1+50) \times 1.2] = 47.4 \ （k\Omega）$$

$$r_o \approx \frac{r_{be} + R_s'}{\beta} = \frac{1000 + 100}{50} = 22 \ （\Omega）$$

式中：

$$R_s' = R_B /\!/ R_s = 200 \times 10^3 /\!/ 100 \approx 100 \ （\Omega）$$

8.8　多级放大电路

单级放大电路的电压放大倍数有限。在信号非常微小时，为得到较大的输出电压，必须将若干个单级电压放大电路连接起来组成多级放大电路，以得到足够大的电压放大倍数。当负载要求一定功率时，末级还要接功率放大电路。各级放大电路间的连接称为级间的耦合。最常用的级间耦合方式为阻容耦合和直接耦合。

阻容耦合放大电路的各极之间通过耦合电容及下级输入电阻连接，如图 8.27 所示为两级阻容耦合放大电路。阻容耦合方式的优点是各级放大电路的静态工作点互不影响，可以单独调整到合适位置，且不存在直接耦合放大电路的零点漂移问题。其缺点是不能用来放大变化很缓慢的信号和直流分量变化的信号，且由于需要大容量的耦合电容，因此不能在集成电路中采用。

由于阻容耦合放大电路级与级之间由电容隔开，静态工作点互不影响，故其静态工作点的分析计算方法与单级放大电路完全一样，各级分别计算即可。

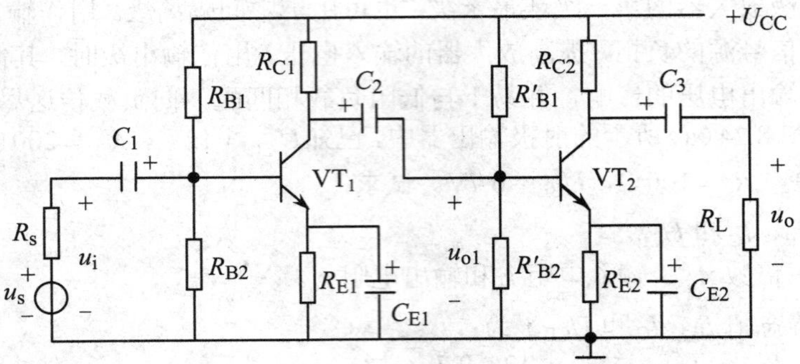

图 8.27 阻容耦合放大电路

多级放大电路的动态分析一般采用微变等效电路法。至于两级放大电路的电压放大倍数，从图 8.27 可以看出，第一级的输出电压 $\dot{U}_{o1}$ 即为第二级的输入电压 $\dot{U}_{i2}$，所以两级放大电路的电压放大倍数为：

$$\dot{A}_u = \frac{\dot{U}_o}{\dot{U}_i} = \frac{\dot{U}_{o1}}{\dot{U}_i}\frac{\dot{U}_o}{\dot{U}_{o1}} = \dot{A}_{u1}\dot{A}_{u2}$$

式中 $\dot{A}_{u1} = \dfrac{\dot{U}_{o1}}{\dot{U}_i}$ 为第一级的电压放大倍数，$\dot{A}_{u2} = \dfrac{\dot{U}_o}{\dot{U}_{o1}} = \dfrac{\dot{U}_o}{\dot{U}_{i2}}$ 为第二级的电压放大倍数。

一般地，多级放大电路的电压放大倍数等于各级电压放大倍数的乘积。

计算多级放大电路的电压放大倍数时应注意，计算前级的电压放大倍数时必须把后级的输入电阻考虑到前级的负载电阻之中。例如，计算如图 8.27 所示电路中第一级的电压放大倍数 $\dot{A}_{u1}$ 时，它的负载电阻就是第二级的输入电阻 r_{i2}，即 $R_{L1} = r_{i2}$。

多级放大电路的输入电阻就是第一级的输入电阻，输出电阻就是最后一级的输出电阻。

例 8.5 在如图 8.27 所示的两级阻容耦合放大电路中，已知 $U_{CC} = 12\ \text{V}$，$R_{B1} = 30\ \text{k}\Omega$，$R_{B2} = 15\ \text{k}\Omega$，$R_{C1} = 3\ \text{k}\Omega$，$R_{E1} = 3\ \text{k}\Omega$，$R'_{B1} = 20\ \text{k}\Omega$，$R'_{B2} = 10\ \text{k}\Omega$，$R_{C2} = 2.5\ \text{k}\Omega$，$R_{E2} = 2\ \text{k}\Omega$，$R_L = 5\ \text{k}\Omega$，$\beta_1 = \beta_2 = 50$，$U_{BE1} = U_{BE2} = 0.7\ \text{V}$。试求：

（1）各级电路的静态值。

（2）各级电路的电压放大倍数 $\dot{A}_{u1}$、$\dot{A}_{u2}$ 和总电压放大倍数 $\dot{A}_u$。

（3）各级电路的输入电阻和输出电阻。

解 （1）各级电路静态值的计算采用估算法。

第一级：

$$U_{B1} = \frac{R_{B2}}{R_{B1} + R_{B2}}U_{CC} = \frac{15}{30 + 15} \times 12 = 4\ （\text{V}）$$

$$I_{C1} \approx I_{E1} = \frac{U_{B1} - U_{BE1}}{R_{E1}} = \frac{4 - 0.7}{3} = 1.1\ （\text{mA}）$$

$$I_{B1} = \frac{I_{C1}}{\beta_1} = \frac{1.1}{50}\ （\text{mA}）= 22\ （\mu\text{A}）$$

$$U_{CE1} = U_{CC} - I_{C1}(R_{C1} + R_{E1}) = 12 - 1.1 \times (3 + 3) = 5.4\ （\text{V}）$$

第二级：

$$U_{B2} = \frac{R'_{B2}}{R'_{B1} + R'_{B2}} U_{CC} = \frac{10}{20+10} \times 12 = 4 \quad (V)$$

$$I_{C2} \approx I_{E2} = \frac{U_{B2} - U_{BE2}}{R_{E2}} = \frac{4-0.7}{2} = 1.65 \quad (mA)$$

$$I_{B2} = \frac{I_{C2}}{\beta_2} = \frac{1.65}{50} \quad (mA) = 33 \quad (\mu A)$$

$$U_{CE2} = U_{CC} - I_{C2}(R_{C2} + R_{E2}) = 12 - 1.65 \times (2.5+2) = 4.58 \quad (V)$$

（2）求各级电路的电压放大倍数 $\dot{A}_{u1}$、$\dot{A}_{u2}$ 和总电压放大倍数 $\dot{A}_u$。

首先画出如图 8.27 所示电路的微变等效电路，如图 8.28 所示。

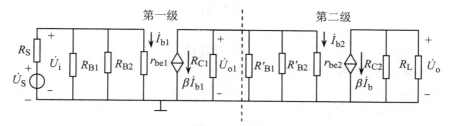

图 8.28　图 8.27 电路的微变等效电路

三极管 VT$_1$ 的动态输入电阻为：

$$r_{be1} = 300 + (1+\beta_1)\frac{26}{I_{E1}} = 300 + (1+50) \times \frac{26}{1.1} = 1500 \quad (\Omega) = 1.5 \quad (k\Omega)$$

三极管 VT$_2$ 的动态输入电阻为：

$$r_{be2} = 300 + (1+\beta_2)\frac{26}{I_{E2}} = 300 + (1+50) \times \frac{26}{1.65} = 1100 \quad (\Omega) = 1.1 \quad (k\Omega)$$

第二级输入电阻为：

$$r_{i2} = R'_{B1} /\!/ R'_{B2} /\!/ r_{be2} = 20 /\!/ 10 /\!/ 1.1 = 0.94 \quad (k\Omega)$$

第一级等效负载电阻为：

$$R'_{L1} = R_{C1} /\!/ r_{i2} = 3 /\!/ 0.94 = 0.72 \quad (k\Omega)$$

第二级等效负载电阻为：

$$R'_{L2} = R_{C2} /\!/ R_L = 2.5 /\!/ 5 = 1.67 \quad (k\Omega)$$

第一级电压放大倍数为：

$$\dot{A}_{u1} = -\frac{\beta_1 R'_{L1}}{r_{be1}} = -\frac{50 \times 0.72}{1.5} = -24$$

第二级电压放大倍数为：

$$\dot{A}_{u2} = -\frac{\beta_2 R'_{L2}}{r_{be2}} = -\frac{50 \times 1.67}{1.1} = -76$$

两级总电压放大倍数为：

$$\dot{A}_u = \dot{A}_{u1}\dot{A}_{u2} = (-24) \times (-76) = 1824$$

（3）求各级电路的输入电阻和输出电阻。

第一级输入电阻为：

$$r_{i1} = R_{B1} /\!/ R_{B2} /\!/ r_{be1} = 30 /\!/ 15 /\!/ 1.5 = 1.3 \text{（k}\Omega\text{）}$$

第二级输入电阻已在上面求出，为 $r_{i2} = 0.94\,\text{k}\Omega$。

第一级输出电阻为：

$$r_{o1} = R_{C1} = 3 \text{（k}\Omega\text{）}$$

第二级输出电阻为：

$$r_{o2} = R_{C2} = 2.5 \text{（k}\Omega\text{）}$$

第二级的输出电阻就是两级放大电路的输出电阻。

本章小结

（1）PN 结是构成一切半导体器件的基础。PN 结具有单向导电性，加正向电压时导通，其电阻很小；加反向电压时截止，其电阻很大。

二极管和稳压管都是由一个 PN 结构成，它们的正向特性很相似，主要区别是二极管不允许反向击穿，一旦击穿会造成永久性损坏；而稳压管正常工作时必须处于反向击穿状态，且反向击穿时动态电阻很小，即电流在允许范围内变化时，稳定电压 U_Z 基本不变。

三极管具有两个 PN 结，有 NPN 和 PNP 两种管型，其主要功能是可以用较小的基极电流控制较大的集电极电流，控制能力用电流放大系数β表示。三极管有 3 种工作状态。工作在放大状态时发射结正偏、集电结反偏，集电极电流随基极电流成比例变化。工作在截止状态时发射结和集电结均反偏，集电极与发射极之间基本上无电流通过。工作在饱和状态时发射结和集电结均正偏，集电极与发射极之间有较大的电流通过，两极之间的电压降很小。后两种情况集电极电流均不受基极电流控制。

（2）用双极型晶体管可以构成放大电路，放大的实质是用小信号和小能量控制大信号和大能量。放大电路的分析包括静态分析和动态分析两个方面。静态分析通常采用估算法和图解法，用来确定放大电路的静态工作点。动态分析通常采用微变等效电路法和图解法。微变等效电路法是在小信号条件下，把非线性器件晶体管用线性电路等效代换，从而把非线性的放大电路线性化，借助于线性电路的分析方法来分析。微变等效电路法用来分析计算放大器的电压放大倍数、输入电阻、输出电阻等技术指标。图解法可用来分析放大器的工作状态，研究放大器的非线性失真，确定放大器的动态范围和最佳工作点。

（3）射极跟随器是一种共集电极放大电路，具有较高的输入电阻和较低的输出电阻，电压放大倍数略小于 1，无电压放大能力，但具有电流放大能力。而共发射极放大电路则既有电压放大能力，又有电流放大能力。

（4）多级放大电路由单级放大电路连接而成，级间可采用阻容耦合或直接耦合方式。第一级一般要求有较高的输入电阻，以减小信号源电流。而末级通常采用射极跟随器，以便得到较低的输出电阻，与低阻的负载相匹配。

（5）放大器存在非线性失真（饱和失真和截止失真），这些失真可以通过选择放大电路元件参数、合适的工作点、采取稳定工作点、减小输入信号等方法得到削弱或消除。

习题八

8.1 在如图 8.29 所示的各个电路中，已知直流电压 $U_i = 3$ V，电阻 $R = 1 k\Omega$，二极管的正向压降为 0.7V，求 U_o。

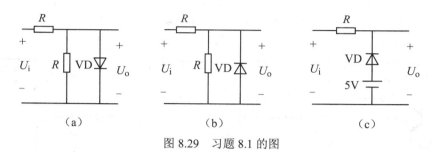

图 8.29 习题 8.1 的图

8.2 在如图 8.30 所示的各个电路中，已知输入电压 $u_i = 10\sin\omega t$ V，二极管的正向压降可忽略不计，试分别画出各电路的输入电压 u_i 和输出电压 u_o 的波形。

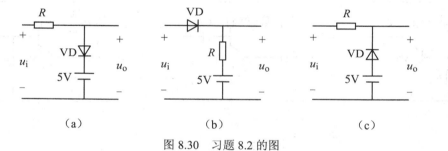

图 8.30 习题 8.2 的图

8.3 有两个晶体三极管，一个管子的 $\beta = 60$、$I_{CBO} = 2 \mu A$；另一个管子的 $\beta = 150$、$I_{CBO} = 50 \mu A$，其他参数基本相同，你认为哪一个管子的性能更好一些？

8.4 判断如图 8.31 所示的各晶体管分别处于何种工作状态。

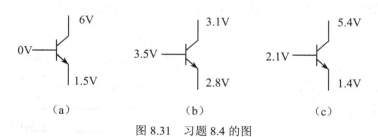

图 8.31 习题 8.4 的图

8.5 判断如图 8.32 所示各电路中三极管的工作状态，并计算输出电压 u_o 的值。

8.6 在一放大电路中，测得某三极管 3 个电极的对地电位分别为 -6V、-3V、-3.2V，试判断该三极管是 NPN 型还是 PNP 型？锗管还是硅管？并确定 3 个电极。

8.7 分析如图 8.33 所示的各电路能否正常放大交流信号？若不能，应如何改正？

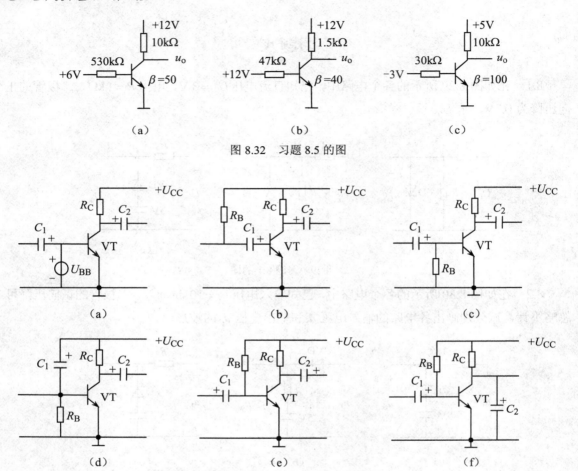

图 8.32 习题 8.5 的图

图 8.33 习题 8.7 的图

8.8 在如图 8.34（a）所示的电路中，已知 $U_{CC} = 12\,V$，$R_B = 240\,k\Omega$，$R_C = 3\,k\Omega$，三极管的 $\beta = 40$。

（1）试用直流通路估算静态值 I_B、I_C、U_{CE}。

（2）三极管的输出特性曲线如图 8.34（b）所示，用图解法确定静态值。

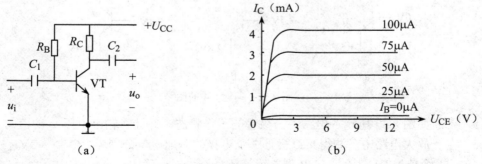

图 8.34 习题 8.8 的图

（3）在静态时 C_1 和 C_2 上的电压各为多少？并标出极性。

8.9 在上题中，若改变 R_B，使 $U_{CE} = 3\,V$，则 R_B 应为多大？若改变 R_B，使 $I_C = 1.5\,mA$，则 R_B 又为多大？并分别求出两种情况下电路的静态工作点。

8.10 在如图 8.34（a）所示的电路中，若三极管的 $\beta = 100$，其他参数与 8.8 题相同，重新计算电路的静态值，并与 8.8 题的结果进行比较，说明三极管 β 值的变化对电路静态工作点的影响。

8.11 在如图 8.34(a)所示的电路中，已知 $U_{CC} = 10\,V$，三极管的 $\beta = 40$。若要使 $U_{CE} = 5\,V$，$I_C = 2\,mA$，试确定 R_C、R_B 的值。

8.12 在如图 8.34（a）所示的电路中，若输出电压 u_o 波形的正半周出现了平顶畸变，试用图解法说明产生失真的原因，并指出是截止失真还是饱和失真。

8.13 画出如图 8.35 所示各电路的直流通路、交流通路、微变等效电路，图中各电容的容抗均可忽略不计。若已知 $U_{CC} = 12\,V$，$R_B = R_{B1} = R_{B2} = 120\,k\Omega$，$R_C = 3\,k\Omega$，三极管的 $\beta = 40$，求出各电路的静态工作点。

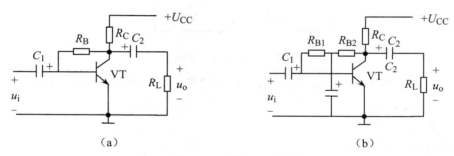

图 8.35 习题 8.13 的图

8.14 电路如图 8.34(a)所示，已知 $U_{CC} = 12\,V$，$R_B = 240\,k\Omega$，$R_C = 3\,k\Omega$，三极管的 $\beta = 50$。试分别计算空载及接上负载（$R_L = 3\,k\Omega$）两种情况下电路的电压放大倍数。

8.15 在如图 8.36 所示的电路中，$U_{CC} = 12\,V$，$R_{B1} = 60\,k\Omega$，$R_{B2} = 20\,k\Omega$，$R_C = 3\,k\Omega$，$R_E = 3\,k\Omega$，$R_s = 1\,k\Omega$，$R_L = 3\,k\Omega$，三极管的 $\beta = 50$。求：

（1）静态值 I_B、I_C、U_{CE}。

（2）画出微变等效电路。

（3）输入电阻 r_i 和输出电阻 r_o。

（4）电压放大倍数 A_u 和源电压放大倍数 A_{us}。

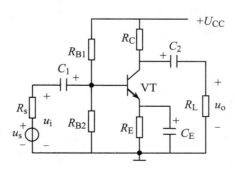

图 8.36 习题 8.15 的图

8.16　电路如图 8.37 所示，已知 $U_{CC}=12\,V$，$R_{B1}=120\,k\Omega$，$R_{B2}=40\,k\Omega$，$R_C=3\,k\Omega$，$R_{E1}=200\,\Omega$，$R_{E2}=1.8\,k\Omega$，$R_s=100\,\Omega$，$R_L=3\,k\Omega$，三极管的 $\beta=100$。求：

（1）静态值 I_B、I_C、U_{CE}。

（2）画出微变等效电路。

（3）输入电阻 r_i 和输出电阻 r_o。

（4）电压放大倍数 A_u 和源电压放大倍数 A_{us}。

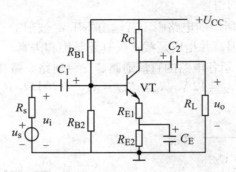

图 8.37　习题 8.16 的图

8.17　在如图 8.38 所示的电路中，已知 $U_{CC}=12\,V$，$R_B=360\,k\Omega$，$R_C=3\,k\Omega$，$R_E=2\,k\Omega$，$R_L=3\,k\Omega$，三极管的 $\beta=60$。求：

（1）静态值 I_B、I_C、U_{CE}。

（2）画出微变等效电路。

（3）输入电阻 r_i 和输出电阻 r_o。

（4）电压放大倍数 A_u。

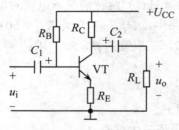

图 8.38　习题 8.17 的图

8.18　在如图 8.39 所示的电路中，已知 $U_{CC}=12\,V$，$R_B=280\,k\Omega$，$R_E=2\,k\Omega$，$R_L=3\,k\Omega$，三极管的 $\beta=100$。求：

（1）静态值 I_B、I_C、U_{CE}。

（2）画出微变等效电路。

（3）输入电阻 r_i 和输出电阻 r_o。

（4）电压放大倍数 A_u。

8.19　如图 8.40 所示为两级阻容耦合放大电路，已知 $U_{CC}=12\,V$，$R_{B1}=R'_{B1}=20\,k\Omega$，$R_{B2}=R'_{B2}=10\,k\Omega$，$R_{C1}=R_{C2}=2\,k\Omega$，$R_{E1}=R_{E2}=2\,k\Omega$，$R_L=2\,k\Omega$，$\beta_1=\beta_2=50$，$U_{BE1}=U_{BE2}=0.6\,V$。

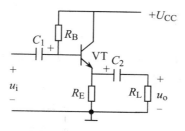

图 8.39 习题 8.18 的图

（1）求前、后级放大电路的静态值。

（2）画出微变等效电路。

（3）求各级电压放大倍数 $\dot{A}_{u1}$、$\dot{A}_{u2}$ 和总电压放大倍数 $\dot{A}_u$。

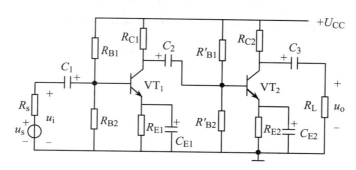

图 8.40 习题 8.19 的图

8.20 在如图 8.41 所示的两级阻容耦合放大电路中，已知 $U_{CC} = 12\,V$，$R_{B1} = 30\,k\Omega$，$R_{B2} = 20\,k\Omega$，$R_{C1} = R_{E1} = 4\,k\Omega$，$R_{B3} = 130\,k\Omega$，$R_{E2} = 3\,k\Omega$，$R_L = 1.5\,k\Omega$，$\beta_1 = \beta_2 = 50$，$U_{BE1} = U_{BE2} = 0.8\,V$。

（1）求前、后级放大电路的静态值。

（2）画出微变等效电路。

（3）求各级电压放大倍数 $\dot{A}_{u1}$、$\dot{A}_{u2}$ 和总电压放大倍数 $\dot{A}_u$。

（4）后级采用射极输出器有何好处？

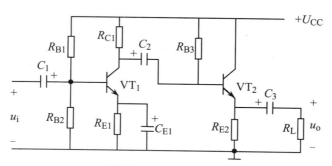

图 8.41 习题 8.20 的图

8.21 在如图 8.42 所示的两级阻容耦合放大电路中，已知 $U_{CC} = 24\,V$，$R_{B1} = 1\,M\Omega$，$R_{E1} = 27\,k\Omega$，$R'_{B1} = 82\,k\Omega$，$R'_{B2} = 43\,k\Omega$，$R_{C2} = 10\,k\Omega$，$R_{E2} = 8.2\,k\Omega$，$R_L = 10\,k\Omega$，$\beta_1 = \beta_2 = 50$。

（1）求前、后级放大电路的静态值。

（2）画出微变等效电路。

（3）求各级电压放大倍数 $\dot{A}_{u1}$、$\dot{A}_{u2}$ 和总电压放大倍数 $\dot{A}_u$。

（4）前级采用射极输出器有何好处？

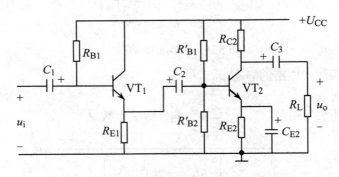

图 8.42 习题 8.21 的图

第 9 章 　 集成运算放大器

学习要求

- 理解集成运算放大器在线性和非线性应用时的基本概念和分析依据。
- 掌握集成运算放大器应用电路的分析方法。
- 理解集成运算放大器常用电路的组成、工作原理和电路功能。
- 了解集成运算放大器的性能特点。
- 了解负反馈的概念以及负反馈对放大电路性能的影响。

　　传统的放大器由分立元件构成。集成放大器是利用半导体集成工艺，将放大器的所有元件包括连接导线在内，全都制作在一块很小的单晶硅片上。从而实现了元件、电路和系统的统一，大大提高了电子设备的可靠性，减轻了重量，缩小了体积，降低了功耗和成本。同时也使电路设计人员摆脱了从电路设计、元件选配到组装调试等一系列的繁琐过程，大大缩短了电子设备的制造周期。

　　本章介绍集成运算放大器的基本结构和主要参数；集成运算放大器在信号运算、信号处理、信号放大、波形产生等方面的应用；负反馈的概念、反馈极性及类型的判别、负反馈对放大电路性能的影响。

9.1 　 集成运算放大器简介

　　集成运算放大器简称集成运放，是应用最广泛的集成放大器，最早用于模拟计算机，对输入信号进行模拟运算，并由此而得名。集成运放具有可靠性高、使用方便、放大性能好（如极高的放大倍数、较宽的通频带、很低的零漂等）等特点。随着技术指标的不断提高和价格日益降低，作为一种通用的高性能放大器，目前已广泛应用于自动控制、精密测量、通信、信号处理、电源等电子技术应用的各个领域。

9.1.1 　 集成运算放大器的组成

　　集成运放是一种高电压放大倍数（通常大于 10^4）的多级直接耦合放大器，内部电路通常由输入级、中间级、输出级和偏置电路 4 个部分组成，如图 9.1（a）所示。

　　输入级是提高集成运放质量的关键部分，通常由具有恒流源的双端输入、单端输出的差动放大电路构成，其目的是为了减小放大电路的零点漂移，提高输入阻抗。中间级主要用于电压放大，为获得较高的电压放大倍数，中间级通常由带有源负载（即以恒流源代替集电极负载电阻）的共发射极放大电路构成。输出级通常采用互补对称射极输出电路，其目的是为了减小输出电阻，提高电路的带负载能力，此外输出级还附有保护电路，以防意外短路或过载时造成损坏。偏置电路的作用是为上述各级电路提供稳定、合适的偏置电流，决定各级的静态工作点，一般由各种恒流源电路构成。

集成运放的电路符号如图 9.1（b）所示。它有两个输入端，标"+"的输入端称为同相输入端，输入信号由此端输入时，输出信号与输入信号相位相同；标"−"的输入端称为反相输入端，输入信号由此端输入时，输出信号与输入信号相位相反。

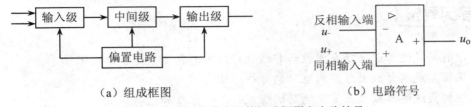

（a）组成框图 （b）电路符号

图 9.1 集成运算放大器的组成框图和电路符号

9.1.2 集成运放的主要参数

集成运放的性能可以用各种参数反映，主要参数如下：

（1）差模开环电压放大倍数 A_{do}。指集成运放本身（无外加反馈回路）的差模电压放大倍数，即 $A_{do} = \dfrac{u_o}{u_+ - u_-}$。它体现了集成运放的电压放大能力，一般在 $10^4 \sim 10^7$ 之间。A_{do} 越大，电路越稳定，运算精度也越高。

（2）共模开环电压放大倍数 A_{co}。指集成运放本身的共模电压放大倍数，它反映集成运放抗温漂、抗共模干扰的能力，优质的集成运放 A_{co} 应接近于零。

（3）共模抑制比 K_{CMR}。用来综合衡量集成运放的放大能力和抗温漂、抗共模干扰的能力，一般应大于 80dB。

（4）差模输入电阻 r_{id}。指差模信号作用下集成运放的输入电阻。

（5）输入失调电压 U_{io}。指为使输出电压为零，在输入级所加的补偿电压值。它反映差动放大部分参数的不对称程度，显然越小越好，一般为毫伏级。

（6）失调电压温度系数 $\Delta U_{io}/\Delta T$。是指温度变化 ΔT 时所产生的失调电压变化 ΔU_{io} 的大小，它直接影响集成运放的精确度，一般为几十 $\mu V/℃$。

（7）转换速率 S_R。衡量集成运放对高速变化信号的适应能力，一般为几 V/μs，若输入信号变化速率大于此值，输出波形会严重失真。

其他还有输入偏置电流、输出电阻、输入失调电流、失调电流温度系数、输入差模电压范围、输入共模电压范围、最大输出电压、静态功耗等，此处不再介绍。

9.1.3 集成运放的理想模型

在分析计算集成运放的应用电路时，为了使问题分析简化，通常可将运放看做一个理想运算放大器，即将运放的各项参数都理想化。集成运放的理想参数主要有：

（1）开环电压放大倍数 $A_{do} = \infty$。

（2）差模输入电阻 $r_{id} = \infty$。

（3）输出电阻 $r_o = 0$。

（4）共模抑制比 $K_{\mathrm{CMR}} = \infty$。

由于集成运放的实际参数与理想运放十分接近，在分析计算时用理想运放代替实际运放所引起的误差并不严重，在工程上是允许的，而这样的处理使分析计算过程大为简化。

理想运放的电路符号如图 9.2（a）所示，图中 ∞ 表示开环电压放大倍数为无穷大的理想化条件。图 9.2（b）所示为集成运放的电压传输特性，它描述了输出电压与输入电压之间的关系。该传输特性分为线性区和非线性区（饱和区）。当运放工作在线性区时，输出电压 u_{o} 和输入电压 u_{i}（$= u_{+} - u_{-}$）是一种线性关系，即：

$$u_{\mathrm{o}} = A_{\mathrm{do}} u_{\mathrm{i}} = A_{\mathrm{do}}(u_{+} - u_{-})$$

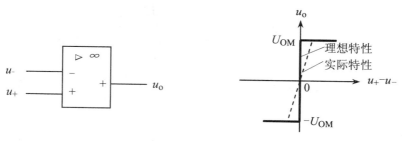

（a）理想运放的电路符号　　　　　（b）运放的电压传输特性

图 9.2　理想运放的电路符号和运放的电压传输特性

这时集成运放是一个线性放大元件。但由于集成运放的开环电压放大倍数极高，只有输入电压 $u_{\mathrm{i}} = u_{+} - u_{-}$ 极小（近似为零）时，输出电压 u_{o} 与输入电压 u_{i} 之间才具有线性关系。当 u_{i} 稍大一点时，运放便进入非线性区。运放工作在非线性区时，输出电压为正或负饱和电压（$\pm U_{\mathrm{OM}}$），与输入电压 $u_{\mathrm{i}} = u_{+} - u_{-}$ 的大小无关。即可近似认为：

$$当 u_{\mathrm{i}} > 0，即 u_{+} > u_{-} 时，u_{\mathrm{o}} = +U_{\mathrm{OM}}$$
$$当 u_{\mathrm{i}} < 0，即 u_{+} < u_{-} 时，u_{\mathrm{o}} = -U_{\mathrm{OM}}$$

为了使运放能在线性区稳定工作，通常把外部元器件如电阻、电容等跨接在运放的输出端与反相输入端之间构成闭环工作状态，即引入深度电压负反馈，以限制其电压放大倍数。工作在线性区的理想运放，利用上述理想参数可以得出以下两条重要结论：

（1）因 $r_{\mathrm{id}} = \infty$，故有 $i_{+} = i_{-} = 0$，即理想运放两个输入端的输入电流为零。由于两个输入端并非开路而电流为零，故称为"虚断"。

（2）因 $A_{\mathrm{do}} = 0$，故有 $u_{+} = u_{-}$，即理想运放两个输入端的电位相等。由于两个输入端电位相等，但又不是短路，故称为"虚短"。如果信号从反相输入端输入，而同相输入端接地，即 $u_{+} = 0$，这时必有 $u_{-} = 0$，即反相输入端的电位为"地"电位，通常称为"虚地"。

上述两条重要结论是分析理想运放线性运用时的基本依据。

9.2　模拟运算电路

集成运算放大器引入适当的负反馈，可以使输出和输入之间具有某种特定的函数关系，即实现特定的模拟运算，如比例、加法、减法、积分、微分等。

9.2.1 比例运算电路

1. 反相输入比例运算电路

反相输入比例运算电路如图 9.3 所示，输入信号 u_i 经电阻 R_1 从反相输入端输入，同相输入端经电阻 R_2 接地，反馈电阻 R_F 跨接在反相输入端与输出端之间。

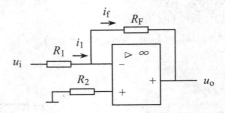

图 9.3　反相输入比例运算电路

根据运放工作在线性区的两条分析依据，即 $u_- = u_+$，$i_- = i_+ = 0$ 可知，因 $i_+ = 0$，故电阻 R_2 上无电压降，于是得：

$$i_1 = i_f$$

$$u_- = u_+ = 0$$

由图 9.3 可得：

$$i_1 = \frac{u_i - u_-}{R_1} = \frac{u_i}{R_1}$$

$$i_f = \frac{u_- - u_o}{R_F} = -\frac{u_o}{R_F}$$

由此可得：

$$u_o = -\frac{R_F}{R_1} u_i$$

式中的负号表示输出电压与输入电压的相位相反。上式表明输出电压与输入电压是一种比例运算关系，比例系数只取决于 R_F 与 R_1 的比值，而与集成运放本身的参数无关。只要 R_F 和 R_1 的精度和稳定性很高，电路的运算精度和稳定性就很高。

闭环电压放大倍数为：

$$A_{uf} = \frac{u_o}{u_i} = -\frac{R_F}{R_1}$$

当 $R_F = R_1$ 时，则有：

$$u_o = -u_i$$

$$A_{uf} = \frac{u_o}{u_i} = -1$$

即输出电压 u_o 与输入电压 u_i 的绝对值相等，而两者的相位相反，这时电路相当于作了一次变号运算。这种运算放大电路称为反相器。

图中电阻 R_2 称为平衡电阻，通常取 $R_2 = R_1 /\!/ R_F$，以保证其输入端的电阻平衡，从而提高差动电路的对称性。

2. 同相输入比例运算电路

同相输入比例运算电路如图 9.4 所示，输入信号 u_i 经输入电阻 R_F 从同相输入端输入，反相输入端经电阻 R_1 接地，反馈电阻 R_F 跨接在反相输入端与输出端之间。

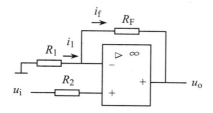

图 9.4　同相输入比例运算电路

根据运放工作在线性区的两条分析依据，即 $u_- = u_+$，$i_- = i_+ = 0$ 可知，因 $i_+ = 0$，故电阻 R_2 上无电压降，于是得：

$$i_1 = i_f$$
$$u_- = u_+ = u_i$$

由图 9.4 可得：

$$i_1 = \frac{0 - u_-}{R_1} = -\frac{u_i}{R_1}$$

$$i_f = \frac{u_- - u_o}{R_F} = \frac{u_i - u_o}{R_F}$$

由此可得：

$$u_o = \left(1 + \frac{R_F}{R_1}\right) u_i$$

输出电压与输入电压的相位相同。上式表明输出电压与输入电压也是一种比例运算关系，比例系数亦只取决于 R_F 与 R_1 的比值，而与集成运放本身的参数无关。同反相输入比例运算电路一样，为了提高差动电路的对称性，平衡电阻 $R_2 = R_1 \mathbin{/\mkern-5mu/} R_F$。

闭环电压放大倍数为：

$$A_{uf} = \frac{u_o}{u_i} = 1 + \frac{R_F}{R_1}$$

可见同相比例运算电路的闭环电压放大倍数必定大于或等于 1。

当 $R_F = 0$ 或 $R_1 = \infty$ 时，则有：

$$u_o = u_i$$

$$A_{uf} = \frac{u_o}{u_i} = 1$$

输出电压 u_o 与输入电压 u_i 大小相等，相位相同，这时输出电压跟随输入电压作相同的变化，所以这种电路称为电压跟随器。

例 9.1　在如图 9.5 所示的电路中，已知 $R_1 = 100\,\text{k}\Omega$，$R_F = 200\,\text{k}\Omega$，$R_2 = 100\,\text{k}\Omega$，$R_3 = 200\,\text{k}\Omega$，$u_i = 1\,\text{V}$，求输出电压 u_o。

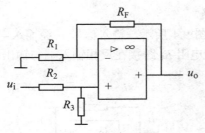

图 9.5 例 9.1 的电路

解 根据虚断，由图 9.5 可得：

$$u_- = \frac{R_1}{R_1 + R_F} u_o$$

$$u_+ = \frac{R_3}{R_2 + R_3} u_i$$

又根据虚短，有：

$$u_- = u_+$$

所以：

$$\frac{R_1}{R_1 + R_F} u_o = \frac{R_3}{R_2 + R_3} u_i$$

$$u_o = \left(1 + \frac{R_F}{R_1}\right) \frac{R_3}{R_2 + R_3} u_i$$

可见如图 9.5 所示的电路也是一种同相输入比例运算电路。代入数据得：

$$u_o = \left(1 + \frac{200}{100}\right) \times \frac{200}{100 + 200} \times 1 = 2 \ (\text{V})$$

9.2.2 加减运算电路

1．加法运算电路

如图 9.6 所示是实现两个信号相加的反相加法运算电路，它是在如图 9.3 所示反相比例运算电路的基础上增加了一个输入回路，以便对两个输入电压实现代数相加。

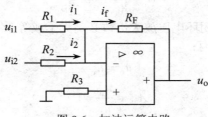

图 9.6 加法运算电路

在如图 9.6 所示的电路中，先将输入电压转换成电流，然后在反相输入端相加。由于反相输入端虚地，所以：

$$i_1 = \frac{u_{i1}}{R_1}$$

$$i_2 = \frac{u_{i2}}{R_2}$$

$$i_f = -\frac{u_o}{R_F}$$

因为：

$$i_f = i_1 + i_2$$

由此可得：

$$u_o = -\left(\frac{R_F}{R_1} u_{i1} + \frac{R_F}{R_2} u_{i2} \right)$$

若 $R_1 = R_2$，则：

$$u_o = -\frac{R_F}{R_1}(u_{i1} + u_{i2})$$

若 $R_1 = R_2 = R_F$，则：

$$u_o = -(u_{i1} + u_{i2})$$

可见输出电压与两个输入电压之间是一种反相输入加法运算关系。这一运算关系可推广到有更多个信号输入的情况。平衡电阻 $R_3 = R_1 \parallel R_2 \parallel R_F$。

2．减法运算电路

减法运算电路如图 9.7 所示，由叠加定理可以得到输出与输入的关系。

u_{i1} 单独作用时为反相输入比例运算电路，其输出电压为：

$$u_o' = -\frac{R_F}{R_1} u_{i1}$$

u_{i2} 单独作用时为同相输入比例运算，其输出电压为：

$$u_o'' = \left(1 + \frac{R_F}{R_1} \right) \frac{R_3}{R_2 + R_3} u_{i2}$$

u_{i1} 和 u_{i2} 共同作用时，输出电压为：

$$u_o = u_o' + u_o'' = -\frac{R_F}{R_1} u_{i1} + \left(1 + \frac{R_F}{R_1} \right) \frac{R_3}{R_2 + R_3} u_{i2}$$

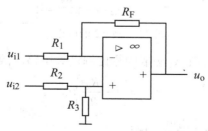

图 9.7 减法运算电路

若 $R_3 = \infty$（断开），则：

$$u_o = -\frac{R_F}{R_1} u_{i1} + \left(1 + \frac{R_F}{R_1} \right) u_{i2}$$

若 $R_1 = R_2$，且 $R_3 = R_F$，则：

$$u_o = \frac{R_F}{R_1}(u_{i2} - u_{i1})$$

若 $R_1 = R_2 = R_3 = R_F$，则：

$$u_o = u_{i2} - u_{i1}$$

由此可见，输出电压与两个输入电压之差成正比，实现了减法运算。该电路又称为差动输入运算电路或差动放大电路。

减法运算电路也可由反相器和加法运算电路级联而成，如图9.8所示。由于理想运放的输出电阻为零，故其应用电路输出电压的大小与负载电阻的大小无关。由图9.8可知，第一级运放 A_1 构成反相器，故：

$$u_{o1} = -u_{i2}$$

第二级运放 A_2 构成加法运算电路，故：

$$u_o = -\left(\frac{R_F}{R_1}u_{i1} + \frac{R_F}{R_2}u_{o1}\right) = \frac{R_F}{R_2}u_{i2} - \frac{R_F}{R_1}u_{i1}$$

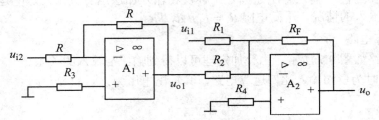

图 9.8　由反相器和加法运算电路组成的减法运算电路

例 9.2　写出如图9.9所示运算电路的输出电压 u_o 与输入电压 u_{i1}、u_{i2} 的关系。

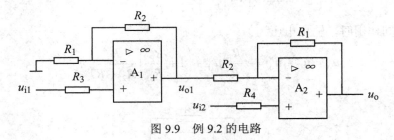

图 9.9　例 9.2 的电路

解　在图9.9中，第一级运放 A_1 构成同相比例运算电路，故：

$$u_{o1} = \left(1 + \frac{R_2}{R_1}\right)u_{i1}$$

第二级运放 A_2 构成减法运算电路，故：

$$u_o = -\frac{R_1}{R_2}u_{o1} + \left(1 + \frac{R_1}{R_2}\right)u_{i2} = -\frac{R_1}{R_2}\left(1 + \frac{R_2}{R_1}\right)u_{i1} + \left(1 + \frac{R_1}{R_2}\right)u_{i2} = \left(1 + \frac{R_1}{R_2}\right)(u_{i2} - u_{i1})$$

例 9.3　在自动控制和非电测量等系统中广泛使用的测量放大器（也称数据放大器）的原理电路如图9.10所示，试推导输出电压 u_o 与输入电压 u_{i1}、u_{i2} 的关系。

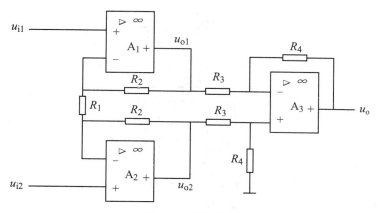

图 9.10　测量放大器

解　由图 9.10 可知测量放大器由两级放大电路组成。第一级由运放 A_1、A_2 组成，它们都是同相输入，输入电阻很高，并且由于电路结构对称，可抑制零点漂移。根据运放工作在线性区的两条分析依据可知：

$$u_{1-} = u_{1+} = u_{i1}$$

$$u_{2-} = u_{2+} = u_{i2}$$

$$u_{i1} - u_{i2} = u_{1-} - u_{2-} = \frac{R_1}{R_1 + 2R_2}(u_{o1} - u_{o2})$$

所以：

$$u_{o1} - u_{o2} = \left(1 + \frac{2R_2}{R_1}\right)(u_{i1} - u_{i2})$$

第二级是由运放 A_3 构成的差动放大电路，其输出电压为：

$$u_o = \frac{R_4}{R_3}(u_{o2} - u_{o1}) = \frac{R_4}{R_3}\left(1 + \frac{2R_2}{R_1}\right)(u_{i2} - u_{i1})$$

电压放大倍数为：

$$A_{uf} = \frac{u_o}{u_{i2} - u_{i1}} = \frac{R_4}{R_3}\left(1 + \frac{2R_2}{R_1}\right)$$

为了提高测量精度，测量放大器必须具有很高的共模抑制比，这就要求电阻元件的精度很高，输入端的进线还要用绞合线，以抑制干扰的窜入。

9.2.3　积分和微分运算电路

1. 积分运算电路

将反相输入比例运算电路的反馈电阻 R_F 用电容 C 替换，则成为积分运算电路，如图 9.11 所示。

由于反相输入端虚地，且 $i_+ = i_- = 0$，由图可得：

$$i_R = i_C$$

$$i_R = \frac{u_i}{R}$$

$$i_C = C\frac{\mathrm{d}u_C}{\mathrm{d}t} = -C\frac{\mathrm{d}u_o}{\mathrm{d}t}$$

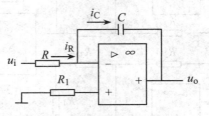

图 9.11　积分运算电路

由此可得：

$$u_o = -\frac{1}{RC}\int u_i\mathrm{d}t$$

输出电压与输入电压对时间的积分成正比。

若 u_i 为恒定电压 U，则输出电压 u_o 为：

$$u_o = -\frac{U}{RC}t$$

输出电压与时间 t 成正比，设 $t = 0$ 时的输出电压为零，则波形如图 9.12 所示。最大输出电压可达 $\pm U_{OM}$。

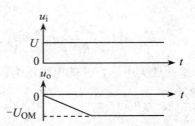

图 9.12　u_i 为恒定电压 U 时积分电路 u_o 的波形

2．微分运算电路

将积分运算电路的 R、C 位置对调即为微分运算电路，如图 9.13 所示。

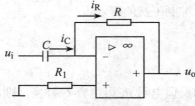

图 9.13　微分运算电路

由于反相输入端虚地，且 $i_+ = i_- = 0$，由图 9.13 可得：

$$i_R = i_C$$

$$i_R = -\frac{u_o}{R}$$

$$i_C = C\frac{du_C}{dt} = C\frac{du_i}{dt}$$

由此可得：

$$u_o = -RC\frac{du_i}{dt}$$

输出电压与输入电压对时间的微分成正比。

若 u_i 为恒定电压 U，则在 u_i 作用于电路的瞬间，微分电路输出一个尖脉冲电压，波形如图 9.14 所示。

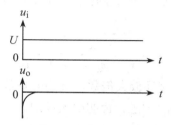

图 9.14　u_i 为恒定电压 U 时微分电路 u_o 的波形

9.3　集成运算放大电路中的负反馈

反馈在科学技术中的应用非常广泛，通常的自动调节和自动控制系统都是基于反馈原理构成的。利用反馈原理还可以实现稳压、稳流等。在放大电路中引入适当的反馈，可以改善放大电路的性能、实现有源滤波及模拟运算，也可以构成各种振荡电路等。

9.3.1　反馈的基本概念

将放大电路输出信号（电压或电流）的一部分或全部，通过某种电路（反馈电路）送回到输入回路，从而影响输入信号的过程称为反馈。反馈到输入回路的信号称为反馈信号。根据反馈信号对输入信号作用的不同，反馈可分为正反馈和负反馈两大类型。反馈信号增强输入信号的叫做正反馈；反馈信号削弱输入信号的叫做负反馈。

如图 9.15 所示为负反馈放大电路的原理框图，它由基本放大电路、反馈网络和比较环节 3 部分组成。基本放大电路由单级或多级组成，完成信号从输入端到输出端的正向传输。反馈网络一般由电阻元件组成，完成信号从输出端到输入端的反向传输，即通过它来实现反馈。图中箭头表示信号的传输方向，x_i、x_o、x_f 和 x_d 分别表示外部输入信号、输出信号、反馈信号和基本放大电路的净输入信号，它们既可以是电压，也可以是电流。比较环节实现外部输入信号与反馈信号的叠加，以得到净输入信号 x_d。

设基本放大电路的放大倍数为 A，反馈网络的反馈系数为 F，则由图 9.15 可得：

$$x_d = x_i - x_f$$
$$x_o = Ax_d$$
$$x_f = Fx_o$$

若 x_i、x_f 和 x_d 三者同相，则 $x_d < x_i$，即反馈信号起到了削弱净输入信号的作用，引入的

是负反馈。

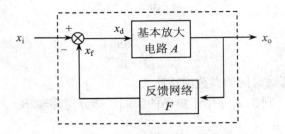

图 9.15　负反馈放大电路的原理框图

反馈放大电路的放大倍数为：

$$A_{\mathrm{f}} = \frac{x_{\mathrm{o}}}{x_{\mathrm{i}}} = \frac{x_{\mathrm{o}}}{x_{\mathrm{d}} + x_{\mathrm{f}}} = \frac{A}{1 + AF}$$

通常称 A_{f} 为反馈放大电路的闭环放大倍数，A 为开环放大倍数，$|1 + AF|$ 为反馈深度。从上式可知，若 $|1 + AF| > 1$，则 $|A_{\mathrm{f}}| < |A|$，说明引入反馈后，由于净输入信号的减小，使放大倍数降低了，引入的是负反馈，且反馈深度的值越大（即反馈深度越深），负反馈的作用越强，$|A_{\mathrm{f}}|$ 也越小。若 $|1 + AF| < 1$，则 $|A_{\mathrm{f}}| > |A|$，说明引入反馈后，由于净输入信号的增强，使放大倍数增大了，引入的是正反馈。

反馈的正、负极性通常采用瞬时极性法判别。在应用瞬时极性法判别反馈极性时，可先任意设定输入信号的瞬时极性为正或为负（以⊕或⊖标记），然后沿反馈环路逐步确定反馈信号的瞬时极性，再根据它对输入信号的作用（增强或削弱），即可确定反馈极性。

例 9.4　判断如图 9.16 所示各电路的反馈极性。

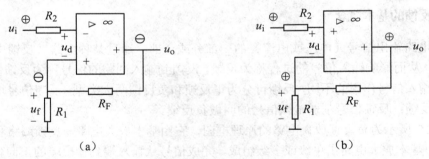

（a）　　　　　　　　　　　　　　　　（b）

图 9.16　例 9.4 的电路图

解　对如图 9.16（a）所示的电路，设输入信号 u_{i} 瞬时极性为正，由于 u_{i} 是从集成运算放大器的反相输入端输入，所以输出信号 u_{o} 的瞬时极性为负，经 R_{F} 返送回同相输入端，反馈信号 u_{f} 的瞬时极性为负，净输入信号 $u_{\mathrm{d}} = u_{\mathrm{i}} - u_{\mathrm{f}}$ 与没有反馈时相比增大了，即反馈信号增强了输入信号的作用，故可确定为正反馈。

对如图 9.16（b）所示的电路，设输入信号 u_{i} 瞬时极性为正，由于 u_{i} 是从集成运算放大器的同相输入端输入，所以输出信号 u_{o} 的瞬时极性为正，经 R_{F} 返送回反相输入端，反馈信号 u_{f} 的瞬时极性为正，净输入信号 $u_{\mathrm{d}} = u_{\mathrm{i}} - u_{\mathrm{f}}$ 与没有反馈时相比减小了，即反馈信号削弱了输入信号的作用，故可确定为负反馈。

9.3.2　负反馈的类型

在放大电路中广泛引入负反馈来改善放大电路的性能，但不同类型的负反馈对放大电路性能的影响各不相同。

根据反馈信号是取自输出电压还是取自输出电流，可分为电压反馈和电流反馈。电压反馈的反馈信号 x_f 取自输出电压 u_o，x_f 与 u_o 成正比。电流反馈的反馈信号 x_f 取自输出电流 i_o，x_f 与 i_o 成正比。

根据反馈网络与基本放大电路在输入端的连接方式，可将反馈分为串联反馈和并联反馈。串联反馈的反馈信号和输入信号以电压串联方式叠加，即 $u_d = u_i - u_f$，以得到基本放大电路的净输入电压 u_d。并联反馈的反馈信号和输入信号以电流并联方式叠加，即 $i_d = i_i - i_f$，以得到基本放大电路的净输入电流 i_d。

综合以上两种情况，可构成电压串联、电压并联、电流串联和电流并联 4 种不同类型的负反馈放大电路。如图 9.17 所示为集成运算放大器应用电路中的 4 种不同类型的负反馈放大电路。

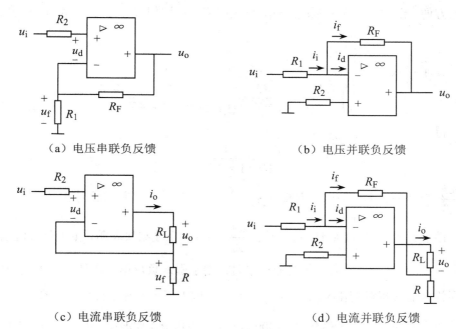

（a）电压串联负反馈　　　　　　　　　　（b）电压并联负反馈

（c）电流串联负反馈　　　　　　　　　　（d）电流并联负反馈

图 9.17　4 种不同类型的负反馈放大电路

根据瞬时极性法可判定如图 9.17 所示的 4 个电路引入的均为负反馈。

电压反馈和电流反馈的判别，通常是将放大电路的输出端交流短路（即令 $u_o = 0$），若反馈信号消失，则为电压反馈，否则为电流反馈。

在如图 9.17（a）所示的电路中，当输出端交流短路时，R_F 直接接地，反馈电压 $u_f = 0$，即反馈信号消失，故为电压反馈。而在如图 9.17（c）所示的电路中，当将其输出端交流短路时，尽管 $u_o = 0$，但输出电流 i_o 仍随输入信号而改变，在 R 上仍有反馈电压 u_f 产生，故可判定不是电压反馈，而是电流反馈。同理，可判定如图 9.17（b）所示电路引入的是电压反馈，而如图 9.17（d）所示电路引入的是电流反馈。

串联反馈和并联反馈可以根据电路结构判别。当反馈信号和输入信号接在放大电路的同一点（另一点往往是接地点）时，一般可判定为并联反馈；而接在放大电路的不同点时，一般可判定为串联反馈。

在如图 9.17（a）、（c）所示的电路中，输入信号 u_i 加在集成运算放大器的同相输入端和地之间，而反馈信号 u_f 加在集成运算放大器的反相输入端和地之间，不在同一点，故为串联反馈。而对于图 9.17（b）、（d）所示的电路，输入信号 u_i 加在集成运算放大器的反相输入端和地之间，而输出信号经 R_F 也反馈到集成运算放大器的反相输入端和地之间，在同一点，故为并联反馈。

9.3.3 负反馈对放大器性能的影响

负反馈放大器中，反馈信号削弱了输入信号，使净输入信号减小，放大倍数下降。但是，其他指标却可以因此而得到改善。

1. 提高放大倍数的稳定性

为讨论方便，设放大器在中频段工作，反馈网络由电阻组成，则 A、F 和 A_f 均为实数，即：

$$A_f = \frac{A}{1 + AF}$$

上式对 A 求导数：

$$\frac{\mathrm{d}A_f}{\mathrm{d}A} = \frac{1 + AF - AF}{(1 + AF)^2} = \frac{1}{(1 + AF)^2} = \frac{1}{1 + AF}\frac{A_f}{A}$$

整理，得：

$$\frac{\mathrm{d}A_f}{A_f} = \frac{1}{1 + AF}\frac{\mathrm{d}A}{A}$$

式中 $\dfrac{\mathrm{d}A_f}{A_f}$ 为闭环放大倍数的相对变化率，$\dfrac{\mathrm{d}A}{A}$ 为开环放大倍数的相对变化率。

对负反馈放大器，由于 $1 + AF > 1$，所以 $\dfrac{\mathrm{d}A_f}{A_f} < \dfrac{\mathrm{d}A}{A}$。上述结果表明，由于外界因素的影响，使开环放大倍数 A 有一个较大的相对变化率时，由于引入负反馈，闭环放大倍数的相对变化率只有开环放大倍数相对变化率的 $\dfrac{1}{1 + AF}$，即闭环放大倍数的稳定性优于开环放大倍数。

例如某放大器的开环放大倍数 $A = 1000$，由于外界因素（如温度、电源波动、更换元件等）使其相对变化了 $\dfrac{\mathrm{d}A}{A} = 10\%$，若反馈系数 $F = 0.009$，则闭环放大倍数的相对变化为 $\dfrac{\mathrm{d}A_f}{A_f} = 1\%$。可见放大倍数的稳定性大大提高了。但此时的闭环放大倍数为 $A_f = 100$，比开环放大倍数显著降低，即用降低放大倍数的代价换取提高放大倍数的稳定性。

负反馈越深，放大倍数越稳定。在深度负反馈条件下，即 $1 + AF \gg 1$ 时，有：

$$A_f = \frac{A}{1 + AF} \approx \frac{1}{F}$$

上式表明深度负反馈时的闭环放大倍数仅取决于反馈系数 F，而与开环放大倍数 A 无关。

通常反馈网络仅由电阻构成，反馈系数 F 十分稳定。所以，闭环放大倍数必然是相当稳定的，诸如温度变化、参数改变、电源电压波动等明显影响开环放大倍数的因素都不会对闭环放大倍数产生多大影响。

2．减小非线性失真

一个无负反馈的放大电路，即使设置了合适的静态工作点，由于存在三极管等非线性元件，也会产生非线性失真。当输入信号为正弦波时，输出信号不是正弦波，比如产生了正半周大负半周小的非线性失真，如图 9.18（a）所示。

引入负反馈可以使非线性失真减小。因为引入负反馈后，这种失真了的信号经反馈网络又送回到输入端，与输入信号反相叠加，得到的净输入信号为正半周小而负半周大。这样正好弥补了放大器的缺陷，使输出信号比较接近于正弦波，如图 9.18（b）所示。

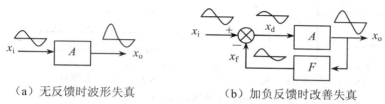

（a）无反馈时波形失真　　　　　　（b）加负反馈时改善失真

图 9.18　负反馈对非线性失真的改善

3．改变输入电阻和输出电阻

负反馈对输入电阻和输出电阻的影响，因反馈方式而异。

对输入电阻的影响仅与输入端反馈的连接方式有关。对于串联负反馈，由于反馈网络和输入回路串联，总输入电阻为基本放大电路本身的输入电阻与反馈网络的等效电阻两部分串联相加，故可使放大电路的输入电阻增大。对于并联负反馈，由于反馈网络和输入回路并联，总输入电阻为基本放大电路本身的输入电阻与反馈网络的等效电阻两部分并联，故可使放大电路的输入电阻减小。

对输出电阻的影响仅与输出端反馈的连接方式有关。对于电压负反馈，由于反馈信号正比于输出电压，反馈的作用是使输出电压趋于稳定，使其受负载变动的影响减小，即使放大电路的输出特性接近理想电压源特性，因而使输出电阻减小。对于电流负反馈，由于反馈信号正比于输出电流，反馈的作用是使输出电流趋于稳定，使其受负载变动的影响减小，即使放大电路的输出特性接近理想电流源特性，因而使输出电阻增大。

在电路设计中，可根据对输入电阻和输出电阻的具体要求引入适当的负反馈。例如，若希望减小放大器的输出电阻，可引入电压负反馈；若希望提高输入电阻，可引入串联负反馈等。

引入负反馈，可以稳定放大倍数、减小非线性失真、按需要改变输入电阻和输出电阻等。一般来说，反馈越深，效果越显著。但是，也并非反馈越深越好，因为性能的改善是以牺牲放大倍数为代价的，反馈越深，放大倍数下降越多。

9.4　电压比较器

电压比较器的基本功能是对输入端的两个电压进行比较，判断出哪一个电压大，在输出端输出比较结果。输入端的两个电压，一个为参考电压或基准电压 U_R，另一个为被比较的输

入信号电压 u_i。作为比较结果的输出电压 u_o，则是两种不同的电平，高电平或低电平，即数字信号 1 或 0。

9.4.1 简单比较器

如图 9.19（a）所示为一简单的电压比较器，参考电压 U_R 加在运算放大器的同相输入端，输入电压 u_i 加在运算放大器的反相输入端。图中的运算放大器工作于开环状态，由于开环电压放大倍数极高，因而输入端之间只要有微小电压，运算放大器便进入非线性工作区域，使输出电压饱和。即当 $u_i < U_R$ 时，$u_o = U_{OM}$；当 $u_i > U_R$ 时，$u_o = -U_{OM}$。如图 9.19（b）所示是电压比较器的电压传输特性。根据输出电压 u_o 的状态，便可判断输入电压 u_i 是否大于参考电压 U_R。

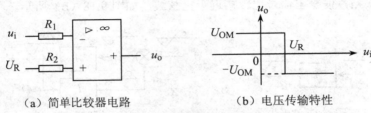

（a）简单比较器电路　　　　　　　（b）电压传输特性

图 9.19　简单比较器及其电压传输特性

当基准电压 $U_R = 0$ 时，称为过零比较器，输入电压 u_i 与零电位比较，电路图和电压传输特性如图 9.20 所示。

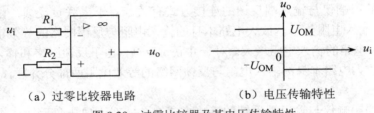

（a）过零比较器电路　　　　　　　（b）电压传输特性

图 9.20　过零比较器及其电压传输特性

9.4.2 比较器的限幅

为了限制输出电压 u_o 的大小，以便和输出端连接的负载电平相配合，可在输出端用稳压管进行限幅，如图 9.21（a）所示，图中稳压管的稳定电压为 U_Z。由于参考电压 U_R 加在运算放大器的反相输入端，输入电压 u_i 加在运算放大器的同相输入端，所以当 $u_i < U_R$ 时，稳压管正向导通，忽略正向导通电压，则 $u_o = 0$；当 $u_i > U_R$ 时，稳压管反向击穿，$u_o = U_Z$，电压传输特性如图 9.21（b）所示。

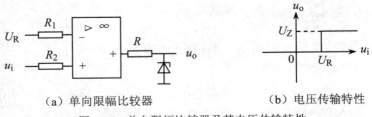

（a）单向限幅比较器　　　　　　　（b）电压传输特性

图 9.21　单向限幅比较器及其电压传输特性

如图 9.22 所示为双向限幅比较器，图中双向稳压管的稳定电压为 U_Z。由于参考电压 U_R 加在运算放大器的同相输入端，输入电压 u_i 加在运算放大器的反相输入端，所以当 $u_i < U_R$ 时，运算放大器的输出电压大于零，使 $u_o = Z$；当 $u_i > U_R$ 时，运算放大器的输出电压小于零，使 $u_o = -U_Z$。电压传输特性如图 9.22（b）所示。

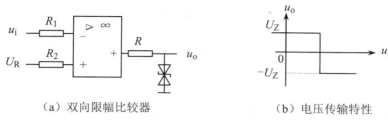

（a）双向限幅比较器　　　　　　　（b）电压传输特性

图 9.22　双向限幅比较器及其电压传输特性

集成电压比较器是把运算放大器和限幅电路集成在一起的组件，与数字电路（如 TTL）器件可直接连接，广泛应用在模数转换器、电平检测、波形变换等领域。如图 9.23 所示为由如图 9.20（a）所示的过零比较器把正弦波变换为矩形波的例子。

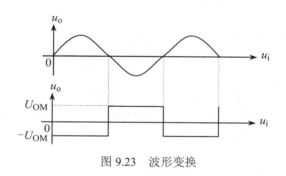

图 9.23　波形变换

9.5　正弦波振荡器

在测量、自动控制、无线电等技术领域中，常常需要各种类型的信号源。用于产生信号的电子电路称为信号发生器。由于信号发生器是依靠电路本身的自激振荡来产生输出信号的，因此又称为振荡器。

按产生的波形不同，振荡器可分为正弦波振荡器和非正弦波（如方波、三角波等）振荡器。本节仅介绍正弦波振荡器。

9.5.1　自激振荡条件

一个放大电路的输入端不外接输入信号，在输出端仍有一定频率和幅值的信号输出的现象称为自激振荡。放大电路必须引入正反馈并满足一定的条件才能产生自激振荡。

放大电路产生自激振荡的条件可以用如图 9.24 所示的反馈放大电路方框图说明。在无输入信号（$x_i = 0$）时，电路中的噪扰电压（如元件的热噪声、电路参数波动引起的电压、电流的变化、电源接通时引起的瞬变过程等）使放大器产生瞬间输出 x_o'，经反馈网络反馈到输入端，得到瞬间输入 x_d，再经基本放大器放大，又在输出端产生新的输出信号 x_o'，如此反复。在无反馈或负反馈情况下，输出 x_o' 会逐渐减小，直到消失。但在正反馈（如图极性所示）情况下，x_o' 会很快增大，最后由于饱和等原因输出稳定在 x_o，并靠反馈永久保持下去。

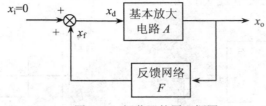

图 9.24　振荡器的原理框图

可见产生自激振荡必须满足 $\dot{X}_f = \dot{X}_d$。由于 $\dot{X}_f = \dot{F}\dot{X}_o$，$\dot{X}_o = \dot{A}\dot{X}_d$，由此可得产生自激振荡的条件为：

$$\dot{A}\dot{F} = 1$$

由于 $\dot{A} = A\underline{/\varphi_A}$，$\dot{F} = F\underline{/\varphi_F}$，所以：

$$\dot{A}\dot{F} = A\underline{/\varphi_A}\,F\underline{/\varphi_F} = AF\underline{/\varphi_A + \varphi_F} = 1$$

于是自激振荡条件又可分为：

（1）幅值条件：$AF = 1$，表示反馈信号与输入信号的大小相等。

（2）相位条件：$\varphi_A + \varphi_F = \pm 2n\pi$，表示反馈信号与输入信号的相位相同，即必须是正反馈。

幅值条件表明反馈放大器要产生自激振荡，还必须有足够的反馈量。事实上，由于电路中的噪扰信号通常都很微弱，只有使 $AF > 1$，才能经过反复的反馈放大，使幅值迅速增大而建立起稳定的振荡。随着振幅的逐渐增大，放大器进入非线性区，使放大器的放大倍数 A 逐渐减小，最后满足 $AF = 1$，振幅趋于稳定。

9.5.2　RC 正弦波振荡器

在上述振荡器中，作为激励信号的噪扰电压是非正弦信号，包含有极丰富的谐波成分，所以振荡器的输出也是非正弦的。为了使振荡器输出单一频率的正弦波，必须对这些信号加以选择，即仅使某个特定频率的谐波成分能满足自激振荡的条件，在反复的反馈中，使振幅逐渐增大，而其他成分都不满足条件而受到抑制，振幅逐渐减小直至为零。这就要求基本放大器或反馈网络必须具有选频作用，由此而构成正弦波振荡器。

在正弦波振荡器中，选频网络可以由 R、C 元件构成，称为 RC 正弦波振荡器。也可以由 L、C 元件构成，称为 LC 正弦波振荡器。

如图 9.25 所示的电路为 RC 正弦波振荡器，又称为文氏电桥振荡器。电路由两部分组成，其一为带有串联电压负反馈的放大器，其电压放大倍数为：

$$\dot{A} = 1 + \frac{R_F}{R_1}$$

其二为具有选频作用的 RC 反馈网络，其反馈系数为：

$$\dot{F} = \frac{Z_2}{Z_1 + Z_2} = \frac{1}{3 + j\left(\omega RC - \dfrac{1}{\omega RC}\right)}$$

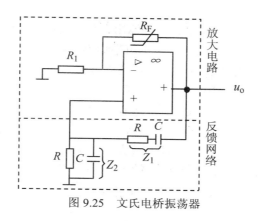

图 9.25　文氏电桥振荡器

因此：

$$\dot{A}\dot{F} = \left(1 + \frac{R_{\mathrm{F}}}{R_1}\right) \cdot \cfrac{1}{3 + \mathrm{j}\left(\omega RC - \cfrac{1}{\omega RC}\right)}$$

为满足振荡的相位条件 $\varphi_{\mathrm{A}} + \varphi_{\mathrm{F}} = \pm 2n\pi$，上式的虚部必须为零，即：

$$\omega_{\mathrm{o}} = \frac{1}{RC}$$

可见该电路只有在这一特定的频率下才能形成正反馈。同时，为满足振荡的幅值条件 $AF = 1$，因当 $\omega = \omega_{\mathrm{o}}$ 时 $F = \dfrac{1}{3}$，故还必须使：

$$A = 1 + \frac{R_{\mathrm{F}}}{R_1} = 3$$

为了顺利起振，应使 $AF > 1$，即 $A > 3$。在图 9.25 中接入一个具有负温度系数的热敏电阻 R_{F}，且 $R_{\mathrm{F}} > 2R_1$，以便顺利起振。当振荡器的输出幅值增大时，流过 R_{F} 的电流增加，产生较多的热量，使其阻值减小，负反馈作用增强，放大器的放大倍数 A 减小，从而限制了振幅的增长。直至 $AF = 1$，振荡器的输出幅值趋于稳定。这种振荡电路，由于放大器始终工作在线性区，输出波形的非线性失真较小。

利用双联同轴可变电容器，同时调节选频网络的两个电容，或者用双联同轴电位器，同时调节选频网络的两个电阻，都可方便地调节振荡频率。

文氏电桥振荡器频率调节方便、波形失真小，是应用最广泛的 RC 正弦波振荡器。

本章小结

（1）集成运算放大器是一种输入电阻高、输出电阻低、电压放大倍数高的直接耦合放大电路，其内部主要由差动式输入级、中间级、互补对称式输出级、偏置电路组成。实际运放的特性与理想运放十分接近，在分析运放应用电路时，一般将实际运放视为理想运放。运放引入负反馈后工作在线性区，虚断和虚短是分析运放线性应用时的重要概念和基本依据。若运放工作在开环状态（非线性区），其作用如同一个开关，输出电压只有正、负饱和电压两种状态。

（2）负反馈对放大器的性能有广泛的影响，可稳定放大倍数（同时减小放大倍数）、展宽频带、减小非线性失真、增大或减小输入和输出电阻。负反馈有电压串联、电压并联、电流串联和电流并联 4 种不同的类型，实际应用中可根据不同的要求引入不同的反馈方式。

（3）模拟运算电路的输出电压与输入电压之间有一定的函数关系，如比例运算、加减运算、积分运算、微分运算以及它们的组合运算等。

（4）电压比较器是一种差动输入的开环运算放大器，对两个输入电压进行比较，输出规定的高、低电平。

（5）正弦波振荡器是一种带有正反馈的放大器，由反馈网络、选频网络和放大器组成。当某一频率满足自激振荡条件（幅值条件为 $AF=1$，相位条件为 $\varphi_A + \varphi_F = \pm 2n\pi$）时，便可输出该频率的正弦波。

习题九

9.1 在如图 9.26 所示的电路中，稳压管稳定电压 $U_Z = 6\,\mathrm{V}$，电阻 $R_1 = 10\,\mathrm{k\Omega}$，电位器 $R_F = 10\,\mathrm{k\Omega}$，试求调节 R_F 时输出电压 u_o 的变化范围，并说明改变电阻 R_L 对 u_o 有无影响。

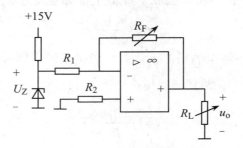

图 9.26 习题 9.1 的图

9.2 在如图 9.27 所示的电路中，稳压管稳定电压 $U_Z = 6\,\mathrm{V}$，电阻 $R_1 = 10\,\mathrm{k\Omega}$，电位器 $R_F = 10\,\mathrm{k\Omega}$，试求调节 R_F 时输出电压 u_o 的变化范围，并说明改变电阻 R_L 对 u_o 有无影响。

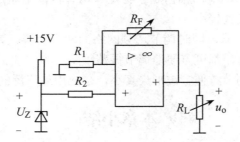

图 9.27 习题 9.2 的图

9.3 如图 9.28 所示是由集成运算放大器构成的低内阻微安表电路，试说明其工作原理，并确定它的量程。

9.4 如图 9.29 所示是由集成运算放大器和普通电压表构成的线性刻度欧姆表电路，被测电阻 R_x 作反馈电阻，电压表满量程为 2V。

（1）试证明 R_x 与 u_o 成正比。

（2）计算当 R_x 的测量范围为 $0\sim10\mathrm{k}\Omega$ 时 $R=?$

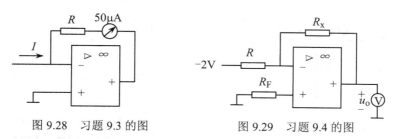

图 9.28 习题 9.3 的图   图 9.29 习题 9.4 的图

9.5 试求如图 9.30 所示的电压-电流变换电路中输出电流 i_o 与输入电压 u_i 的关系，并说明改变负载电阻 R_L 对 i_o 有无影响。

9.6 试求如图 9.31 所示的电压-电流变换电路中输出电流 i_o 与输入电压 u_i 的关系。

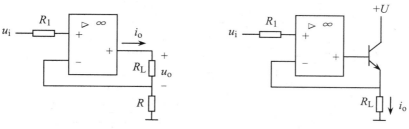

图 9.30 习题 9.5 的图   图 9.31 习题 9.6 的图

9.7 如图 9.32 所示为一恒流电路，试求输出电流 i_o 与输入电压 U 的关系。

9.8 求如图 9.33 所示电路中 u_o 与 u_i 的关系。

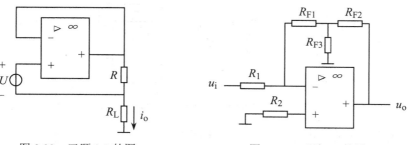

图 9.32 习题 9.7 的图   图 9.33 习题 9.8 的图

9.9 电路及 u_{i1}、u_{i2} 的波形如图 9.34 所示，试画出 u_o 的波形。

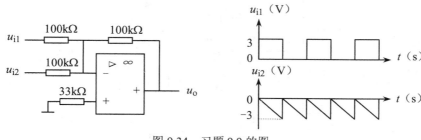

图 9.34 习题 9.9 的图

9.10　电路及 u_{i1}、u_{i2} 的波形如图 9.35 所示，试画出 u_o 的波形。

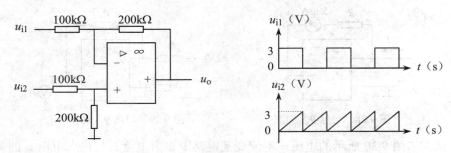

图 9.35　习题 9.10 的图

9.11　求如图 9.36 所示电路中 u_o 与 u_i 的关系。

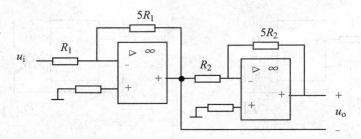

图 9.36　习题 9.11 的图

9.12　求如图 9.37 所示电路中 u_o 与 u_i 的关系。

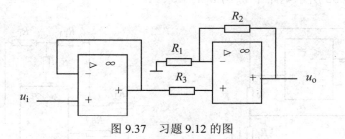

图 9.37　习题 9.12 的图

9.13　求如图 9.38 所示电路中 u_o 与 u_{i1}、u_{i2} 的关系。

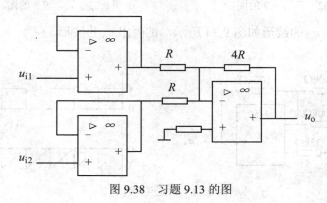

图 9.38　习题 9.13 的图

9.14 求如图 9.39 所示电路中 u_o 与 u_{i1}、u_{i2} 的关系。

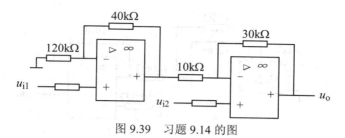

图 9.39　习题 9.14 的图

9.15 求如图 9.40 所示电路中 u_o 与 u_{i1}、u_{i2} 的关系。

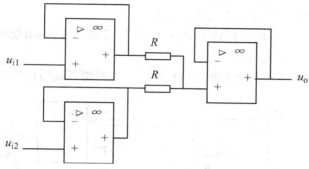

图 9.40　习题 9.15 的图

9.16 求如图 9.41 所示电路中 u_o 与 u_{i1}、u_{i2}、u_{i3} 的关系。

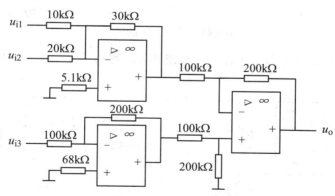

图 9.41　习题 9.16 的图

9.17 按下列运算关系设计运算电路，并计算各电阻的阻值：

（1）$u_o = -2u_i$　（已知 $R_F = 100\text{ k}\Omega$）。

（2）$u_o = 2u_i$　（已知 $R_F = 100\text{ k}\Omega$）。

（3）$u_o = -2u_{i1} - 5u_{i2} - u_{i3}$　（已知 $R_F = 100\text{ k}\Omega$）。

（4）$u_o = 2u_{i1} - 5u_{i2}$　（已知 $R_F = 100\text{ k}\Omega$）。

（5）$u_o = -2\int u_{i1}\text{d}t - 5\int u_{i2}\text{d}t$　（已知 $C = 1\text{ μF}$）。

9.18 电路如图 9.42 所示，运算放大器最大输出电压 $U_{OM} = \pm12\text{ V}$，$u_i = 3\text{ V}$，分别求 $t = 1\text{ s}$、

2s、3s 时电路的输出电压 u_o。

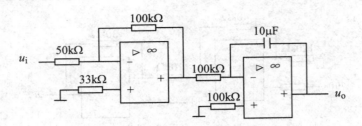

图 9.42　习题 9.18 的图

9.19　一负反馈放大电路的开环放大倍数 A 的相对误差为 ±25% 时，闭环放大倍数 A_f 为 $100±1%$，试计算开环放大倍数 A 及反馈系数 F。

9.20　一负反馈放大电路的开环放大倍数 $A=10^4$，反馈系数 $F=0.0099$，若 A 减小了 10%，求闭环放大倍数 A_f 及其相对变化率。

9.21　指出如图 9.43 所示各放大器中的反馈环节，判别其反馈极性和类型。

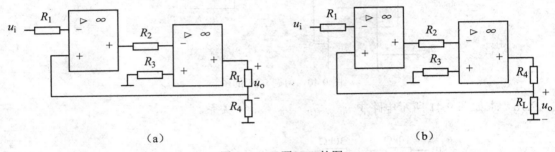

（a）　　　　　　　　　　　　　　　　（b）

图 9.43　习题 9.21 的图

9.22　指出如图 9.44 所示各放大器中的反馈环节，判别其反馈极性和类型。

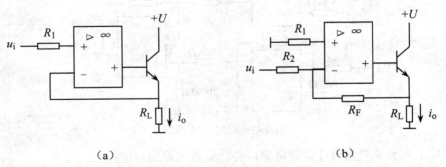

（a）　　　　　　　　　　　　　　　　（b）

图 9.44　习题 9.22 的图

9.23　指出如图 9.45 所示放大器中的反馈环节，判别其反馈极性和类型。

9.24　在如图 9.46（a）所示的电路中，运算放大器的 $U_{OM}=±12\text{ V}$，双向稳压管的稳定电压 U_Z 为 6V，参考电压 U_R 为 2V，已知输入电压 u_i 的波形如图 9.46（b）所示，试对应画出输出电压 u_o 的波形及电路的电压传输特性曲线。

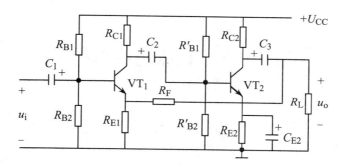

图 9.45　习题 9.23 的图

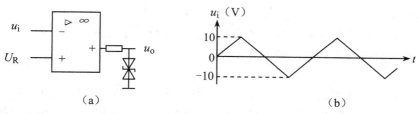

（a）　　　　　　　　　　（b）

图 9.46　习题 9.24 的图

9.25　如图 9.47 所示是监控报警装置，如需对某一参数（如温度、压力等）进行监控时，可由传感器取得监控信号 u_i，U_R 是参考电压。当 u_i 超过正常值时，报警灯亮，试说明电路的工作原理及二极管 VD 和电阻 R_3 的作用。

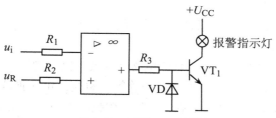

图 9.47　习题 9.25 的图

9.26　电路如图 9.48 所示，在正弦波振荡器的输出端接一个电压比较器。问应将 a、b、c、d 四点如何连接，正弦波振荡器才能产生正弦波振荡？并画出正弦波振荡器输出 u_{o1} 和电压比较器输出 u_{o2} 的波形。若已知 $C = 0.1\,\mu\text{F}$，$R = 100\,\Omega$，$R_1 = 20\,\text{k}\Omega$，求正弦波振荡频率并确定反馈电阻 R_F 的值。

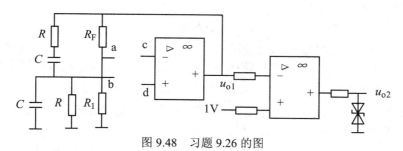

图 9.48　习题 9.26 的图

第 10 章　直流稳压电源

- 熟悉单相整流电路的组成以及输出电压和电流的波形。
- 掌握直流电压平均值与交流电压有效值之间的关系，并能初步选用整流器件。
- 了解滤波电路的作用，尤其是电容滤波电路的工作原理。
- 了解并联型稳压电路和串联型稳压电路的组成和工作原理。
- 了解集成稳压电源的应用和使用方法。

在工农业生产和科学实验中，主要采用交流电，但是在某些场合，如电解、电镀、蓄电池充电、直流电动机等，都需要用直流电源供电。此外，在电子电路和自动控制装置中，还需要用电压非常稳定的直流电源。为了得到直流电，除了采用直流发电机、干电池等直流电源外，目前广泛采用各种半导体直流电源。

本章介绍从交流电变换成直流电所需要的各种电路的基本组成和工作原理，包括整流电路、滤波电路和稳压电路。

10.1　整流电路

一般直流稳压电路由电源变压器、整流电路、滤波电路、稳压电路组成。

利用具有单向导电性能的整流元件如二极管等，将交流电转换成单向脉动直流电的电路称为整流电路。整流电路按输入电源相数可分为单相整流电路和三相整流电路，按输出波形又可分为半波整流电路和全波整流电路。目前广泛使用的是桥式整流电路。

10.1.1　单相半波整流电路

单相半波整流电路如图 10.1（a）所示。其中 u_1、u_2 分别为变压器的原边和副边交流电压，R_L 为负载电阻。

设电源变压器副边电压为：

$$u_2 = \sqrt{2}U_2 \sin \omega t$$

当 u_2 为正半周时，二极管 VD 承受正向电压而导通，此时有电流流过负载，并且和二极管上的电流相等，即 $i_o = i_D$。忽略二极管的电压降，则负载两端的输出电压等于变压器副边电压，即 $u_o = u_2$，输出电压 u_o 的波形与 u_2 相同。

当 u_2 为负半周时，二极管 VD 承受反向电压而截止。此时负载上无电流流过，输出电压 $u_o = 0$，变压器副边电压 u_2 全部加在二极管 VD 上。

综上所述，在负载电阻 R_L 上得到的是如图 10.1（b）所示的单向脉动电压。

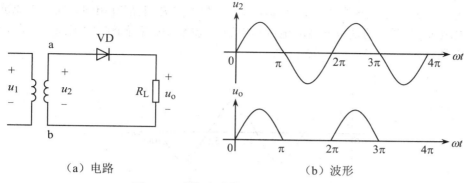

（a）电路	（b）波形

图 10.1　单相半波整流电路及其电压波形

单相半波整流电压的平均值为：

$$U_o = \frac{1}{2\pi} \int_0^\pi \sqrt{2}U_2 \sin \omega t \, d(\omega t) = \frac{\sqrt{2}}{\pi} U_2 = 0.45 U_2$$

流过负载电阻 R_L 的电流平均值为：

$$I_o = \frac{U_o}{R_L} = 0.45 \frac{U_2}{R_L}$$

流经二极管的电流平均值与负载电流平均值相等，即：

$$I_D = I_o = 0.45 \frac{U_2}{R_L}$$

二极管截止时承受的最高反向电压为 u_2 的最大值，即：

$$U_{RM} = U_{2M} = \sqrt{2}U_2$$

10.1.2　单相桥式整流电路

单相桥式整流电路是由 4 个整流二极管接成电桥的形式构成的，如图 10.2（a）所示。图 10.2（b）为单相桥式整流电路的一种简便画法。

设电源变压器副边电压为：

$$u_2 = \sqrt{2}U_2 \sin \omega t$$

当 u_2 为正半周时，a 点电位高于 b 点电位，二极管 VD_1、VD_3 承受正向电压而导通，VD_2、VD_4 承受反向电压而截止。此时电流的路径为：a→VD_1→R_L→VD_3→b，如图中实线箭头所示。

当 u_2 为负半周时，b 点电位高于 a 点电位，二极管 VD_2、VD_4 承受正向电压而导通，VD_1、VD_3 承受反向电压而截止。此时电流的路径为：b→VD_2→R_L→VD_4→a，如图中虚线箭头所示。

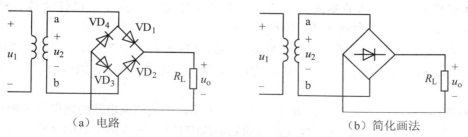

（a）电路	（b）简化画法

图 10.2　单相桥式整流电路及其简化画法

可见无论电压 u_2 是在正半周还是在负半周，负载电阻 R_L 上都有相同方向的电流流过。因此在负载电阻 R_L 上得到的是单向脉动电压和电流，忽略二极管导通时的正向压降，则电路波形如图 10.3 所示。

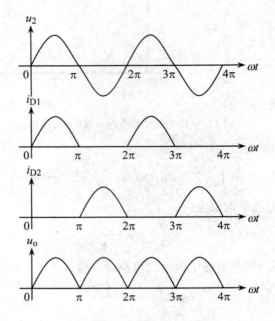

图 10.3　单相桥式整流波形

单相全波整流电压的平均值为：

$$U_o = \frac{1}{\pi}\int_0^\pi \sqrt{2}U_2 \sin\omega t \mathrm{d}(\omega t) = 2\frac{\sqrt{2}}{\pi}U_2 = 0.9U_2$$

流过负载电阻 R_L 的电流平均值为：

$$I_o = \frac{U_o}{R_L} = 0.9\frac{U_2}{R_L}$$

流经每个二极管的电流平均值为负载电流的一半，即：

$$I_D = \frac{1}{2}I_o = 0.45\frac{U_2}{R_L}$$

每个二极管在截止时承受的最高反向电压为 u_2 的最大值，即：

$$U_{RM} = U_{2M} = \sqrt{2}U_2$$

在选择桥式整流电路的整流二极管时，为了工作可靠，应使二极管的最大整流电流 $I_{FM} > I_D$，二极管的最高反向工作电压 $U_{DRM} > U_{RM}$。

现在半导体器件厂已将整流二极管封装在一起，制造成单相整流桥和三相整流桥模块，这些模块只有输入交流和输出直流引脚，减少了接线，提高了电路工作的可靠性，使用起来非常方便。

常见的几种整流电路如表 10.1 所示。由表中可见，半波整流电路的输出电压相对较低，且脉动大。两管全波整流电路则需要变压器的副边绕组具有中心抽头，且两个整流二极管承受的最高反向电压相对较大，所以这两种电路应用较少。

表 10.1 各种整流电路性能比较表

类型	整流电路	整流电压波形	整流电压平均值	二极管电流平均值	二极管承受的最高反向电压
单相半波			$0.45U_2$	I_o	$\sqrt{2}U_2$
单相全波			$0.9U_2$	$\dfrac{1}{2}I_o$	$2\sqrt{2}U_2$
单相桥式			$0.9U_2$	$\dfrac{1}{2}I_o$	$\sqrt{2}U_2$
三相半波			$1.17U_2$	$\dfrac{1}{3}I_o$	$\sqrt{3}\sqrt{2}U_2$
三相桥式			$2.34U_2$	$\dfrac{1}{3}I_o$	$\sqrt{3}\sqrt{2}U_2$

例 10.1　试设计一台输出电压为 24V，输出电流为 1A 的直流电源，电路形式可采用半波整流电路或全波整流电路，试确定两种电路形式的变压器副边电压有效值，并选定相应的整流二极管。

解　（1）当采用半波整流电路时，变压器副边电压有效值为：

$$U_2 = \frac{U_o}{0.45} = \frac{24}{0.45} = 53.3 \ （\text{V}）$$

整流二极管承受的最高反向电压为：

$$U_{RM} = \sqrt{2}U_2 = 1.41 \times 53.3 = 75.2 \ （\text{V}）$$

流过整流二极管的平均电流为：

$$I_D = I_o = 1 \ （\text{A}）$$

因此可选用 2CZ12B 二极管，其最大整流电流为 3 A，最高反向工作电压为 200V。

（2）当采用桥式整流电路时，变压器副边绕组电压有效值为：

$$U_2 = \frac{U_o}{0.9} = \frac{24}{0.9} = 26.7 \ （\text{V}）$$

整流二极管承受的最高反向电压为：

$$U_{RM} = \sqrt{2}U_2 = 1.41 \times 26.7 = 37.6 \ (V)$$

流过整流二极管的平均电流为：

$$I_D = \frac{1}{2}I_o = 0.5 \ (A)$$

因此可选用 2CZ11A 二极管，其最大整流电流为 1 A，最高反向工作电压为 100V。

10.2　滤波电路

整流电路可以将交流电转换为直流电，但脉动较大，在某些应用中如电镀、蓄电池充电等可直接使用脉动直流电源。但许多电子设备需要平稳的直流电源。这种电源中的整流电路后面还需要加滤波电路将交流成分滤除，以得到比较平滑的输出电压。滤波通常是利用电容或电感的能量存储功能来实现的。

10.2.1　电容滤波电路

最简单的电容滤波电路是在整流电路的直流输出侧与负载电阻 R_L 并联一电容器 C，利用电容器的充放电作用，使输出电压趋于平滑。图 10.4（a）所示为单相半波整流、电容滤波电路。

设电源变压器副边电压为：

$$u_2 = \sqrt{2}U_2 \sin \omega t$$

假设电路接通时恰恰在 u_2 由负到正过零的时刻，这时二极管 VD 开始导通，电源 u_2 在向负载 R_L 供电的同时又对电容 C 充电。如果忽略二极管正向压降，电容电压 u_C 紧随输入电压 u_2 按正弦规律上升至 u_2 的最大值。然后 u_2 继续按正弦规律下降，且 $u_2 < u_C$，使二极管 VD 截止，而电容 C 则对负载电阻 R_L 按指数规律放电。u_C 降至 $u_2 > u_C$ 时，二极管又导通，电容 C 再次充电……。这样循环下去，u_2 周期性变化，电容 C 周而复始地进行充电和放电，使输出电压脉动减小，如图 10.4（b）所示。电容 C 放电的快慢取决于时间常数（$\tau = R_L C$）的大小，时间常数越大，电容 C 放电越慢，输出电压 u_o 就越平坦，平均值也越高。

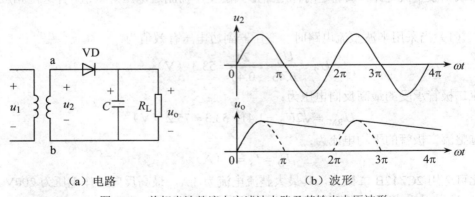

（a）电路　　　　　　　　　　（b）波形

图 10.4　单相半波整流电容滤波电路及其输出电压波形

单相桥式整流、电容滤波电路的输出特性曲线如图 10.5 所示。从图中可见，电容滤波电路的输出电压在负载变化时波动较大，说明它的带负载能力较差，只适用于负载较轻且变化不大的场合。

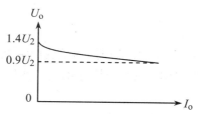

图 10.5　电容滤波电路输出特性曲线

一般常用如下经验公式估算电容滤波时的输出电压平均值：

（1）半波：

$$U_{o} = U_{2}$$

（2）全波：

$$U_{o} = 1.2U_{2}$$

为了获得较平滑的输出电压，一般要求 $R_{L} \geq (10 \sim 15)\dfrac{1}{\omega C}$，即：

$$\tau = R_{L}C \geq (3 \sim 5)\frac{T}{2}$$

式中 T 为交流电压的周期。滤波电容 C 一般选择体积小、容量大的电解电容器。应该注意，普通电解电容器有正、负极性，使用时正极必须接高电位端，如果接反会造成电解电容器的损坏。

由图 10.4（b）可见，加入滤波电容以后，二极管导通时间缩短，且在短时间内承受较大的冲击电流（$i_{C} + i_{o}$），为了保证二极管的安全，选管时应放宽裕量。

单相半波整流、电容滤波电路中，二极管承受的反向电压为 $u_{DR} = u_{C} + u_{2}$，当负载开路时，承受的反向电压最高，为：

$$U_{RM} = 2\sqrt{2}U_{2}$$

例 10.2　设计一单相桥式整流、电容滤波电路。要求输出电压 $U_{o} = 48$ V，已知负载电阻 $R_{L} = 100 \Omega$，交流电源频率为 50Hz，试选择整流二极管和滤波电容器。

解　流过整流二极管的平均电流为：

$$I_{D} = \frac{1}{2}I_{o} = \frac{1}{2} \cdot \frac{U_{o}}{R_{L}} = \frac{1}{2} \times \frac{48}{100} = 0.24 \text{（A）} = 240 \text{（mA）}$$

变压器副边电压有效值为：

$$U_{2} = \frac{U_{o}}{1.2} = \frac{48}{1.2} = 40 \text{（V）}$$

整流二极管承受的最高反向电压为：

$$U_{RM} = \sqrt{2}U_{2} = 1.41 \times 40 = 56.4 \text{（V）}$$

因此可选择 2CZ11B 二极管，其最大整流电流为 1 A，最高反向工作电压为 200V。

取 $\tau = R_{L}C = 5 \times \dfrac{T}{2} = 5 \times \dfrac{0.02}{2} = 0.05$（s），则：

$$C = \frac{\tau}{R_{L}} = \frac{0.05}{100} = 500 \times 10^{-6} \text{（F）} = 500 \text{（μF）}$$

10.2.2　电感滤波电路

电感滤波电路如图 10.6 所示，即在整流电路与负载电阻 R_L 之间串联一个电感器 L。由于在电流变化时电感线圈中将产生自感电动势来阻止电流的变化，使电流脉动趋于平缓，起到滤波作用。

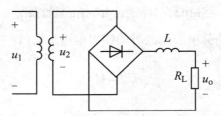

图 10.6　单相桥式整流电感滤波电路

电感滤波适用于负载电流较大的场合。它的缺点是制作复杂、体积大、笨重且存在电磁干扰。

10.2.3　复合滤波电路

单独使用电容或电感构成的滤波电路，滤波效果不够理想，为了满足较高的滤波要求，常采用电容和电感组成的 LC、CLC（π型）等复合滤波电路，其电路形式如图 10.7（a）、（b）所示。这两种滤波电路适用于负载电流较大、要求输出电压脉动较小的场合。在负载较轻时，经常采用电阻替代笨重的电感，构成如图 10.7（c）所示的 CRC π 型滤波电路，同样可以获得脉动很小的输出电压。但电阻对交、直流均有压降和功率损耗，故只适用于负载电流较小的场合。

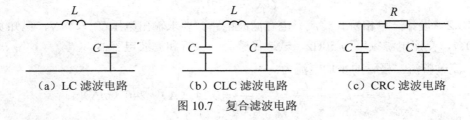

（a）LC 滤波电路　　　　（b）CLC 滤波电路　　　　（c）CRC 滤波电路

图 10.7　复合滤波电路

10.3　直流稳压电路

大多数电子设备和微机系统都需要稳定的直流电压，但是经变压、整流和滤波后的直流电压往往受交流电源波动与负载变化的影响，稳压性能较差。将不稳定的直流电压变换成稳定且可调的直流电压的电路称为直流稳压电路。

直流稳压电路按调整器件的工作状态可分为线性稳压电路和开关稳压电路两大类。前者使用起来简单易行，但转换效率低、体积大；后者体积小、转换效率高，但控制电路较复杂。随着自关断电力电子器件和电力集成电路的迅速发展，开关电源已得到越来越广泛的应用。这里只介绍线性稳压电路。

10.3.1　并联型稳压电路

稳压管工作在反向击穿区时，即使流过稳压管的电流有较大的变化，其两端的电压却基本保持不变。利用这一特点，将稳压管与负载电阻并联，并使其工作在反向击穿区，就能在一定的条件下保证负载上的电压基本不变，从而起到稳定电压的作用。电路如图 10.8 所示，其中稳压管 VD_Z 反向并联在负载电阻 R_L 两端，电阻 R 起限流和分压作用。稳压电路的输入电压 U_i 来自整流滤波电路的输出电压。

输入电压 U_i 波动时会引起输出电压 U_o 波动。如 U_i 升高将引起 $U_o = U_Z$ 随之升高，导致稳压管的电流 I_Z 急剧增加，电阻 R 上的电流 I 和电压 U_R 迅速增大，从而使 U_o 基本上保持不变。反之，当 U_i 减小时，U_R 相应减小，仍可保持 U_o 基本不变。

当负载电流 I_o 发生变化引起输出电压 U_o 发生变化时，同样会引起 I_Z 的相应变化，使得 U_o 保持基本稳定。如当 I_o 增大时，I 和 U_R 均会随之增大使得 U_o 下降，这将导致 I_Z 急剧减小，使 I 仍维持原有数值保持 U_R 不变，使得 U_o 得到稳定。

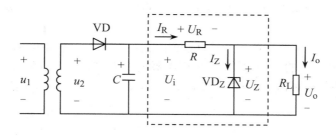

图 10.8　并联型直流稳压电路

可见，这种稳压电路中稳压管 VD_Z 起着自动调节作用，电阻 R 一方面保证稳压管的工作电流不超过最大稳定电流 I_{ZM}；另一方面还起到电压补偿作用。

硅稳压管稳压电路虽然很简单，但是受稳压管最大稳定电流的限制，负载电流不能太大。另外，输出电压不可调且稳定性也不够理想。

10.3.2　串联型稳压电路

串联型稳压电源的基本原理图如图 10.9 所示。

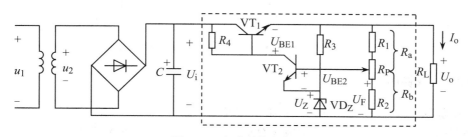

图 10.9　串联型稳压电路

整个电路由 4 部分组成：

（1）取样环节。由 R_1、R_P、R_2 组成的分压电路构成，它将输出电压 U_o 分出一部分作为

取样电压 U_F，送到比较放大环节。

（2）基准电压。由稳压二极管 VD_Z 和电阻 R_3 构成的稳压电路组成，它为电路提供一个稳定的基准电压 U_Z，作为调整、比较的标准。

设 VT_2 发射结电压 U_{BE2} 可忽略，则：

$$U_F = U_Z = \frac{R_b}{R_a + R_b} U_o$$

或：

$$U_o = \frac{R_a + R_b}{R_b} U_Z$$

用电位器 R_P 即可调节输出电压 U_o 的大小，但 U_o 必定大于或等于 U_Z。

（3）比较放大环节。由 VT_2 和 R_4 构成的直流放大器组成，其作用是将取样电压 U_F 与基准电压 U_Z 之差放大后去控制调整管 VT_1。

（4）调整环节。由工作在线性放大区的功率管 VT_1 组成，VT_1 的基极电流 I_{B1} 受比较放大电路输出的控制，它的改变又可使集电极电流 I_{C1} 和集射电压 U_{CE1} 改变，从而达到自动调整稳定输出电压的目的。

电路的工作原理如下：当输入电压 U_i 或输出电流 I_o 变化引起输出电压 U_o 增加时，取样电压 U_F 相应增大，使 VT_2 管的基极电流 I_{B2} 和集电极电流 I_{C2} 随之增加，VT_2 管的集电极电位 U_{C2} 下降，因此 VT_1 管的基极电流 I_{B1} 下降，使得 I_{C1} 下降，U_{CE1} 增加，U_o 下降，使 U_o 保持基本稳定。这一自动调压过程可表示如下：

$$U_o \uparrow \rightarrow U_F \uparrow \rightarrow I_{B2} \uparrow \rightarrow I_{C2} \uparrow \rightarrow U_{C2} \downarrow \rightarrow I_{B1} \downarrow \rightarrow U_{CE1} \uparrow$$
$$U_o \downarrow \leftarrow$$

同理，U_i 或 I_o 变化使 U_o 降低时，调整过程相反，U_{CE1} 将减小使 U_o 保持基本不变。

从上述调整过程可以看出，该电路是依靠电压负反馈来稳定输出电压的。

比较放大环节也可采用集成运算放大器，如图 10.10 所示。

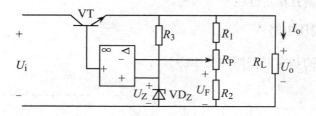

图 10.10　采用集成运算放大器的串联型稳压电路

10.3.3　集成稳压器

串联型稳压电路输出电流较大，稳压精度较高，曾获得较广泛的应用。但由分立元件组成的串联型稳压电路，即使采用了集成运算放大器，仍要外接不少元件，因而体积大，使用不便。集成稳压电路是将稳压电路的主要元件甚至全部元件制作在一块硅基片上的集成电路，因而具有体积小、使用方便、工作可靠等特点。

集成稳压器的种类很多，作为小功率的直流稳压电源，应用最为普遍的是 3 端式串联型集成稳压器。3 端式是指稳压器仅有输入端、输出端和公共端 3 个接线端子。图 10.11 所示为 W78×× 和 W79×× 系列稳压器的外形和管脚排列图，W78×× 系列输出正电压有 5V、6V、8V、9V、10V、12V、15V、18V、24V 等多种，若要获得负输出电压选 W79×× 系列即可。例如 W7805 输出+5 V 电压，W7905 则输出-5 V 电压。这类 3 端稳压器在加装散热器的情况下，输出电流可达 1.5～2.2A，最高输入电压为 35V，最小输入、输出电压差为 2～3V，输出电压变化率为 0.1%～0.2%。

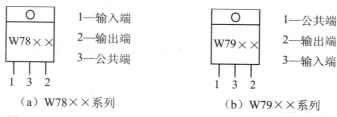

（a）W78×× 系列　　　　　　　　（b）W79×× 系列

图 10.11　W78×× 和 W79×× 系列稳压器的外形和管脚排列图

下面介绍几种应用电路。

（1）基本电路。图 10.12 所示为 W78×× 系列和 W79×× 系列 3 端稳压器基本接线图。

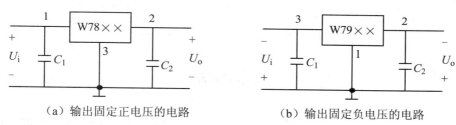

（a）输出固定正电压的电路　　　　　　（b）输出固定负电压的电路

图 10.12　3 端稳压器基本接线图

（2）提高输出电压的电路。图 10.13 所示电路输出电压 U_o 高于 W78×× 的固定输出电压 $U_{××}$，显然 $U_o = U_{××} + U_Z$。

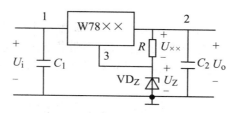

图 10.13　提高输出电压的电路

（3）扩大输出电流的电路。当稳压电路所需输出电流大于 2A 时，可通过外接三极管的方法来扩大输出电流，如图 10.14 所示。图中 I_3 为稳压器公共端电流，其值很小，可以忽略不计，所以 $I_1 \approx I_2$，则可得：

$$I_o = I_2 + I_C = I_2 + \beta I_B = I_2 + \beta(I_1 - I_R) \approx (1+\beta)I_2 + \beta\frac{U_{BE}}{R}$$

式中 β 为三极管的电流放大系数。设 $\beta = 10$，$U_{BE} = -0.3\,\text{V}$，$R = 0.5\,\Omega$，$I_2 = 1\,\text{A}$，则可计算出 $I_o = 5\,\text{A}$，可见 I_o 比 I_2 扩大了。

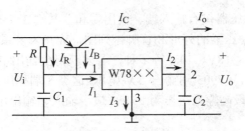

图 10.14　扩大输出电流的电路

电阻 R 的作用是使功率管在输出电流较大时才能导通。

（4）输出正、负电压的电路。将 W78×× 系列和 W79×× 系列稳压器组成如图 10.15 所示的电路，可输出正、负电压。

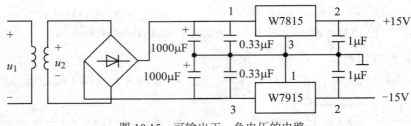

图 10.15　可输出正、负电压的电路

本章小结

（1）直流稳压电源是由交流电源经过变换得来的，它由整流电路、滤波电路和稳压电路 3 部分组成。

（2）整流电路是利用二极管的单向导电性将交流电转换成单向脉动直流电。整流电路有多种。桥式整流电路的变压器利用率高，输出电压脉动成分较小，因而在整流电路中得到广泛应用。

（3）滤波电路的作用是利用储能元件滤去脉动直流电压中的交流成分，使输出电压趋于平滑。采用电容滤波成本低，输出电压平均值较高，但带负载能力差，适用于负载电流较小且负载变化不大的场合。采用电感滤波成本高，带负载能力强，适用于负载电流较大的场合。在要求较高的场合，可采用 LC、π型、多节 RC 等复合滤波电路。

（4）稳压电路的作用是输入电压或负载在一定范围内变化时，保证输出电压稳定。对要求不高的小功率稳压电路，可采用并联型硅稳压管稳压电路。要求较高的场合可采用串联型稳压电路。串联型稳压电路是采用电压负反馈来使输出电压得到稳定。由于集成稳压器具有通用性强、精度高、成本低、体积小、重量轻、性能可靠、安装调试方便等优点，因而已基本上取代了由分立元件组成的稳压电路。

习题十

10.1　设一半波整流电路和一桥式整流电路的输出电压平均值和所带负载大小完全相同，

均不加滤波，试问两个整流电路中整流二极管的电流平均值和最高反向电压是否相同？

10.2　欲得到输出直流电压 $U_o = 50\,V$，直流电流 $I_o = 160\,mA$ 的电源，问应采用哪种整流电路？画出电路图，并计算电源变压器的容量（计算 U_2 和 I_2），选定相应的整流二极管（计算二极管的平均电流 I_D 和承受的最高反向电压 U_{RM}）。

10.3　在如图 10.16 所示的电路中，已知 $R_L = 8\,k\Omega$，直流电压表 V_2 的读数为 110V，二极管的正向压降忽略不计，求：

（1）直流电流表 A 的读数。

（2）整流电流的最大值。

（3）交流电压表 V_1 的读数。

10.4　如图 10.17 所示的电路为单相全波整流电路。已知 $U_2 = 10\,V$，$R_L = 100\,\Omega$，求：

（1）负载电阻 R_L 上的电压平均值 U_o 与电流平均值 I_o，在图中标出 u_o、i_o 的实际方向。

（2）如果 D_2 脱焊，U_o、I_o 各为多少？

（3）如果 D_2 接反，会出现什么情况？

（4）如果在输出端并接一滤波电解电容，试将它按正确极性画在电路图上，此时输出电压 U_o 约为多少？

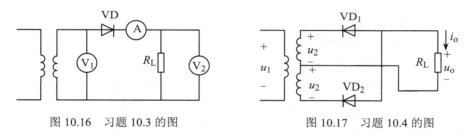

图 10.16　习题 10.3 的图　　　　　　图 10.17　习题 10.4 的图

10.5　在如图 10.18 所示的电路中，变压器副边电压最大值 U_{2M} 大于电池电压 U_{GB}，试画出 u_o 及 i_o 的波形。

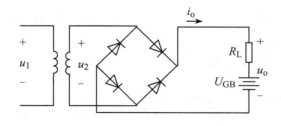

图 10.18　习题 10.5 的图

10.6　在如图 10.19 所示的桥式整流电容滤波电路中，已知 $U_2 = 20\,V$，$R_L = 40\,\Omega$，$C = 1000\,\mu F$，试问：

（1）正常时 U_o 为多大？

（2）如果电路中有一个二极管开路，U_o 又为多大？

（3）如果测得 U_o 为 9V、18V 或 28V，电路分别出现了什么故障？

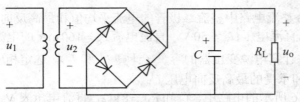

图 10.19　习题 10.6 的图

10.7　电容滤波电路和电感滤波电路的特性有什么区别？各适用于什么场合？

10.8　单相桥式整流、电容滤波电路，已知交流电源频率 $f = 50\,\text{Hz}$，要求输出直流电压和输出直流电流分别为 $U_\text{o} = 30\,\text{V}$，$I_\text{o} = 150\,\text{mA}$，试选择二极管及滤波电容。

10.9　根据稳压管稳压电路和串联型稳压电路的特点，试分析这两种电路各适用于什么场合？

10.10　如图 10.20 所示的桥式整流电路，设 $u_2 = \sqrt{2}U_2 \sin \omega t$ V，试分别画出下列情况下输出电压 u_AB 的波形：

（1）S_1、S_2、S_3 打开，S_4 闭合。

（2）S_1、S_2 闭合，S_3、S_4 打开。

（3）S_1、S_4 闭合，S_2、S_3 打开。

（4）S_1、S_2、S_4 闭合，S_3 打开。

（5）S_1、S_2、S_3、S_4 全部闭合。

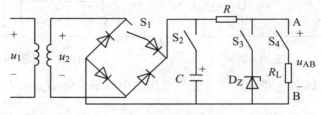

图 10.20　习题 10.10 的图

10.11　电路如图 10.21 所示，已知 $U_Z = 4\,\text{V}$，$R_1 = R_2 = 3\,\text{k}\Omega$，电位器 $R_\text{P} = 10\,\text{k}\Omega$，问：

（1）输出电压 U_o 的最大值、最小值各为多少？

（2）要求输出电压可在 6～12V 之间调节，问 R_1、R_2、R_P 之间应满足什么条件？

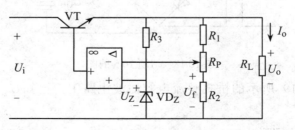

图 10.21　习题 10.11 的图

10.12　试设计一台直流稳压电源，其输入为 220V、50Hz 交流电源，输出电压为+12V，最大输出电流为 500mA，试采用桥式整流电路和三端集成稳压器构成，并加有电容滤波电路

（设三端稳压器的压差为 5V），要求：（1）画出电路图；（2）确定电源变压器的变比、整流二极管及滤波电容器的参数、三端稳压器的型号。

10.13　如图 10.22 所示的电路是 W78×× 稳压器组成的稳压电路，为一种高输入电压画法，试分析其工作原理。

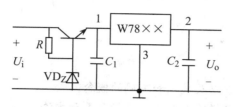

图 10.22　习题 10.13 的图

10.14　如图 10.23 所示的电路是 W78×× 稳压器外接功率管扩大输出电流的稳压电路，具有外接过流保护环节，用于保护功率管 VT_1，试分析其工作原理。

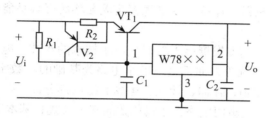

图 10.23　习题 10.14 的图

第 11 章　组合逻辑电路

- 了解数字电路的特点以及数制和编码的概念。
- 掌握逻辑门电路的逻辑符号、逻辑功能和表示方法。
- 掌握逻辑代数的基本运算法则、基本公式、基本定理和化简方法。
- 能够熟练地运用真值表、逻辑表达式、波形图和逻辑图表示逻辑函数。
- 掌握组合逻辑电路的分析方法与设计方法。
- 了解加法器、编码器、译码器等中规模集成电路的逻辑功能和使用方法。

数字电路的广泛应用和高度发展标志着现代电子技术的水准。电子计算机、数字式仪表、数字控制装置和工业逻辑系统等方面都是以数字电路为基础的。数字电路大致包括信号的产生、放大、整形、传送、控制、存储、计数、运算等组成部分。

本章介绍数制与编码、逻辑门电路、逻辑代数的基本公式和基本定理、逻辑函数的表示与化简、组合逻辑电路的分析和设计方法，以及若干典型组合逻辑电路的组成、工作原理及应用。

11.1　数字电路概述

11.1.1　数字信号与数字电路

根据处理的信号和工作方式的不同，电子电路可分为模拟电路和数字电路两类。在数字电路中所关注的是输出与输入之间的逻辑关系，而不像模拟电路中，要研究输出与输入之间信号的大小、相位变化等。另外，数字电路中工作的信号，也不是模拟电路中工作的连续信号（称为模拟信号），而是不连续的脉冲信号（称为数字信号）。如图 11.1 所示为模拟信号和数字信号的波形。由图 11.1（b）可知，数字信号只有两种不同的状态，电位较高者称为高电平，用 1（称为逻辑 1）表示，电位较低者称为低电平，用 0（称为逻辑 0）表示。

数字信号的 1 和 0 两种状态（电平）在数字电路中可以利用晶体管的截止和饱和导通来获得，因此数字电路中的晶体管通常都工作在截止区和饱和区，即工作在开关状态。

与模拟电路相比，数字电路具有以下显著的优点：

（1）结构简单，便于集成化、系列化生产，成本低廉，使用方便。

（2）抗干扰性强，可靠性高，精度高。

（3）处理功能强，不仅能实现数值运算，还可以实现逻辑运算和判断。

（4）可编程数字电路可容易地实现各种算法，具有很大的灵活性。

（5）数字信号更易于存储、加密、压缩、传输和再现。

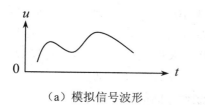

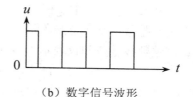

（a）模拟信号波形　　　　　　　　（b）数字信号波形

图 11.1　模拟信号和数字信号的波形

11.1.2　数制

数制就是计数的方法。日常生活中采用十进制，它有 10 个数码，即 0、1、2、3、4、5、6、7、8、9，用来组成不同的数，其进位规则是逢十进一。在数字电路中一般采用二进制数，有时也采用八进制数和十六进制数。对于任何一个数，可以用不同的数制来表示。

一种数制所具有的数码个数称为该数制的基数，该数制数中不同位置上数码的单位数值称为该数制的位权或权。十进制的基数为 10，十进制整数中从个位起各位的权分别为 10^0、10^1、10^2、……。基数和权是数制的两个要素。利用基数和权，可以将任何一个数表示成多项式的形式。例如十进制的整数 206 可以表示成：

$$(206)_{10} = 2 \times 10^2 + 0 \times 10^1 + 6 \times 10^0$$

二进制的基数为 2，只有 0、1 两个数码，进位规则是逢二进一，即 $1+1=10$。二进制整数中从个位起各位的权分别为 2^0、2^1、2^2、……。例如：

$$(110101)_2 = 1 \times 2^5 + 1 \times 2^4 + 0 \times 2^3 + 1 \times 2^2 + 0 \times 2^1 + 1 \times 2^0 = (53)_{10}$$

这样可把任意一个二进制数转换为十进制数。

将十进制整数转换为二进制数可采用除 2 取余法。其方法是将十进制整数连续除以 2，求得各次的余数，直到商为 0 为止，然后将先得到的余数列在低位、后得到的余数列在高位，即得相应的二进制数。

例如，将十进制整数 37 转换为二进制数，37 除以 2，得商 18 及最低位的余数 1；再将商 18 除以 2，得商 9 及次低位的余数 0；……；如此反复进行下去，直到最后商为 0 为止。转换过程可用短除法表示，如图 11.2 所示。

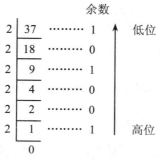

图 11.2　将十进制整数转换为二进制数

所以：

$$(37)_{10} = (100101)_2$$

十六进制的基数为 16，采用的 16 个数码为 0、1、2、3、4、5、6、7、8、9、A、B、C、

D、E、F，其中字母 A、B、C、D、E、F 分别代表 10、11、12、13、14、15，进位规则为逢十六进一。十六进制整数中从个位起各位的权分别为 16^0、16^1、16^2、……、16^{n-1}。同样，将任何一个十六进制整数按基数和权表示为多项式然后求和，即可转换为十进制数，例如：

$$(5BF)_{16} = 5 \times 16^2 + 11 \times 16^1 + 15 \times 16^0 = (1471)_{10}$$

表 11.1 列出了十进制数、二进制数、十六进制数之间的对应关系。

表 11.1　几种进制数之间的对应关系

十进制数	二进制数	十六进制数
0	0000	0
1	0001	1
2	0010	2
3	0011	3
4	0100	4
5	0101	5
6	0110	6
7	0111	7
8	1000	8
9	1001	9
10	1010	A
11	1011	B
12	1100	C
13	1101	D
14	1110	E
15	1111	F

每一个十六进制数码可以用 4 位二进制数表示，如 $(0101)_2$ 表示十六进制的 5，$(1101)_2$ 表示十六进制的 D。将二进制整数转换为十六进制数，从低位开始，每 4 位为一组转换为相应的十六进制数即可。例如：

$$(11\ 0100\ 1011)_2 = (34B)_{16}$$

将十进制数转换为十六进制数，可先转化为二进制数，再由二进制数转换为十六进制数。例如：

$$(45)_{10} = (10\ 1101)_2 = (2D)_{16}$$

11.1.3　编码

数字电路中处理的信息除了数值信息外，还有文字、符号以及一些特定的操作（如表示确认的回车操作）等。为了处理这些信息，必须将这些信息也用二进制数码来表示。这些特定的二进制数码称为这些信息的代码。这些代码的编制过程称为编码。

在数字电子计算机中，十进制数除了转换成二进制数参加运算外，还可以直接用十进制数进行输入和运算。其方法是将十进制的 10 个数码分别用 4 位二进制代码表示，这种编码称为二—十进制编码，也称 BCD 码。BCD 码有很多种形式，常用的有 8421 码、余 3 码、格雷码、2421 码、5421 码等，如表 11.2 所示。

表 11.2　常用 BCD 码

十进制数	8421 码	余 3 码	格雷码	2421 码	5421 码
0	0000	0011	0000	0000	0000
1	0001	0100	0001	0001	0001
2	0010	0101	0011	0010	0010
3	0011	0110	0010	0011	0011
4	0100	0111	0110	0100	0100
5	0101	1000	0111	1011	1000
6	0110	1001	0101	1100	1001
7	0111	1010	0100	1101	1010
8	1000	1011	1100	1110	1011
9	1001	1100	1101	1111	1100
权	8421			2421	5421

在 8421 码中，10 个十进制数码与自然二进制数一一对应，即用二进制数的 0000～1001 来分别表示十进制数的 0～9。8421 码是一种有权码，各位的权从左到右分别为 8、4、2、1，所以根据代码的组成便可知道代码所代表的十进制数的值。设 8421 码的各位分别为 a_3、a_2、a_1、a_0，则它所代表的十进制数的值为：

$$N = 8a_3 + 4a_2 + 2a_1 + 1a_0$$

8421 码与十进制数之间的转换只要直接按位转换即可。例如：

$$(853)_{10} = (1000\ 0101\ 0011)_{8421}$$
$$(0111\ 0100\ 1001)_{8421} = (749)_{10}$$

8421 码只利用了 4 位二进制数的 16 种组合 0000～1111 中的前 10 种组合 0000～1001，其余 6 种组合 1010～1111 是无效的。从 16 种组合中选取 10 种组合方式的不同，可以得到其他二—十进制码，如 2421 码、5421 码等。余 3 码是由 8421 码加 3（0011）得来的，这是一种无权码。

格雷码的特点是从一个代码变为相邻的另一个代码时只有一位发生变化。这是考虑到信息在传输过程中可能出错，为了减少错误而研究出的一种编码形式。例如，当将代码 0100 误传为 1100 时，格雷码只不过是十进制数 7 和 8 之差，二进制数码则是十进制数 4 和 12 之差。格雷码的缺点是与十进制数之间不存在规律性的对应关系，不够直观。

11.2　门电路

门电路是一种具有一定逻辑关系的开关电路。当它的输入信号满足某种条件时，才有信号输出，否则就没有信号输出。如果把输入信号看做条件，把输出信号看做结果，那么当条件具备时，结果就会发生。也就是说在门电路的输入信号与输出信号之间存在着一定的因果关系，即逻辑关系。

基本逻辑关系有 3 种：与逻辑、或逻辑、非逻辑。实现这些逻辑关系的电路分别称为与门、或门、非门。由这 3 种基本门电路还可以组成其他多种复合门电路。门电路是数字电路的基本逻辑单元。

门电路可以用二极管、三极管等分立元件组成，目前广泛使用的是集成门电路。

11.2.1　基本逻辑关系及其门电路

1. 与逻辑和与门电路

当决定某事件的全部条件同时具备时，事件才会发生，这种因果关系叫做与逻辑。实现与逻辑关系的电路称为与门。由二极管构成的双输入与门电路及其逻辑符号如图 11.3 所示。图中 A、B 为输入信号，F 为输出信号。设输入信号高电平为 3V，低电平为 0V，并忽略二极管的正向压降。

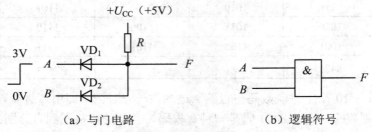

（a）与门电路　　　　　　（b）逻辑符号

图 11.3　二极管构成的双输入与门电路及其逻辑符号

（1）$u_A = u_B = 0V$ 时，二极管 VD_1、VD_2 都处于正向导通状态，所以 $u_F = 0V$。

（2）$u_A = 0V$、$u_B = 3V$ 时，电源将经电阻 R 向处于 0V 电位的 A 端流通电流，VD_1 优先导通。VD_1 导通后，$u_F = 0V$，将 F 点电位钳制在 0V，使 VD_2 受反向电压而截止。

（3）$u_A = 3V$、$u_B = 0V$ 时，VD_2 优先导通，使 F 点电位钳制在 0V，此时，VD_1 受反向电压而截止，$u_F = 0V$。

（4）$u_A = u_B = 3V$ 时，VD_1、VD_2 都导通，$u_F = 3V$。

把上述分析结果归纳列于表 11.3 中，可见图 11.2 所示的电路满足与逻辑关系：只有所有输入信号都是高电平时，输出信号才是高电平，否则输出信号为低电平，所以这是一种与门。把高电平用 1 表示，低电平用 0 表示，u_A、u_B 用 A、B 表示，u_F 用 F 表示，代入表 11.3 中，则得到如表 11.4 所示的逻辑真值表。

表 11.3　双输入与门的输入和输出电平关系

输入		输出
u_A（V）	u_B（V）	u_F（V）
0	0	0
0	3	0
3	0	0
3	3	3

表 11.4　双输入与门的逻辑真值表

输入		输出
A	B	F
0	0	0
0	1	0
1	0	0
1	1	1

由表 11.4 可知，F 与 A、B 之间的关系是：只有当 A、B 都是 1 时，F 才为 1，否则 F 为

0，满足与逻辑关系，可用逻辑表达式表示为：

$$F = A \cdot B$$

式中小圆点"·"表示 A、B 的与运算，与运算又叫逻辑乘，通常与运算符"·"可以省略。上式读作"F 等于 A 与 B"或者"F 等于 A 乘 B"。由与运算的逻辑表达式 $F = A \cdot B$ 或表 11.4 所示的真值表，可知与运算规则为：

$$0 \cdot 0 = 0$$
$$0 \cdot 1 = 0$$
$$1 \cdot 0 = 0$$
$$1 \cdot 1 = 1$$

与门的输入端可以多于两个，但其逻辑功能完全相同。如有 3 个输入端 A、B、C 的与门，其输出为 $F = ABC$。若已知输入 A、B、C 的波形，根据与门的逻辑功能，可画出输出 F 的波形，如图 11.4 所示。

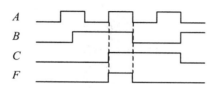

图 11.4　与门的输入输出信号波形

2．或逻辑和或门电路

在决定某事件的条件中，只要任一条件具备，事件就会发生，这种因果关系叫做或逻辑。实现或逻辑关系的电路称为或门。由二极管构成的双输入或门电路及其逻辑符号如图 11.5 所示。图中 A、B 为输入信号，F 为输出信号。设输入信号高电平为 3V，低电平为 0V，并忽略二极管的正向压降。

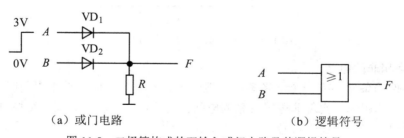

（a）或门电路　　　　　　　　　　　　（b）逻辑符号

图 11.5　二极管构成的双输入或门电路及其逻辑符号

（1）$u_A = u_B = 0\text{V}$ 时，二极管 VD_1、VD_2 都处于截止状态，$u_F = 0\text{V}$。

（2）$u_A = 0\text{V}$、$u_B = 3\text{V}$ 时，VD_2 导通。VD_2 导通后，$u_F = u_B = 3\text{V}$，使 F 点处于高电位，VD_1 受反向电压而截止。

（3）$u_A = 3\text{V}$、$u_B = 0\text{V}$ 时，VD_1 导通，VD_2 受反向电压而截止，$u_F = 3\text{V}$。

（4）$u_A = u_B = 3\text{V}$ 时，VD_1、VD_2 都导通，$u_F = 3\text{V}$。

输入和输出的电平关系及真值表分别如表 11.5 和表 11.6 所示。

表 11.5	双输入或门的输入和输出电平关系	
输入		输出
u_A（V）	u_B（V）	u_F（V）
0	0	0
0	3	3
3	0	3
3	3	3

表 11.6	双输入或门的逻辑真值表	
输入		输出
A	B	F
0	0	0
0	1	1
1	0	1
1	1	1

由真值表可知，F 与 A、B 之间的关系是：A、B 中只要有一个或一个以上是 1 时，F 就为 1，只有当 A、B 全为 0 时 F 才为 0，满足或逻辑关系，可用逻辑表达式表示为：

$$F = A + B$$

式中符号"+"表示 A、B 的或运算，或运算又叫逻辑加。上式读作"F 等于 A 或 B"或者"F 等于 A 加 B"。由或运算的逻辑表达式 $F = A + B$ 或表 11.6 所示的真值表，可知或运算规则为：

$$0 + 0 = 0$$
$$0 + 1 = 1$$
$$1 + 0 = 1$$
$$1 + 1 = 1$$

或门的输入端也可以多于两个，但其逻辑功能完全相同。如有 3 个输入端 A、B、C 的或门，其输出为 $F = A + B + C$。若已知输入 A、B、C 的波形，根据或门的逻辑功能可画出输出 F 的波形，如图 11.6 所示。

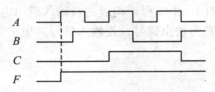

图 11.6　或门的输入输出信号波形

3．非逻辑和非门电路

决定某事件的条件只有一个，当条件出现时事件不发生，而条件不出现时事件发生，这种因果关系叫做非逻辑。实现非逻辑关系的电路称为非门，也称反相器。如图 11.7 所示是三极管非门的原理电路及其逻辑符号。

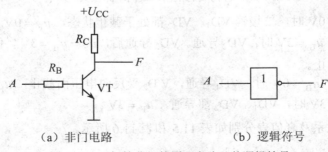

（a）非门电路　　　　　　　　　（b）逻辑符号

图 11.7　三极管非门的原理电路及其逻辑符号

设输入信号高电平为 3V，低电平为 0V，并忽略三极管的饱和压降 U_{CES}，则 $u_A = 0V$ 时，三极管截止，输出电压 $u_F = U_{CC} = 3V$；$u_A = 3V$ 时，三极管饱和导通，输出电压 $u_F = U_{CES} = 0V$。输入和输出的电平关系及真值表分别如表 11.7 和表 11.8 所示。

表 11.7　非门的输入和输出电平关系

输入	输出
u_A（V）	u_F（V）
0	3
3	0

表 11.8　非门的逻辑真值表

输入	输出
A	F
0	1
1	0

由表 11.8 可知，F 与 A 之间的关系是：$A = 0$ 时 $F = 1$，$A = 1$ 时 $F = 0$，满足非逻辑关系。逻辑表达式为：

$$F = \overline{A}$$

式中字母 A 上方的符号"—"表示 A 的非运算或者反运算。上式读作"F 等于 A 非"或者"F 等于 A 反"。显然，非运算规则为：

$$\overline{0} = 1$$
$$\overline{1} = 0$$

4. 复合门电路

将与门、或门、非门 3 种基本门电路组合起来，可以构成多种复合门电路。

如图 11.8（a）所示为由与门和非门连接起来构成的与非门，如图 11.8（b）所示为与非门的逻辑符号。由图 11.8（a）可得与非门的逻辑表达式表示为：

$$F = \overline{AB}$$

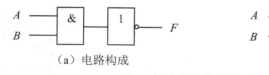

（a）电路构成　　　　　　（b）逻辑符号

图 11.8　与非门的构成及其逻辑符号

与非门的真值表如表 11.9 所示。由表 11.9 可知与非门的逻辑功能是：输入有 0 时输出为 1，输入全 1 时输出为 0。

如图 11.9（a）所示为由或门和非门连接起来构成的或非门，如图 11.9（b）所示为或非门的逻辑符号。由图 11.9（a）可得或非门的逻辑表达式表示为：

$$F = \overline{A + B}$$

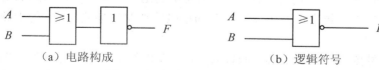

（a）电路构成　　　　　　（b）逻辑符号

图 11.9　或非门的构成及其逻辑符号

或非门的真值表如表 11.10 所示。由表 11.10 可知或非门的逻辑功能是：输入有 1 时输出为 0，输入全 0 时输出为 1。

表 11.9　双输入与非门的真值表

A	B	F
0	0	1
0	1	1
1	0	1
1	1	0

表 11.10　双输入或非门的真值表

A	B	F
0	0	1
0	1	0
1	0	0
1	1	0

11.2.2　集成门电路

为了便于说明逻辑功能，前面讨论的逻辑门电路是由二极管、三极管、电阻等分立元件连接而成。以半导体器件为基本单元，集成在一块硅片上，并具有一定逻辑功能的逻辑门电路，称为集成逻辑门电路。与分立元件门电路相比，集成门电路具有体积小、功耗低、可靠性高、价格低廉和便于微型化等诸多优点。因此，在实际应用中，现在都是使用集成门电路。集成门电路是数字集成电路中最简单而又最基本的电路，其中应用得最普遍的是与非门电路。

下面介绍 TTL 集成门电路。

输入端和输出端都用双极型三极管构成的逻辑电路称为晶体管－晶体管逻辑电路，简称 TTL 电路。TTL 电路的开关速度较高，其缺点是功耗较大。

如图 11.10（a）所示为 TTL 与非门的一个简化电路，它由两个晶体管 VT_1、VT_2 组成，其中 VT_1 具有多个（在图 11.10 中为 2 个）发射极，称为多发射极晶体管。就其作用而言，多发射极晶体管的每个发射极与基极之间的 PN 结都相当于一个二极管，集电极与基极之间的 PN 结也相当于一个二极管。由此可以画出如图 11.10 所示电路的等效电路，如图 11.11（b）所示。显然，在这里 VT_1 相当于一个二极管与门，VT_2 为反相级。

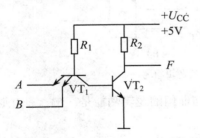

图 11.10　TTL 与非门的简化电路

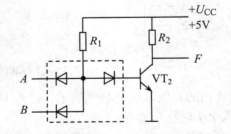

图 11.11　TTL 与非门的等效电路

（1）当输入端有一个或几个接低电平 0 时（假设为 0.3V），VT_1 的基极与输入端接低电平的发射极之间的 PN 结处于正向偏置而导通，电流将通过电阻 R_1 流向该 PN 结，VT_1 的基极电位被钳制在 1V 左右，该电位不足以使 VT_1 的集电结和 VT_2 导通，VT_2 处于截止状态，输出端 F 为高电平 1。

（2）输入信号全为高电平 1 时（假设为 3V），VT_1 的基极电位等于 VT_1 的集电结和 VT_2 的发射结电压之和，大约在 1.4V 左右，所以 VT_1 的几个发射结都处于反向偏置而截止，电流将通过电阻 R_1 和 VT_1 的集电结向 VT_2 提供足够大的基极电流，使 VT_2 饱和导通，输出端 F 为低电平 0。

可见如图 11.10 所示电路的输入、输出满足与非逻辑关系，是与非门。

如果某些输入端悬空，因不能构成通路，所以悬空输入端所产生的逻辑效果与该输入端加高电平时一样。

如图 11.12 和图 11.13 所示是两种 TTL 集成与非门 74LS00 和 74LS20 的引脚排列图。74LS00 内含 4 个 2 输入与非门，74LS20 内含 2 个 4 输入与非门。一片集成电路内的各个逻辑门互相独立，可以单独使用，但共用一根电源引线和一根地线。74LS20 的 3 脚和 11 脚为空。

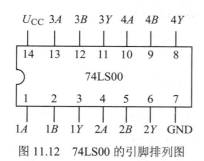

图 11.12　74LS00 的引脚排列图　　　图 11.13　74LS20 的引脚排列图

11.3　逻辑代数

将门电路按照一定的规律连接起来，可以组成具有各种逻辑功能的逻辑电路。分析和设计逻辑电路的数学工具是逻辑代数（又叫布尔代数或开关代数）。逻辑代数具有 3 种基本运算：与运算（逻辑乘）、或运算（逻辑加）、非运算（逻辑非）。

11.3.1　逻辑代数的公式和定理

根据逻辑变量的取值只有 0 和 1，以及逻辑变量的与、或、非 3 种运算法则，可以推导出逻辑运算的基本公式和定理。这些公式的证明，最直接的方法是列出等号两边函数的真值表，看看是否完全相同。也可利用已知的公式来证明其他公式。

1．基本运算

（1）与运算：

$$A \cdot 0 = 0$$
$$A \cdot 1 = A$$
$$A \cdot A = A$$
$$A \cdot \overline{A} = 0$$

（2）或运算：

$$A + 0 = A$$
$$A + 1 = 1$$
$$A + A = A$$
$$A + \overline{A} = 1$$

（3）非运算：

$$\overline{\overline{A}} = A$$

2．基本定理

（1）交换律：

$$AB = BA$$
$$A + B = B + A$$

（2）结合律：

$$(AB)C = A(BC)$$
$$(A + B) + C = A + (B + C)$$

（3）分配律：

$$A(B + C) = AB + AC$$
$$A + BC = (A + B)(A + C)$$

证明

$$(A + B)(A + C) = AA + AB + AC + BC$$
$$= A + AB + AC + BC$$
$$= A(1 + B + C) + BC$$
$$= A + BC$$

（4）吸收律：

$$AB + A\overline{B} = A$$
$$(A + B)(A + \overline{B}) = A$$

$$A + AB = A$$
$$A(A + B) = A$$
$$A(\overline{A} + B) = AB$$

$$A + \overline{A}B = A + B$$

证明

$$A + \overline{A}B = (A + \overline{A})(A + B)$$
$$= 1 \cdot (A + B)$$
$$= A + B$$

（5）反演律（又称摩根定律）：

$$\overline{AB} = \overline{A} + \overline{B}$$
$$\overline{A + B} = \overline{A}\,\overline{B}$$

证明　反演律可用真值表来证明，如表 11.11 所示。

表 11.11　反演律的证明

A	B	$\overline{A}$	$\overline{B}$	$\overline{AB}$	$\overline{A} + \overline{B}$	$\overline{A + B}$	$\overline{A}\overline{B}$
0	0	1	1	1	1	1	1
0	1	1	0	1	1	0	0
1	0	0	1	1	1	0	0
1	1	0	0	0	0	0	0

11.3.2 逻辑函数的表示方法

因为数字电路的输出信号与输入信号之间的关系就是逻辑关系，所以数字电路的工作状态可以用逻辑函数来描述。逻辑函数有真值表、逻辑表达式、卡诺图、逻辑图和波形图 5 种表示形式。只要知道其中一种表示形式，就可转换为其他几种表示形式。这里只介绍用真值表、逻辑表达式、逻辑图和波形图 4 种表示形式表示逻辑函数的方法。

1. 真值表

真值表就是由变量的所有可能取值组合及其对应的函数值所构成的表格。这是一种用表格表示逻辑函数的方法。

真值表的列写方法是：每一个变量均有 0、1 两种取值，n 个变量共有 2^n 种不同的取值，将这 2^n 种不同的取值按顺序（一般按二进制递增规律）排列起来，同时在相应位置上填入函数的值，便可得到逻辑函数的真值表。

例如，要表示这样一个函数关系：当两个变量 A 和 B 取值相同时，函数值为 0；否则，函数取值为 1。此函数称为异或函数，可用如表 11.12 所示的真值表来表示。

表 11.12　异或函数的真值表

A	B	F
0	0	0
0	1	1
1	0	1
1	1	0

2. 逻辑表达式

逻辑表达式就是由逻辑变量和与、或、非 3 种运算符连接起来所构成的式子。如果已经列出了函数的真值表，则只要将那些使函数值为 1 的各个状态表示成全部变量（值为 1 的表示成原变量，值为 0 的表示成反变量）的与项（例如 $A=0$、$B=1$ 时函数 F 的值为 1，则对应的与项为 $\overline{A}B$）以后相加，即得到函数的与或表达式。如表 11.12 所示的异或函数可用逻辑表达式表示为：

$$F = \overline{A}B + A\overline{B}$$

将 A 和 B 的 4 种可能取值分别代入这个表达式，可以验证它是正确的。

3. 逻辑图

逻辑图就是由表示逻辑运算的逻辑符号所构成的图形。在数字电路中，用逻辑符号表示基本单元电路及由这些基本单元电路组成的部件，因此用逻辑图表示逻辑函数是一种比较接近工程实际的表示方法。由逻辑表达式画逻辑图时，逻辑乘用与门实现，逻辑加用或门实现，逻辑非用非门实现。如异或函数 $F = \overline{A}B + A\overline{B}$，需要 2 个非门来实现变量 A、B 的非运算 $\overline{A}$ 和 $\overline{B}$，2 个与门来实现与运算 $\overline{A}B$ 和 $A\overline{B}$，另外还需要 1 个或门将上述 2 项相加，逻辑图如图 11.14（a）所示。实现异或逻辑关系的逻辑门电路称为异或门，异或门的逻辑符号如图 11.14（b）所示。

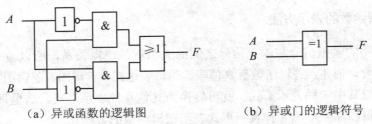

（a）异或函数的逻辑图　　　（b）异或门的逻辑符号

图 11.14　异或函数的逻辑图和异或门的逻辑符号

4．波形图

波形图就是由输入变量的所有可能取值组合的高、低电平及其对应的输出函数值的高、低电平所构成的图形。波形图可以将输出函数的变化和输入变量的变化之间在时间上的对应关系直观地表示出来，因此又称为时间图或时序图。此外，可以利用示波器对电路的输入、输出波形进行测试、观察，以判断电路的输入、输出是否满足给定的逻辑关系。如异或函数 $F = \overline{A}B + A\overline{B}$，可以用图 11.15 所示的波形图来表示。

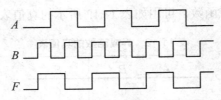

图 11.15　异或函数的波形图

画波形图时要特别注意，横坐标是时间轴，纵坐标是变量取值。由于时间轴相同，变量取值又十分简单，只有 0（低）和 1（高）两种可能，所以在图中可不标出坐标轴。具体画波形时，一定要对应起来画。

11.3.3　逻辑函数的化简

根据逻辑表达式，可以画出相应的逻辑图。但是直接根据逻辑要求而归纳出来的逻辑表达式及其对应的逻辑电路往往不是最简单的形式，这就需要对逻辑表达式进行化简。用化简后的逻辑表达式来构成逻辑电路，所需门电路的数目最少，而且每个门电路的输入端数目也最少。

逻辑函数的化简有公式法和卡诺图法等，公式化简法就是运用逻辑代数的基本公式和定理来化简逻辑函数的一种方法。

例 11.1　化简逻辑函数 $F = ABC + A\overline{B} + A\overline{C}$。

解

$$F = ABC + A\overline{B} + A\overline{C}$$
$$= ABC + A(\overline{B} + \overline{C})$$
$$= ABC + A\overline{BC}$$
$$= A(BC + \overline{BC})$$
$$= A$$

例 11.2　化简逻辑函数 $F = ABC + AB\overline{C} + A\overline{B}C + \overline{A}BC$。

解

$$F = ABC + AB\overline{C} + A\overline{B}C + \overline{A}BC$$
$$= (ABC + AB\overline{C}) + (ABC + A\overline{B}C) + (ABC + \overline{A}BC)$$
$$= AB + AC + BC$$

例 11.3 化简逻辑函数 $F = A\overline{B} + B\overline{C} + \overline{B}C + \overline{A}B$ 。

解

$$F = A\overline{B} + B\overline{C} + \overline{B}C + \overline{A}B$$
$$= A\overline{B} + B\overline{C} + (A + \overline{A})\overline{B}C + \overline{A}B(C + \overline{C})$$
$$= A\overline{B} + B\overline{C} + A\overline{B}C + \overline{A}\,\overline{B}C + \overline{A}BC + \overline{A}B\overline{C}$$
$$= A\overline{B}(1 + C) + B\overline{C}(1 + \overline{A}) + \overline{A}C(\overline{B} + B)$$
$$= A\overline{B} + B\overline{C} + \overline{A}C$$

例 11.4 化简逻辑函数 $F = A\overline{B} + AC + ADE + \overline{C}D$ 。

解

$$F = A\overline{B} + AC + ADE + \overline{C}D$$
$$= A\overline{B} + AC + \overline{C}D + ADE(C + \overline{C})$$
$$= A\overline{B} + (AC + ADEC) + (\overline{C}D + ADE\overline{C})$$
$$= A\overline{B} + AC + \overline{C}D$$

11.4 组合逻辑电路的分析与设计

按照电路结构和工作原理的不同，通常将数字电路分为组合逻辑电路和时序逻辑电路两类。在任何时刻，电路的稳定输出只决定于同一时刻各输入变量的取值，而与电路以前的状态无关的逻辑电路，称为组合逻辑电路。组合逻辑电路具有以下特点：

（1）输出、输入之间没有反馈延时通路。

（2）电路中没有记忆单元。

对于一个已知的逻辑电路，要研究它的工作特性和逻辑功能称为分析。反过来，对于已经确定要完成的逻辑功能，要给出相应的逻辑电路称为设计。

11.4.1 组合逻辑电路的分析

对某个给定的逻辑电路进行分析，目的是为了了解电路的工作特性、逻辑功能、设计思想，或为了评价电路的技术经济指标等。组合逻辑电路的分析可以按以下步骤进行：

（1）根据给定的逻辑电路图，写出各输出端的逻辑表达式。

（2）将得到的逻辑表达式化简。

（3）由简化的逻辑表达式列出真值表。

（4）根据真值表和逻辑表达式对逻辑电路进行分析，判断该电路所能完成的逻辑功能，作出简要的文字描述，或进行改进设计。

例 11.5 分析图 11.16 所示组合逻辑电路的逻辑功能。

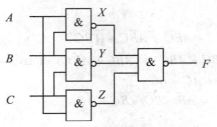

图 11.16　例 11.5 的逻辑电路

解　（1）由逻辑图写出逻辑表达式。由逻辑图写逻辑表达式的方法是，由输入到输出或由输出到输入逐级写出各个门电路的输出表达式，再写出总的逻辑表达式。

$$X = \overline{AB}$$
$$Y = \overline{BC}$$
$$Z = \overline{AC}$$
$$F = \overline{XYZ} = \overline{\overline{AB}\ \overline{BC}\ \overline{AC}} = AB + BC + AC$$

（2）化简函数。此式已不能再化简，因此跳过这一步。

（3）列出真值表，如表 11.13 所示。

表 11.13　例 11.5 的真值表

A	B	C	Y
0	0	0	0
0	0	1	0
0	1	0	0
0	1	1	1
1	0	0	0
1	0	1	1
1	1	0	1
1	1	1	1

（4）电路逻辑功能的描述。由表 11.13 可知，当输入 A、B、C 中有 2 个或 3 个为 1 时，输出 F 为 1，否则输出 F 为 0。所以这个电路实际上是一种 3 人表决用的组合逻辑电路，即只要有 2 票或 3 票同意，表决就通过。

例 11.6　分析图 11.17 所示的逻辑电路，并用与非门改进设计。

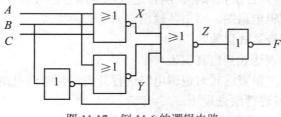

图 11.17　例 11.6 的逻辑电路

解　（1）由逻辑图写出逻辑表达式。先写出各个门电路的输出表达式，再写出总的逻辑表达式。

$$X = \overline{A+B+C}$$
$$Y = \overline{A+\overline{B}}$$
$$Z = \overline{X+Y+\overline{B}}$$
$$F = \overline{Z} = X+Y+\overline{B} = \overline{A+B+C} + \overline{A+\overline{B}} + \overline{B}$$

（2）化简函数。

$$F = \overline{A}\,\overline{B}\,\overline{C} + \overline{A}B + \overline{B} = \overline{A}B + \overline{B} = \overline{A} + \overline{B}$$

（3）列真值表，如表 11.14 所示。

表 11.14　例 11.6 的真值表

A	B	C	Y
0	0	0	1
0	0	1	1
0	1	0	1
0	1	1	1
1	0	0	1
1	0	1	1
1	1	0	0
1	1	1	0

（4）电路逻辑功能的描述。由化简后的逻辑表达式或表 11.14 可知，电路的输出 F 只与输入 A、B 有关，而与输入 C 无关。F 和 A、B 的逻辑关系为：A、B 中有 0 时 $F=1$；A、B 全为 1 时 $F=0$。所以 F 和 A、B 的逻辑关系为与非关系。

（5）用与非门改进设计。将函数的最简表达式写成与非表达式：

$$F = \overline{A} + \overline{B} = \overline{AB}$$

其改进后的逻辑图如图 11.18 所示。

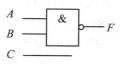

图 11.18　图 11.17 的改进电路

11.4.2　组合逻辑电路的设计

组合逻辑电路的设计过程正好与分析过程相反，它是根据给定的逻辑功能要求，找出用最少逻辑门来实现该逻辑功能的电路。组合逻辑电路的设计一般可按以下步骤进行：

（1）分析给定的实际逻辑问题，根据设计的逻辑要求列出真值表。

（2）根据真值表写出组合逻辑电路的逻辑函数表达式并化简。

（3）根据集成芯片的类型变换逻辑函数表达式并画出逻辑电路图。

这 3 个设计步骤中，最关键的是第一步，即根据逻辑要求列真值表。任何逻辑问题，只要能列出它的真值表，就能把逻辑电路设计出来。实际逻辑问题往往是用文字描述的，设计者必须对问题的文字描述进行全面的分析，弄清楚什么作为输入变量，什么作为输出函数，以及它们之间的相互关系，才能对每一种可能的情况都能做出正确的判断。然后采用穷举法，列出变量可能出现的所有情况，并进行状态赋值，即用 0、1 表示输入变量和输出函数的相应状态，从而列出所需的真值表。

例 11.7　设计一个楼上、楼下开关的控制逻辑电路来控制楼梯上的电灯，使之在上楼前，用楼下开关打开电灯，上楼后，用楼上开关关灭电灯；或者在下楼前，用楼上开关打开电灯，下楼后，用楼下开关关灭电灯。

解　（1）分析给定的实际逻辑问题，根据设计的逻辑要求列出真值表。

在实际中，可用两个单刀双掷开关完成这一简单的逻辑功能，如图 11.19 所示。

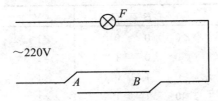

图 11.19　例 11.7 的实际电路图

设楼上开关为 A，楼下开关为 B，灯泡为 F。并设 A、B 掷向上方时为 1，掷向下方时为 0；灯亮时 F 为 1，灯灭时 F 为 0。根据逻辑要求列出真值表，如表 11.15 所示。

表 11.15　例 11.7 的真值表

A	B	F
0	0	1
0	1	0
1	0	0
1	1	1

（2）根据真值表写出逻辑函数的表达式并化简。

由表 11.15 可直接写出逻辑表达式为：

$$F = \overline{A}\,\overline{B} + AB$$

此式已为最简表达式。

（3）根据集成芯片的类型变换逻辑函数表达式并画出逻辑电路图。

若用与非门实现，将函数表达式变换为：

$$F = \overline{\overline{\overline{A}\,\overline{B}}\;\overline{AB}}$$

逻辑图如图 11.20 所示。

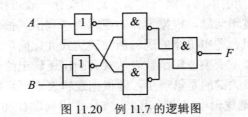

图 11.20　例 11.7 的逻辑图

因为：
$$F = \overline{A}\overline{B} + AB = \overline{\overline{A}B + A\overline{B}} = \overline{A \oplus B}$$

异或运算的非运算称为同或运算，能实现同或运算的门电路称为同或门，其逻辑符号如图 11.21 所示。

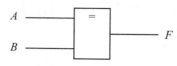

图 11.21 同或门的逻辑符号

例 11.8 用与非门设计一个交通报警控制电路。交通信号灯有红、绿、黄 3 种，3 种灯分别单独工作或黄、绿灯同时工作时属正常情况，其他情况均属故障，出现故障时输出报警信号。

解 （1）根据逻辑要求列真值表。

设红、绿、黄灯分别用 A、B、C 表示，灯亮时其值为 1，灯灭时其值为 0；输出报警信号用 F 表示，灯正常工作时其值为 0，灯出现故障时其值为 1。则该报警控制电路的真值表如表 11.16 所示。

表 11.16 例 11.8 的真值表

A	B	C	F
0	0	0	1
0	0	1	0
0	1	0	0
0	1	1	0
1	0	0	0
1	0	1	1
1	1	0	1
1	1	1	1

（2）写逻辑表达式并化简。由表 11.16 可得函数 F 的与或表达式为：
$$F = \overline{A}\overline{B}\overline{C} + A\overline{B}C + AB\overline{C} + ABC$$
$$= \overline{A}\overline{B}\overline{C} + AB + AC$$

（3）将函数表达式变换为与非表达式，画出逻辑图，如图 11.22 所示。
$$F = = \overline{\overline{\overline{A}\overline{B}\overline{C}} \ \overline{AB} \ \overline{AC}}$$

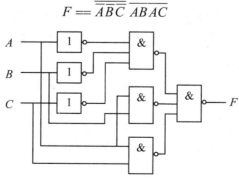

图 11.22 例 11.8 的逻辑图

11.5　组合逻辑部件

组合逻辑部件是指具有某种逻辑功能的中规模集成组合逻辑电路芯片。常用的组合逻辑部件有加法器、数值比较器、编码器、译码器、数据选择器和数据分配器等。

11.5.1　加法器

能实现二进制加法运算的逻辑电路称为加法器。

1．半加器

能对两个 1 位二进制数相加而求得和及进位的逻辑电路称为半加器。

设两个加数分别用 A_i、B_i 表示，和用 S_i 表示，向高位的进位用 C_i 表示。根据半加器的功能及二进制加法运算规则，可以列出半加器的真值表，如表 11.17 所示。

表 11.17　半加器的真值表

A_i	B_i	S_i	C_i
0	0	0	0
0	1	1	0
1	0	1	0
1	1	0	1

由表 11.17 可得半加器的逻辑表达式为：

$$S_i = \overline{A_i}B_i + A_i\overline{B_i} = A_i \oplus B_i$$

$$C_i = A_i B_i$$

根据上述逻辑表达式可画出半加器的逻辑图，如图 11.23（a）所示。如图 11.23（b）所示为半加器的逻辑符号。

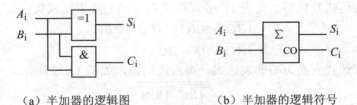

（a）半加器的逻辑图　　　　　　（b）半加器的逻辑符号

图 11.23　半加器的逻辑图和逻辑符号

2．全加器

能对两个 1 位二进制数相加并考虑低位来的进位，即相当于 3 个 1 位二进制数相加，求得和及进位的逻辑电路称为全加器。

设两个加数分别用 A_i、B_i 表示，低位来的进位用 C_{i-1} 表示，和用 S_i 表示，向高位的进位用 C_i 表示。根据全加器的逻辑功能及二进制加法运算规则，可以列出全加器的真值表，如表 11.18 所示。

表 11.18　全加器的真值表

A_i	B_i	C_{i-1}	S_i	C_i
0	0	0	0	0
0	0	1	1	0
0	1	0	1	0
0	1	1	0	1
1	0	0	1	0
1	0	1	0	1
1	1	0	0	1
1	1	1	1	1

由表 11.18 可得 S_i 和 C_i 的逻辑表达式为：

$$S_i = \overline{A_i}\,\overline{B_i}C_{i-1} + \overline{A_i}B_i\overline{C_{i-1}} + A_i\overline{B_i}\,\overline{C_{i-1}} + A_iB_iC_{i-1}$$
$$= \overline{A_i}(\overline{B_i}C_{i-1} + B_i\overline{C_{i-1}}) + A_i(\overline{B_i}\,\overline{C_{i-1}} + B_iC_{i-1})$$
$$= \overline{A_i}(B_i \oplus C_{i-1}) + A_i(\overline{B_i \oplus C_{i-1}})$$
$$= A_i \oplus B_i \oplus C_{i-1}$$
$$C_i = \overline{A_i}B_iC_{i-1} + A_i\overline{B_i}C_{i-1} + A_iB_i\overline{C_{i-1}} + A_iB_iC_{i-1}$$
$$= (\overline{A_i}B_i + A_i\overline{B_i})C_{i-1} + A_iB_i(\overline{C_{i-1}} + C_{i-1})$$
$$= (A_i \oplus B_i)C_{i-1} + A_iB_i$$
$$= \overline{\overline{(A_i \oplus B_i)C_{i-1}} \cdot \overline{A_iB_i}}$$

不直接写出 C_i 的最简与或表达式，是为了得到 $A_i \oplus B_i$ 项，从而使整个电路更加简单。根据以上两个逻辑表达式即可画出全加器的逻辑图，如图 11.24（a）所示。如图 11.24（b）所示为全加器的逻辑符号。

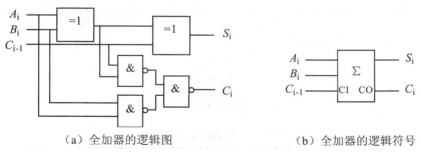

（a）全加器的逻辑图　　　　　（b）全加器的逻辑符号

图 11.24　全加器的逻辑图和逻辑符号

利用全加器可以构成多位数的加法器。把 n 个全加器串联起来，低位全加器的进位输出连接到相邻的高位全加器的进位输入，便构成了 n 位的加法器。如图 11.25 所示为这种结构的 4 位加法器的逻辑图。这种加法器任一位的加法运算都必须等到低位的运算完成后送来进位时才能进行，因此运算速度不高。这种结构的多位数加法器称为串行进位加法器，中规模集成 4 位串行进位加法器有 74LS83 等。

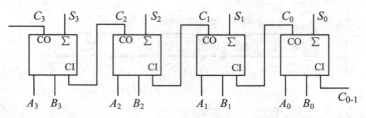

图 11.25　4 位串行进位加法器

为了提高运算速度，在逻辑设计上采用超前进位的方法，即每一位的进位根据各位的输入同时预先形成，而不需要等到低位的进位送来后才形成，这种结构的多位数加法器称为超前进位加法器。中规模集成 4 位超前进位加法器 74LS283、CC4008 的引脚排列图如图 11.26 所示。

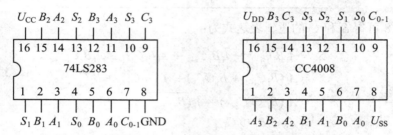

图 11.26　集成 4 位二进制超前进位加法器引脚排列图

11.5.2　数值比较器

在各种数字系统尤其是在计算机中，经常需要对两个二进制数进行大小比较，然后根据比较结果转向执行某种操作。用来完成两个二进制数大小比较的逻辑电路称为数值比较器，简称比较器。在数字电路中，数值比较器的输入是要进行比较的两个二进制数，输出是比较的结果。

两个 1 位二进制数进行比较，输入信号是两个要进行比较的 1 位二进制数，现用 A、B 表示；输出是比较结果，有 3 种情况：$A > B$、$A < B$、$A = B$，现分别用 L_1、L_2、L_3 表示。设 $A > B$ 时 $L_1 = 1$；$A < B$ 时 $L_2 = 1$；$A = B$ 时 $L_3 = 1$。由此可列出 1 位数值比较器的真值表，如表 11.19 所示。根据此表可写出各个输出的逻辑表达式：

$$L_1 = A\overline{B}$$

$$L_2 = \overline{A}B$$

$$L_3 = \overline{A}\,\overline{B} + AB = \overline{\overline{A}B + A\overline{B}}$$

表 11.19　1 位数值比较器的真值表

A	B	L_1（$A{>}B$）	L_2（$A{<}B$）	L_3（$A{=}B$）
0	0	0	0	1
0	1	0	1	0
1	0	1	0	0
1	1	0	0	1

由以上逻辑表达式可画出 1 位数值比较器的逻辑图，如图 11.27 所示。

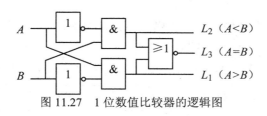

图 11.27 1 位数值比较器的逻辑图

集成 4 位数值比较器 74LS85、CC4585 的引脚排列图如图 11.28 所示。

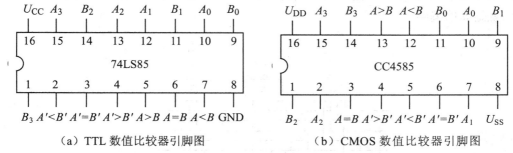

（a）TTL 数值比较器引脚图　　（b）CMOS 数值比较器引脚图

图 11.28　集成数字比较器的引脚排列图

11.5.3　编码器

实现编码操作的电路称为编码器。

1．二进制编码器

用 n 位二进制代码来表示 $N = 2^n$ 个信号的电路称为二进制编码器。二进制编码器输入有 $N = 2^n$ 个信号，输出为 n 位二进制代码。根据编码器输出代码的位数，二进制编码器可分为 3 位二进制编码器、4 位二进制编码器等。

3 位二进制编码器是把 8 个输入信号 $I_0 \sim I_7$ 编成对应的 3 位二进制代码输出。因为输入有 8 个信号，要求有 8 种状态，所以输出的是 3 位（$2^n = 8$，$n = 3$）二进制代码。这种编码器通常称为 8/3 线编码器。

用 3 位二进制代码表示 8 个信号的方案很多，现分别用 000～111 表示 $I_0 \sim I_7$。由于编码器在任何时刻都只能对一个输入信号进行编码，即不允许有两个和两个以上输入信号同时存在的情况出现，也就是说 $I_0 \sim I_7$ 是一组互相排斥的变量，因此真值表可以采用简化形式，如表 11.20 所示。

表 11.20　3 位二进制编码器的编码表

	Y_2	Y_1	Y_0
I_0	0	0	0
I_1	0	0	1
I_2	0	1	0
I_3	0	1	1
I_4	1	0	0
I_5	1	0	1
I_6	1	0	0
I_7	1	1	1

由于 I_0、I_1、……、I_7 互相排斥，所以只需要将使函数值为 1 的变量加起来，便可以得到相应输出信号的最简与或表达式，即：

$$Y_2 = I_4 + I_5 + I_6 + I_7 = \overline{\overline{I_4 + I_5 + I_6 + I_7}} = \overline{\overline{I_4}\,\overline{I_5}\,\overline{I_6}\,\overline{I_7}}$$

$$Y_1 = I_2 + I_3 + I_6 + I_7 = \overline{\overline{I_2 + I_3 + I_6 + I_7}} = \overline{\overline{I_2}\,\overline{I_3}\,\overline{I_6}\,\overline{I_7}}$$

$$Y_0 = I_1 + I_3 + I_5 + I_7 = \overline{\overline{I_1 + I_3 + I_5 + I_7}} = \overline{\overline{I_1}\,\overline{I_3}\,\overline{I_5}\,\overline{I_7}}$$

逻辑图如图 11.29 所示，图中 I_0 的编码是隐含着的，即当 $I_1 \sim I_7$ 均为无效状态时，编码器的输出就是 I_0 的编码。

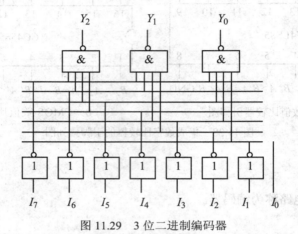

图 11.29　3 位二进制编码器

2. 二－十进制编码器

将十进制的 10 个数码 0～9 编成二进制代码的逻辑电路称为二－十进制编码器。其工作原理与二进制编码器并无本质区别。因为输入有 10 个数码，要求有 10 种状态，而 3 位二进制代码只有 8 种状态，所以输出需要用 4 位（$2^n > 10$，取 $n = 4$）二进制代码。设输入的 10 个数码分别用 $I_0 \sim I_9$ 表示，输出的二进制代码分别为 Y_3、Y_2、Y_1、Y_0，采用 8421 码，则真值表如表 11.21 所示。

表 11.21　8421 码编码器的真值表

I	Y_3	Y_2	Y_1	Y_0
0（I_0）	0	0	0	0
1（I_1）	0	0	0	1
2（I_2）	0	0	1	0
3（I_3）	0	0	1	1
4（I_4）	0	1	0	0
5（I_5）	0	1	0	1
6（I_6）	0	1	1	0
7（I_7）	0	1	1	1
8（I_8）	1	0	0	0
9（I_9）	1	0	0	1

由真值表可直接写出各输出函数的逻辑表达式为：

$$Y_3 = I_8 + I_9 = \overline{\overline{I_8}\,\overline{I_9}}$$

$$Y_2 = I_4 + I_5 + I_6 + I_7 = \overline{\overline{I_4}\,\overline{I_5}\,\overline{I_6}\,\overline{I_7}}$$

$$Y_1 = I_2 + I_3 + I_6 + I_7 = \overline{\overline{I_2}\,\overline{I_3}\,\overline{I_6}\,\overline{I_7}}$$

$$Y_0 = I_1 + I_3 + I_5 + I_7 + I_9 = \overline{\overline{I_1}\,\overline{I_3}\,\overline{I_5}\,\overline{I_7}\,\overline{I_9}}$$

逻辑图如图 11.30 所示，其中 I_0 也是隐含着的。

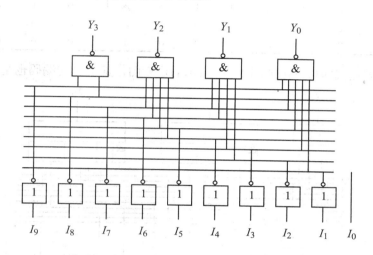

图 11.30 8421 码编码器

3. 优先编码器

前面介绍的编码器，输入信号都是互相排斥的。在优先编码器中则不同，允许几个信号同时输入，但是电路只对其中优先级别最高的进行编码，不理睬级别低的信号，或者说级别低的信号不起作用，这样的电路叫做优先编码器。也就是说，在优先编码器中是优先级别高的信号排斥级别低的，即具有单方面排斥的特性。至于优先级别的高低，则完全是由设计者根据各个输入信号的轻重缓急情况决定的。

3 位二进制优先编码器的输入是 8 个要进行优先编码的信号 $I_0 \sim I_7$，设 I_7 的优先级别最高，I_6 次之，依此类推，I_0 最低，并分别用 000～111 表示 $I_0 \sim I_7$。根据优先级别高的信号排斥级别低的特点，即可列出优先编码器的简化真值表，即优先编码表，如表 11.22 所示。表中的"×"表示变量的取值可以任意，既可为 0，也可为 1。

由表 11.22 直接可得：

$$Y_2 = I_7 + \overline{I_7}I_6 + \overline{I_7}\,\overline{I_6}I_5 + \overline{I_7}\,\overline{I_6}\,\overline{I_5}I_4$$

$$= I_7 + I_6 + I_5 + I_4$$

$$Y_1 = I_7 + \overline{I_7}I_6 + \overline{I_7}\,\overline{I_6}\,\overline{I_5}\,\overline{I_4}I_3 + \overline{I_7}\,\overline{I_6}\,\overline{I_5}\,\overline{I_4}\,\overline{I_3}I_2$$

$$= I_7 + I_6 + \overline{I_5}\,\overline{I_4}I_3 + \overline{I_5}\,\overline{I_4}I_2$$

$$Y_0 = I_7 + \overline{I_7}\,\overline{I_6}I_5 + \overline{I_7}\,\overline{I_6}\,\overline{I_5}\,\overline{I_4}I_3 + \overline{I_7}\,\overline{I_6}\,\overline{I_5}\,\overline{I_4}\,\overline{I_3}\,\overline{I_2}I_1$$

$$= I_7 + \overline{I_6}I_5 + \overline{I_6}\,\overline{I_4}I_3 + \overline{I_6}\,\overline{I_4}\,\overline{I_2}I_1$$

表 11.22　3 位二进制优先编码表

I_7	I_6	I_5	I_4	I_3	I_2	I_1	I_0	Y_2	Y_1	Y_0
1	×	×	×	×	×	×	×	1	1	1
0	1	×	×	×	×	×	×	1	1	0
0	0	1	×	×	×	×	×	1	0	1
0	0	0	1	×	×	×	×	1	0	0
0	0	0	0	1	×	×	×	0	1	1
0	0	0	0	0	1	×	×	0	1	0
0	0	0	0	0	0	1	×	0	0	1
0	0	0	0	0	0	0	1	0	0	0

根据上述表达式即可画出如图 11.31 所示的逻辑图，其中 I_0 的编码也是隐含的。

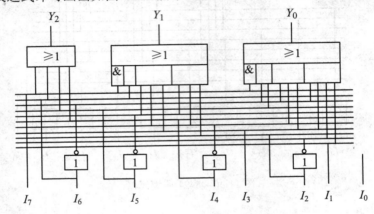

图 11.31　3 位二进制优先编码器

因为 3 位二进制优先编码器有 8 根输入编码信号线、3 根输出代码信号线，所以又叫做 8/3 线优先编码器。

如果要求输出、输入均为反变量，即为低电平有效，则只要在图 11.31 中的每一个输出端和输入端都加上反相器即可。如图 11.32 所示是 TTL 集成 8/3 线优先编码器 74LS148 的引脚排列图，其输出、输入均为低电平有效。

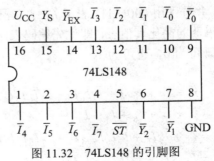

图 11.32　74LS148 的引脚图

11.5.4　译码器

译码是编码的逆过程。在编码时，每一种二进制代码状态都赋予了特定的含义，即都表示了一个确定的信号或者对象。把代码状态的特定含义翻译出来的过程称为译码，实现译码操作的电路称为译码器。或者说，译码器是将输入二进制代码的状态翻译成输出信号，以表示其原来含义的电路。实际上，译码器就是把一种代码转换为另一种代码的电路。

译码器的种类很多，但各种译码器的工作原理类似，设计方法也相同。

1. 二进制译码器

把二进制代码的各种状态，按照其原意翻译成对应输出信号的电路，称为二进制译码器。显然，若二进制译码器的输入端为 n 个，则输出端为 $N = 2^n$ 个，且对应于输入代码的每一种状态，2^n 个输出中只有一个为 1（或为 0），其余全为 0（或为 1）。因为二进制译码器可以译出输入变量的全部状态，故又称为变量译码器。

设输入的是 3 位二进制代码 $A_2A_1A_0$，由于 $n = 3$，而 3 位二进制代码可表示 8 种不同的状态，所以输出的必须是 8 个译码信号，设 8 个输出信号分别为 $Y_0 \sim Y_7$。根据二进制译码器的功能，可列出 3 位二进制译码器的真值表，如表 11.23 所示。

表 11.23 3 位二进制译码器的真值表

A_2	A_1	A_0	Y_0	Y_1	Y_2	Y_3	Y_4	Y_5	Y_6	Y_7
0	0	0	1	0	0	0	0	0	0	0
0	0	1	0	1	0	0	0	0	0	0
0	1	0	0	0	1	0	0	0	0	0
0	1	1	0	0	0	1	0	0	0	0
1	0	0	0	0	0	0	1	0	0	0
1	0	1	0	0	0	0	0	1	0	0
1	1	0	0	0	0	0	0	0	1	0
1	1	1	0	0	0	0	0	0	0	1

从表 11.23 所示的真值表可知，对应于一组变量输入，在 8 个输出中只有 1 个为 1，其余 7 个为 0。因为输入端有 3 个，输出端有 8 个，故又称之为 3/8 线译码器，也称为 3 变量译码器。由表 11.23 可直接写出各输出信号的逻辑表达式：

$$Y_0 = \overline{A_2}\,\overline{A_1}\,\overline{A_0}$$
$$Y_1 = \overline{A_2}\,\overline{A_1}\,A_0$$
$$Y_2 = \overline{A_2}\,A_1\,\overline{A_0}$$
$$Y_3 = \overline{A_2}\,A_1\,A_0$$
$$Y_4 = A_2\,\overline{A_1}\,\overline{A_0}$$
$$Y_5 = A_2\,\overline{A_1}\,A_0$$
$$Y_6 = A_2\,A_1\,\overline{A_0}$$
$$Y_7 = A_2\,A_1\,A_0$$

根据这些逻辑表达式画出逻辑图，如图 11.33 所示。由于译码器各个输出信号表达式的基本形式是有关输入信号的与运算，所以它的逻辑图是由与门组成的阵列，这也是译码器基本电路结构的一个显著特点。

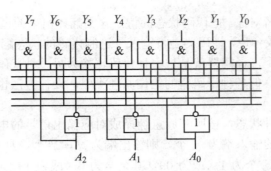

图 11.33　3 位二进制译码器

如果把如图 11.33 所示电路的与门换成与非门，那么所得到的就是由与非门构成的输出为反变量（低电平有效）的 3 位二进制译码器。

2．二—十进制译码器

把二—十进制代码翻译成 10 个十进制数字信号的电路，称为二—十进制译码器。二—十进制译码器的输入是十进制数的 4 位二进制编码，分别用 A_3、A_2、A_1、A_0 表示；输出的是与 10 个十进制数字相对应的 10 个信号，用 Y_9～Y_0 表示。由于二—十进制译码器有 4 根输入线，10 根输出线，所以又称为 4/10 线译码器。8421 码译码器的真值表如表 11.24 所示。由表 11.24 可得各输出函数的表达式分别为：

$$Y_0 = \overline{A_3}\,\overline{A_2}\,\overline{A_1}\,\overline{A_0}$$
$$Y_1 = \overline{A_3}\,\overline{A_2}\,\overline{A_1}\,A_0$$
$$Y_2 = \overline{A_3}\,\overline{A_2}\,A_1\,\overline{A_0}$$
$$Y_3 = \overline{A_3}\,\overline{A_2}\,A_1\,A_0$$
$$Y_4 = \overline{A_3}\,A_2\,\overline{A_1}\,\overline{A_0}$$
$$Y_5 = \overline{A_3}\,A_2\,\overline{A_1}\,A_0$$
$$Y_6 = \overline{A_3}\,A_2\,A_1\,\overline{A_0}$$
$$Y_7 = \overline{A_3}\,A_2\,A_1\,A_0$$
$$Y_8 = A_3\,\overline{A_2}\,\overline{A_1}\,\overline{A_0}$$
$$Y_9 = A_3\,\overline{A_2}\,\overline{A_1}\,A_0$$

表 11.24　8421 BCD 码译码器的真值表

A_3	A_2	A_1	A_0	Y_9	Y_8	Y_7	Y_6	Y_5	Y_4	Y_3	Y_2	Y_1	Y_0
0	0	0	0	0	0	0	0	0	0	0	0	0	1
0	0	0	1	0	0	0	0	0	0	0	0	1	0
0	0	1	0	0	0	0	0	0	0	0	1	0	0
0	0	1	1	0	0	0	0	0	0	1	0	0	0
0	1	0	0	0	0	0	0	0	1	0	0	0	0
0	1	0	1	0	0	0	0	1	0	0	0	0	0
0	1	1	0	0	0	0	1	0	0	0	0	0	0
0	1	1	1	0	0	1	0	0	0	0	0	0	0
1	0	0	0	0	1	0	0	0	0	0	0	0	0
1	0	0	1	1	0	0	0	0	0	0	0	0	0

由这些表达式画出的逻辑图如图 11.34 所示。

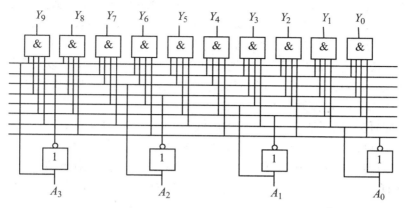

图 11.34　8421 BCD 码译码器的逻辑图

如果要输出为反变量，即为低电平有效，则只需将图 11.34 所示电路中的与门换成与非门即可。

3．显示译码器

在各种数字设备中，经常需要将数字、文字和符号直观地显示出来，供人们直接读取结果，或用以监视数字系统的工作情况。因此，显示电路是许多数字设备中必不可少的部分。用来驱动各种显示器件，从而将用二进制代码表示的数字、文字、符号翻译成人们习惯的形式直观地显示出来的电路，称为显示译码器。

显示器件的种类很多，在数字电路中最常用的显示器是半导体显示器（又称为发光二极管显示器，LED）和液晶显示器（LCD）。LED 主要用于显示数字和字母，LCD 可以显示数字、字母、文字和图形等。

7 段 LED 数码显示器俗称数码管，其工作原理是将要显示的十进制数码分成 7 段，每段为一个发光二极管，利用不同发光段组合来显示不同的数字。图 11.35（a）所示为数码管的外形结构。

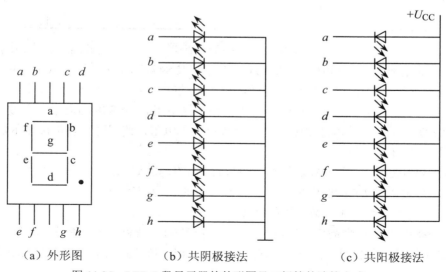

（a）外形图　　　（b）共阴极接法　　　（c）共阳极接法

图 11.35　LED 7 段显示器的外形图及二极管的连接方式

数码管中的 7 个发光二极管有共阴极和共阳极两种接法，如图 11.35（b）、（c）所示，图中的发光二极管 $a \sim g$ 用于显示十进制的 10 个数字 $0 \sim 9$，h 用于显示小数点。从图中可以看出，对于共阴极的显示器，某一段接高电平时发光；对于共阳极的显示器，某一段接低电平时发光，使用时每个二极管要串联一个约 100Ω 的限流电阻。

前已述及，7 段数码管是利用不同发光段组合来显示不同的数字。以共阴极显示器为例，若 a、b、c、d、g 各段接高电平，则对应的各段发光，显示出十进制数字 3；若 b、c、f、g 各段接高电平，则显示十进制数字 4。

LED 显示器的特点是清晰悦目、工作电压低（$1.5 \sim 3\mathrm{V}$）、体积小、寿命长（大于 $1000\mathrm{h}$）、响应速度快（$1 \sim 100\mathrm{ns}$）、颜色丰富（有红、绿、黄等色）、工作可靠。

设计显示译码器首先要考虑显示器的字形。如果设计驱动共阴极的 7 段发光二极管的二—十进制显示译码器，设 4 个输入 A_3、A_2、A_1、A_0 采用 8421 码，根据数码管的显示原理，可列出如表 11.25 所示的真值表。输出 $a \sim g$ 是驱动 7 段数码管相应显示段的信号，由于驱动共阴极数码管，故应为高电平有效，即高电平时显示段亮。如果设计驱动共阳极的 7 段发光二极管的二—十进制显示译码器，则输出状态与之相反。

表 11.25　二—十进制 7 段显示译码器的真值表

A_3	A_2	A_1	A_0	a	b	c	d	e	f	g	显示字形
0	0	0	0	1	1	1	1	1	1	0	0
0	0	0	1	0	1	1	0	0	0	0	1
0	0	1	0	1	1	0	1	1	0	1	2
0	0	1	1	1	1	1	1	0	0	1	3
0	1	0	0	0	1	1	0	0	1	1	4
0	1	0	1	1	0	1	1	0	1	1	5
0	1	1	0	1	0	1	1	1	1	1	6
0	1	1	1	1	1	1	0	0	0	0	7
1	0	0	0	1	1	1	1	1	1	1	8
1	0	0	1	1	1	1	1	0	1	1	9

由于数字显示电路的应用非常广泛，它们的译码器也已作为标准器件，制成了中规模集成电路。常用的集成 7 段译码驱动器属 TTL 型的有 74LS47、74LS48 等，CMOS 型的有 CD4055 液晶显示驱动器等。74LS47 为低电平有效，用于驱动共阳极的 LED 显示器，因为 74LS47 为集电极开路（OC）输出结构，工作时必须外接集电极电阻。74LS48 为高电平有效，用于驱动共阴极的 LED 显示器，其内部电路的输出级有集电极电阻，使用时可直接接显示器。74LS48 的引脚排列如图 11.36 所示。

在 74LS48 中还设置了一些辅助端。这些辅助端的功能如下：

（1）试灯输入端 $\overline{LT}$：低电平有效。当 $\overline{LT}=0$ 时，数码管的 7 段应全亮，与输入的译码信号无关。本输入端用于测试数码管的好坏。

（2）动态灭零输入端 $\overline{RBI}$：低电平有效。当 $\overline{LT}=1$、$\overline{RBI}=0$、译码输入全为 0 时，该位输出不显示，即 0 字被熄灭；当译码输入不全为 0 时，该位正常显示。本输入端用于消隐无效的 0。如数据 0034.50 可显示为 34.5。

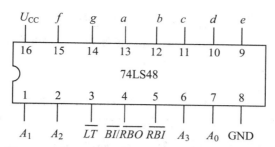

图 11.36 集成 7 段译码驱动器 74LS48 的引脚图

（3）灭灯输入/动态灭零输出端 $\overline{BI}/\overline{RBO}$：这是一个特殊的端钮，有时用作输入，有时用作输出。当 $\overline{BI}/\overline{RBO}$ 作为输入使用，且 $\overline{BI}/\overline{RBO}=0$ 时，数码管 7 段全灭，与译码输入无关。当 $\overline{BI}/\overline{RBO}$ 作为输出使用时，受控于 $\overline{LT}$ 和 $\overline{RBI}$：当 $\overline{LT}=1$ 且 $\overline{RBI}=0$ 时，$\overline{BI}/\overline{RBO}=0$；其他情况下，$\overline{BI}/\overline{RBO}=1$。本端钮主要用于显示多位数字时多个译码器之间的连接。

11.5.5 数据选择器

数据选择器又叫多路选择器或多路开关，它是多输入单输出的组合逻辑电路。数据选择器能够从来自不同地址的多路数据中任意选出所需的一路数据作为输出，至于选择哪一路数据输出，则完全由当时的选择控制信号决定。

4 选 1 数据选择器有 4 个输入数据 D_0、D_1、D_2、D_3，两个选择控制信号 A_1 和 A_0，一个输出信号 Y。设 A_1A_0 取值分别为 00、01、10、11 时，分别选择数据 D_0、D_1、D_2、D_3 输出。由此可列出 4 选 1 数据选择器的真值表，如表 11.26 所示。

表 11.26　4 选 1 数据选择器的真值表

D	A_1	A_0	Y
D_0	0	0	D_0
D_1	0	1	D_1
D_2	1	0	D_2
D_3	1	1	D_3

根据真值表很容易得到输出 Y 的逻辑表达式为：

$$Y = D_0\overline{A}_1\overline{A}_0 + D_1\overline{A}_1A_0 + D_2A_1\overline{A}_0 + D_3A_1A_0$$

根据上式画出的逻辑图如图 11.37 所示。

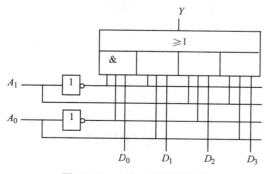

图 11.37　4 选 1 数据选择器

因为随着 A_1A_0 取值的不同，被打开的与门也随之变化，而只有加在被打开与门输入端的数据才能传送到输出端，所以图 11.37 中的 A_1A_0 也称为地址码或地址控制信号。

11.5.6 数据分配器

数据分配器又叫多路分配器。数据分配器的逻辑功能是将 1 个输入数据传送到多个输出端中的 1 个输出端，具体传送到哪一个输出端，也是由一组选择控制信号确定。通常数据分配器有 1 根输入线，n 根选择控制线和 2^n 根输出线，称为 1 路-2^n 路数据分配器。

1 路-4 路数据分配器有 1 路输入数据，用 D 表示；2 个输入选择控制信号，用 A_1、A_0 表示；4 个数据输出端，用 Y_0、Y_1、Y_2、Y_3 表示。设 $A_1A_0 = 00$ 时选中输出端 Y_0，$Y_0 = D$；$A_1A_0 = 01$ 时选中输出端 Y_1，$Y_1 = D$；$A_1A_0 = 10$ 时选中输出端 Y_2，$Y_2 = D$；$A_1A_0 = 11$ 时选中输出端 Y_3，$Y_3 = D$。则 1 路-4 路数据分配器的真值表如表 11.27 所示。

表 11.27　1 路-4 路数据分配器的真值表

A_1	A_0	Y_0	Y_1	Y_2	Y_3
0	0	D	0	0	0
0	1	0	D	0	0
1	0	0	0	D	0
1	1	0	0	0	D

由表 11.26 可直接写出各输出函数的逻辑表达式：

$$Y_0 = D\overline{A_1}\,\overline{A_0}$$
$$Y_1 = D\overline{A_1}A_0$$
$$Y_2 = DA_1\overline{A_0}$$
$$Y_3 = DA_1A_0$$

根据上述逻辑表达式可画出如图 11.38 所示的逻辑图。

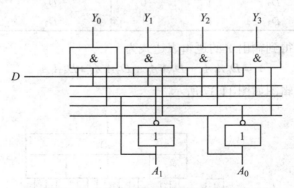

图 11.38　1 路-4 路数据分配器逻辑图

本章小结

（1）数字信号的数值相对于时间的变化过程是跳变的、间断性的。对数字信号进行传输、处理的电子电路称为数字电路。数字电路研究的重点是电路输入和输出之间的逻辑关系。模拟信号通过模数转换后变成数字信号，即可用数字电路进行传输、处理。

（2）日常生活中使用十进制，但在计算机中基本上使用二进制，有时也使用八进制或十六进制。任意进制的数按基数和权展开为多项式即可转换为十进制数。将十进制整数转换为二进制数可采用除 2 取余法。利用 1 位十六进制数由 4 位二进制数构成，可以实现二进制数与十六进制数之间的相互转换。

二进制数码不仅可以表示数值，而且可以表示符号及文字。BCD 码是用 4 位二进制数码代表 1 位十进制数的编码，有多种 BCD 码形式，最常用的是 8421 码。

（3）门电路是利用半导体器件的开关特性构成的，是数字电路中最基本的逻辑单元。与门、或门、非门是 3 种基本逻辑门，能实现与、或、非 3 种基本逻辑关系。由 3 种基本逻辑门可以组成与非门、或非门等其他门电路。由于集成电路具有工作可靠、便于微型化等优点，因此现在普遍使用的是集成逻辑门电路。

（4）逻辑代数是分析和设计数字电路的重要工具。利用逻辑代数，可以把实际逻辑问题抽象为逻辑函数来描述，并且可以用逻辑运算的方法解决逻辑电路的分析和设计问题。逻辑代数的公式和定理是推演、变换、化简逻辑函数的依据。

逻辑函数可用真值表、逻辑表达式、逻辑图和波形图等方式表示，它们各具特点，但本质相通，可以互相转换。对于一个具体的逻辑函数，究竟采用哪种表示方式应视实际需要而定。在使用时应充分利用每一种表示方式的优点。

（5）组合逻辑电路是由门电路组合而成的，其特点是电路在任何时刻的输出只取决于当时的输入信号，而与电路原来所处的状态无关。

分析组合逻辑电路的大致步骤是：由逻辑图写出逻辑表达式→逻辑表达式化简和变换→列真值表→分析逻辑功能。

运用门电路设计组合逻辑电路的大致步骤是：由实际逻辑问题列出真值表→写出逻辑表达式→逻辑表达式化简和变换→画出逻辑图。由于现在都是使用集成门电路，为了降低成本，提高电路的可靠性，实际设计时，应在满足逻辑要求的前提下，尽量减少所用芯片的数量和种类。

（6）具体的组合逻辑电路种类非常多，常用的组合逻辑电路有加法器、数值比较器、编码器、译码器、数据选择器、数据分配器等。加法器是实现二进制数加法运算的电路。数值比较器可对两组数据进行比较。编码器可将十进制数、符号、指令等转换为二进制数码。译码器则将二进制数码转换成对应的输出信号。数据选择器是从多个输入信号中选择一个输出。数据分配器是将输入信号从多个输出中选择一个输出。这些组合逻辑电路已被广泛用于数字电子计算机和其他数字系统中。

习题十一

11.1　将十进制数 2075 转换成二进制数和十六进制数。

11.2　将下列各数转换成十进制数：$(101)_2$，$(101)_{16}$。

11.3　将二进制数 110111、1001101 分别转换成十进制数和十六进制数。

11.4　将十进制数 3692 转换成二进制码及 8421 码。

11.5　有一个数码为 100100101001，作为二进制码时，其相应的十进制数为多少？如果作为 8421 码，其相应的十进制数又是多少？

11.6　利用真值表证明下列等式：

（1）$A\bar{B} + \bar{A}B = (\bar{A} + \bar{B})(A + B)$

（2）$A + \overline{\bar{A}(B + C)} = A + \bar{B} + \bar{C}$

（3）$ABC + AB\bar{C} + A\bar{B}C + A\bar{B}\bar{C} + \bar{A}BC + \bar{A}B\bar{C} + \bar{A}\bar{B}C + \bar{A}\bar{B}\bar{C} = 1$

（4）$A\bar{B} + B\bar{C} + C\bar{A} = \bar{A}B + \bar{B}C + \bar{C}A$

11.7　在下列各个逻辑函数表达式中，变量 A、B、C 为哪些取值时函数值为 1：

（1）$F = AB + BC + AC$

（2）$F = (A + B)\overline{AB + B\bar{C}}$

（3）$F = ABC + A\bar{B}\bar{C} + \bar{A}BC + \bar{A}B\bar{C}$

（4）$F = \bar{A}B + \bar{B}C + \bar{A}C$

11.8　利用公式和定理证明下列等式：

（1）$ABC + A\bar{B}C + AB\bar{C} = AB + AC$

（2）$A + AB\bar{C} + \bar{A}CD + (\bar{C} + \bar{D})E = A + CD + E$

（3）$AB(C + D) + D + \bar{D}(A + B)(\bar{B} + \bar{C}) = A + B\bar{C} + D$

（4）$ABCD + \overline{AB}CD = \overline{\bar{A}B + B\bar{C} + C\bar{D} + D\bar{A}}$

11.9　将下列逻辑函数化简成为最简与或表达式：

（1）$F = \bar{A}BC + \bar{A}BC + AB\bar{C} + ABC$

（2）$F = \bar{A} + \bar{B} + \bar{C} + ABC$

（3）$F = AC\bar{D} + AB\bar{D} + BC + \bar{A}CD + ABD$

（4）$F = A\bar{B}C + A\bar{B} + A\bar{D} + \bar{A}\bar{D}$

（5）$F = A(\bar{A} + B) + B(B + C) + B$

（6）$F = \overline{\overline{ABC + \overline{A\bar{B}}} + BC}$

（7）$F = \overline{A\bar{B} + ABC + A(B + A\bar{B})}$

（8）$F = (AB + A\bar{B} + \bar{A}B)(A + B + D + \overline{A\bar{B}D})$

11.10　二极管门电路如图 11.39（a）、（b）所示，输入信号 A、B、C 的高电平为 3V，低电平为 0V。

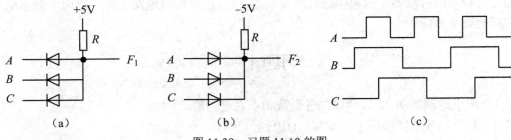

图 11.39　习题 11.10 的图

（1）分析输出信号 F_1、F_2 和输入信号 A、B、C 之间的逻辑关系，列出真值表，并导出逻辑函数的表达式。

（2）根据图 11.39（c）给出的 A、B、C 的波形，对应画出 F_1、F_2 的波形。

11.11 试分析如图 11.40 所示各电路的逻辑功能，并写出各电路的逻辑表达式。

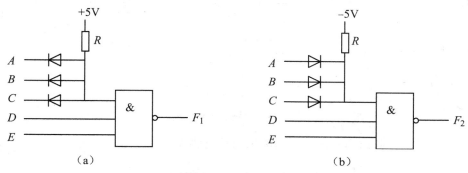

图 11.40 习题 11.11 的图

11.12 电路如图 11.41 所示，图中三极管均工作在开关状态，即截止或饱和状态，试分析各电路的逻辑功能，列出真值表，并导出逻辑函数的表达式。

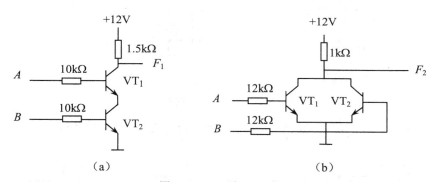

图 11.41 习题 11.12 的图

11.13 写出图 11.42 所示各个电路输出信号的逻辑表达式，并对应 A、B 的给定波形画出各个输出信号的波形。

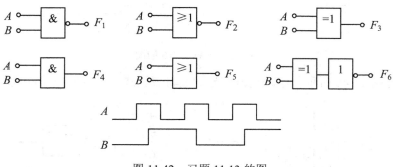

图 11.42 习题 11.13 的图

11.14 写出图 11.43 所示各个电路输出信号的逻辑表达式，并对应 A、B、C 的给定波形画出各个输出信号的波形。

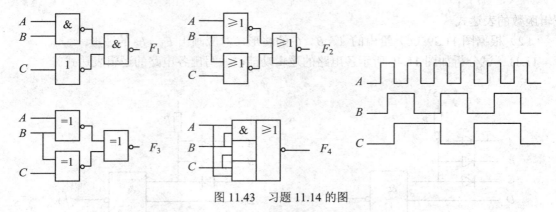

图 11.43　习题 11.14 的图

11.15　写出图 11.44 所示各逻辑图的输出函数表达式，并列出真值表。

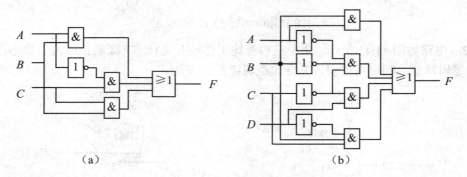

（a）　　　　　　　　　（b）

图 11.44　习题 11.15 的图

11.16　写出图 11.45 所示各电路输出信号的逻辑表达式，并列出真值表。

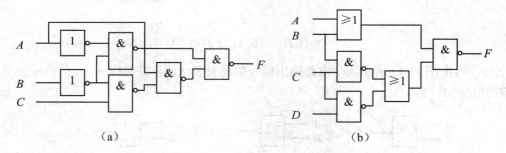

（a）　　　　　　　　　（b）

图 11.45　习题 11.16 的图

11.17　写出图 11.46 所示各电路输出信号的逻辑表达式，并说明电路的逻辑功能。

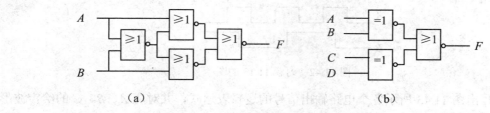

（a）　　　　　　　　　（b）

图 11.46　习题 11.17 的图

11.18 写出图 11.47 所示各电路输出信号的逻辑表达式，并说明电路的逻辑功能。

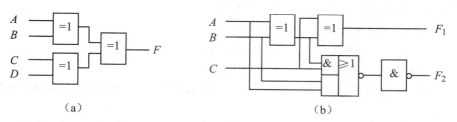

图 11.47　习题 11.18 的图

11.19 写出图 11.48 所示各电路输出信号的逻辑表达式，并说明电路的逻辑功能。

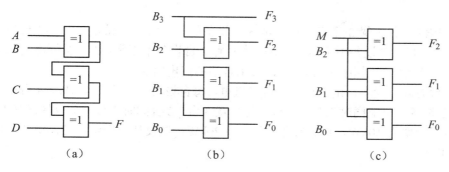

图 11.48　习题 11.19 的图

11.20 写出表 11.28 所示真值表中各函数的逻辑表达式，并将各函数化简后用与非门画出逻辑图。

表 11.28　习题 11.20 的真值表

A	B	C	F_1	F_2	F_3	F_4
0	0	0	0	0	0	0
0	0	1	0	1	0	1
0	1	0	1	1	0	1
0	1	1	0	0	1	1
1	0	0	1	1	0	0
1	0	1	0	0	1	0
1	1	0	1	0	1	0
1	1	1	0	1	1	1

11.21 分别用与非门设计能实现下列功能的组合逻辑电路：

（1）4 变量多数表决电路（4 个变量中有 3 个或 4 个变量为 1 时输出为 1）。

（2）4 变量判奇电路（4 个变量中 1 的个数为奇数时输出为 1）。

（3）4 变量判偶电路（4 个变量中 1 的个数为偶数时输出为 1）。

（4）4 变量一致电路（4 个变量状态完全相同时输出为 1）。

11.22 分别设计能够实现下列要求的组合逻辑电路，输入的是 4 位二进制正整数：

（1）能被 2 整除时输出为 1，否则输出为 0。

（2）能被 5 整除时输出为 1，否则输出为 0。

（3）大于或等于 5 时输出为 1，否则输出为 0。

（4）小于或等于 10 时输出为 1，否则输出为 0。

11.23 设计一个路灯的控制电路（一盏灯），要求在 4 个不同的地方都能独立地控制灯的亮灭。

11.24 试为某水坝设计一个水位报警控制器，设水位高度用 4 位二进制数提供。当水位上升到 8m 时，白指示灯开始亮；当水位上升到 10m 时，黄指示灯开始亮；当水位上升到 12m 时，红指示灯开始亮，其他灯灭；水位不可能上升到 14m。试用或非门设计此报警器的控制电路。

11.25 用红、黄、绿 3 个指示灯表示 3 台设备的工作状况：绿灯亮表示 3 台设备全部正常，黄灯亮表示有 1 台设备不正常，红灯亮表示有 2 台设备不正常，红、黄灯都亮表示 3 台设备都不正常。试列出控制电路的真值表，并用合适的门电路实现。

11.26 现有 4 台设备，由 2 台发电机组供电，每台设备用电均为 10kW，4 台设备的工作情况是：4 台设备不可能同时工作，但可能是任意 3 台、2 台同时工作，至少是任意 1 台工作。若 X 发电机组功率为 10kW，Y 发电机组功率为 20kW。试设计一个供电控制电路，以达到节省能源的目的。

第 12 章　时序逻辑电路

学习要求

● 掌握各种触发器的工作原理和逻辑功能。
● 理解寄存器、计数器的组成及工作原理。
● 了解由 555 定时器组成的单稳态触发器和无稳态触发器的工作原理。
● 了解数模转换器和模数转换器的组成和工作原理。

上一章介绍的组合逻辑电路，在任何时刻，电路的稳定输出只取决于同一时刻各输入变量的取值，而与电路以前的状态无关，也就是组合逻辑电路不具有记忆功能。在数字电路中，往往还需要一种具有记忆功能的电路，这种电路在任何时刻的输出，不仅与该时刻的输入信号有关，而且还与电路原来的状态有关，这样的电路称为时序逻辑电路。典型的时序逻辑电路有寄存器、计数器等。

本章首先介绍双稳态触发器的工作原理和逻辑功能，接着介绍由双稳态触发器组成的寄存器和计数器、由 555 定时器组成的单稳态触发器和无稳态触发器，最后介绍数模转换器和模数转换器。

12.1　双稳态触发器

在数字逻辑电路中，任何时刻电路的稳定输出不仅与该时刻的输入信号有关，而且还与电路原来的状态有关的逻辑电路，称为时序逻辑电路。为了记忆电路的状态，时序逻辑电路必须包含有存储电路。存储电路通常以触发器为基本单元电路构成，所以触发器是构成时序逻辑电路的基本单元。

触发器按工作状态可分为双稳态触发器、单稳态触发器和无稳态触发器。如无特殊说明，平常所指的触发器就是双稳态触发器。双稳态触发器按结构可分为基本触发器、同步触发器、主从触发器和边沿触发器。按逻辑功能可分为 RS 触发器、JK 触发器、D 触发器、T 触发器和 T′触发器。

12.1.1　基本 RS 触发器

如图 12.1（a）所示是用两个与非门交叉连接起来构成的基本 RS 触发器。图中 $\bar{R}$、$\bar{S}$ 是信号输入端，低电平有效，即 $\bar{R}$、$\bar{S}$ 端为低电平时表示有信号，为高电平时表示无信号。Q、$\bar{Q}$ 既表示触发器的状态，又是两个互补的信号输出端。$Q=0$、$\bar{Q}=1$ 的状态称为 0 状态，$Q=1$、$\bar{Q}=0$ 的状态称为 1 状态。如图 12.1（b）所示是基本 RS 触发器的逻辑符号，方框下面输入端处的小圆圈表示低电平有效。方框上面的两个输出端，无小圆圈的为 Q 端，有小圆圈的为 $\bar{Q}$ 端。

在正常工作情况下，Q 和 $\overline{Q}$ 的状态是互补的，即一个为高电平时另一个为低电平，反之亦然。

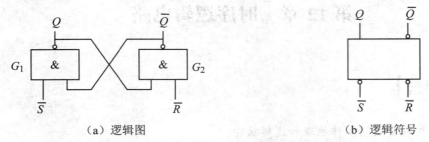

（a）逻辑图　　　　　　　　　　　　（b）逻辑符号

图 12.1　基本 RS 触发器的逻辑图和逻辑符号

下面分 4 种情况分析基本 RS 触发器输出与输入之间的逻辑关系：

（1）$\overline{R}=0$、$\overline{S}=1$。由于 $\overline{R}=0$，不论 Q 为 0 还是 1，都有 $\overline{Q}=1$；再由 $\overline{S}=1$、$\overline{Q}=1$ 可得 $Q=0$。即不论触发器原来处于什么状态都将变成 0 状态，这种情况称将触发器置 0 或复位。由于是在 $\overline{R}$ 端加输入信号（负脉冲）将触发器置 0，所以把 $\overline{R}$ 端称为触发器的置 0 端或复位端。

（2）$\overline{R}=1$、$\overline{S}=0$。由于 $\overline{S}=0$，不论 $\overline{Q}$ 为 0 还是 1，都有 $Q=1$；再由 $\overline{R}=1$、$Q=1$ 可得 $\overline{Q}=0$。即不论触发器原来处于什么状态都将变成 1 状态，这种情况称将触发器置 1 或置位。由于是在 $\overline{S}$ 端加输入信号（负脉冲）将触发器置 1，所以把 $\overline{S}$ 端称为触发器的置 1 端或置位端。

（3）$\overline{R}=1$、$\overline{S}=1$。若触发器的初始状态为 0，即 $Q=0$，$\overline{Q}=1$，则由 $\overline{R}=1$、$Q=0$ 可得 $\overline{Q}=1$，再由 $\overline{S}=1$、$\overline{Q}=1$ 可得 $Q=0$，即触发器保持 0 状态不变。若触发器的初始状态为 1，即 $Q=1$，$\overline{Q}=0$，则由 $\overline{R}=1$、$Q=1$ 可得 $\overline{Q}=0$，再由 $\overline{S}=1$、$\overline{Q}=0$ 可得 $Q=1$，即触发器保持 1 状态不变。可见，当 $\overline{R}=\overline{S}=1$ 时，触发器保持原有状态不变，即原来的状态被触发器存储起来，这体现了触发器具有记忆能力。

（4）$\overline{R}=0$、$\overline{S}=0$。显然，这种情况下两个与非门的输出端 Q 和 $\overline{Q}$ 全为 1，不符合触发器的逻辑关系。并且由于与非门延迟时间不可能完全相等，在两个输入端的 0 信号同时撤除后，将不能确定触发器是处于 1 状态还是 0 状态。所以触发器不允许出现这种情况，这就是基本 RS 触发器的约束条件。

根据以上分析，可列出基本 RS 触发器的功能表，如表 12.1 所示。

表 12.1　基本 RS 触发器的功能表

$\overline{R}$	$\overline{S}$	Q	功能
0	0	不定	不允许
0	1	0	置 0
1	0	1	置 1
1	1	不变	保持

12.1.2　同步 RS 触发器

基本 RS 触发器直接由输入信号控制着输出端 Q 和 $\overline{Q}$ 的状态，这不仅使电路的抗干扰能力下降，而且也不便于多个触发器同步工作。同步触发器可以克服基本 RS 触发器直接控制的缺点。

同步 RS 触发器是在基本 RS 触发器的基础上增加了两个控制门 G_3、G_4 和一个输入控制信号 CP，输入信号 R、S 通过控制门进行传送，输入控制信号 CP 称为时钟脉冲，如图 12.2（a）所示，如图 12.2（b）所示为同步 RS 触发器的逻辑符号。

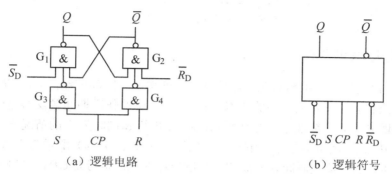

(a) 逻辑电路　　　　　　　　　　　　　　　　　（b）逻辑符号

图 12.2　同步 RS 触发器及其逻辑符号

由如图 12.2（a）所示的电路可知，$CP=0$ 时控制门 G_3、G_4 被封锁，基本 RS 触发器保持原来状态不变。只有当 $CP=1$ 时，控制门被打开，电路才会接收输入信号，且当 $R=0$、$S=1$ 时，触发器置 1；当 $R=1$、$S=0$ 时，触发器置 0；当 $R=0$、$S=0$ 时，触发器保持原来状态；当 $R=1$、$S=1$ 时，触发器的两个输出全为 1，是不允许的。可见当 $CP=1$ 时同步 RS 触发器的工作情况与基本 RS 触发器没有什么区别，不同的只是由于增加了两个控制门，输入信号 R、S 为高电平有效，即 R、S 为高电平时表示有信号，为低电平时表示无信号，所以两个输入信号端 R 和 S 中，R 仍为置 0 端，S 仍为置 1 端。

图中 $\overline{R}_D$ 和 $\overline{S}_D$ 是直接置 0 端和直接置 1 端，也就是不经过时钟脉冲 CP 的控制直接将触发器置 0 或置 1，用以实现清零或预置数。

根据以上分析，可列出同步 RS 触发器的功能表，如表 12.2 所示。表中 Q^n 表示时钟脉冲 CP 到来之前触发器的状态，称为现态；Q^{n+1} 表示时钟脉冲 CP 到来之后触发器的状态，称为次态。

表 12.2　同步 RS 触发器的功能表

CP	R	S	Q^{n+1}	功能
0	×	×	Q^n	保持
1	0	0	Q^n	保持
1	0	1	1	置 1
1	1	0	0	置 0
1	1	1	不定	不允许

设同步 RS 触发器的原始状态为 0 状态，即 $Q=0$、$\overline{Q}=1$，输入信号 R、S 的波形已知，则根据功能表即可画出触发器输出端 Q 的波形，如图 12.3 所示。图中的虚线表示不确定的状态。

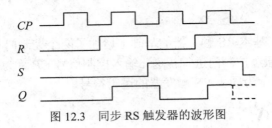

图 12.3　同步 RS 触发器的波形图

12.1.3　主从 JK 触发器

在同步 RS 触发器中，虽然对触发器状态的转变增加了时间控制，但在 $CP = 1$ 期间，输入信号仍然直接控制着触发器输出端的状态，在一个 CP 脉冲作用期间触发器输出状态有可能出现变化多次的现象，即空翻现象；并且不允许输入 R 和 S 同时为 1 的情况出现，给使用带来了不便。主从 JK 触发器可从根本上解决这些问题。如图 12.4（a）所示为主从 JK 触发器，它是由两个同步 RS 触发器级联起来构成的，主触发器的控制信号是 CP，从触发器的控制信号是 $\overline{CP}$。主从 JK 触发器的逻辑符号如图 12.4（b）所示，图中 C 端的小圆圈表示触发器的状态在 CP 脉冲的下降沿（即 CP 由 1 变为 0 时）触发翻转。

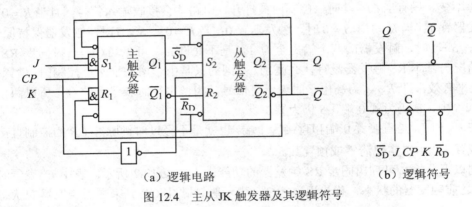

（a）逻辑电路　　　　　　　　　（b）逻辑符号

图 12.4　主从 JK 触发器及其逻辑符号

在主从 JK 触发器中，接收信号和输出信号是分成两步进行的，其工作原理如下：

（1）接收输入信号的过程。$CP = 1$ 时，主触发器被打开，可以接收输入信号 J、K，其输出状态由输入信号的状态决定。但由于 $\overline{CP} = 0$，从触发器被封锁，无论主触发器的输出状态如何变化，对从触发器均无影响，即触发器的输出状态保持不变。

（2）输出信号的过程。当 CP 下降沿到来时，即 CP 由 1 变为 0 时，主触发器被封锁，无论输入信号如何变化，对主触发器均无影响，即在 $CP = 1$ 期间接收的内容被存储起来。同时，由于 $\overline{CP}$ 由 0 变为 1，从触发器被打开，可以接收由主触发器送来的信号，其输出状态由主触发器的输出状态决定。在 $CP = 0$ 期间，由于主触发器保持状态不变，因此受其控制的从触发器的状态亦即 Q、$\overline{Q}$ 的值当然不可能改变。

综上所述可知，主从 JK 触发器的输出状态取决于 CP 下降沿到来时输入信号 J、K 的状态，避免了空翻现象的发生。下面分析主从 JK 触发器的逻辑功能。

（1）$J = 0$、$K = 0$。设触发器的初始状态为 0，此时主触发器的 $R_1 = KQ = 0$、$S_1 = J\overline{Q} = 0$，在 $CP = 1$ 时主触发器状态保持 0 状态不变；当 CP 从 1 变 0 时，由于从触发器的 $R_2 = 1$、$S_2 = 0$，

也保持为 0 状态不变。如果触发器的初始状态为 1，当 CP 从 1 变 0 时，触发器则保持 1 状态不变。可见不论触发器原来的状态如何，当 $J = K = 0$ 时，触发器的状态均保持不变，即 $Q^{n+1} = Q^n$。

（2）$J = 0$、$K = 1$。设触发器的初始状态为 0，此时主触发器的 $R_1 = 0$、$S_1 = 0$，在 $CP = 1$ 时主触发器保持 0 状态不变；当 CP 从 1 变 0 时，由于从触发器的 $R_2 = 1$、$S_2 = 0$，从触发器也保持为 0 状态不变。如果触发器的初始状态为 1，则由于 $R_1 = 1$、$S_1 = 0$，在 $CP = 1$ 时将主触发器翻转为 0 状态；当 CP 从 1 变 0 时，由于从触发器的 $R_2 = 1$、$S_2 = 0$，从触发器状态也翻转为 0 状态。可见不论触发器原来的状态如何，当 $J = 0$、$K = 1$ 时，输入 CP 脉冲后，触发器的状态均为 0 状态，即 $Q^{n+1} = 0$。

（3）$J = 1$、$K = 0$。设触发器的初始状态为 0，此时主触发器的 $R_1 = 0$、$S_1 = 1$，在 $CP = 1$ 时主触发器翻转为 1 状态；当 CP 从 1 变 0 时，由于从触发器的 $R_2 = 0$、$S_2 = 1$，故从触发器也翻转为 1 状态。如果触发器的初始状态为 1，则由于 $R_1 = 0$、$S_1 = 0$，在 $CP = 1$ 时主触发器状态保持 1 状态不变；当 CP 从 1 变 0 时，由于从触发器的 $R_2 = 0$、$S_2 = 1$，从触发器状态也保持 1 状态不变。可见不论触发器原来的状态如何，当 $J = 1$、$K = 0$ 时，输入 CP 脉冲后，触发器的状态均为 1 状态，即 $Q^{n+1} = 1$。

（4）$J = 1$、$K = 1$。设触发器的初始状态为 0，此时主触发器的 $R_1 = 0$、$S_1 = 1$，在 $CP = 1$ 时主触发器翻转为 1 状态；当 CP 从 1 变 0 时，由于从触发器的 $R_2 = 0$、$S_2 = 1$，故从触发器也翻转为 1 状态。如果触发器的初始状态为 1，则由于 $R_1 = 1$、$S_1 = 0$，在 $CP = 1$ 时将主触发器翻转为 0 状态；当 CP 从 1 变 0 时，由于从触发器的 $R_2 = 1$、$S_2 = 0$，故从触发器也翻转为 0 状态。可见当 $J = K = 1$ 时，输入 CP 脉冲后，触发器状态必定与原来的状态相反，即 $Q^{n+1} = \overline{Q}^n$。由于每来一个 CP 脉冲触发器状态翻转一次，故这种情况下触发器具有计数功能。

如表 12.3 所示为主从 JK 触发器的功能表。

表 12.3　主从 JK 触发器的功能表

J	K	Q^{n+1}	功能
0	0	Q^n	保持
0	1	0	置 0
1	0	1	置 1
1	1	$\overline{Q}^n$	翻转

如图 12.5 所示为主从 JK 触发器的波形图。

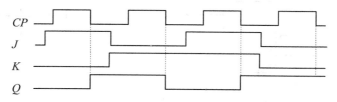

图 12.5　主从 JK 触发器的波形图

12.1.4 触发器逻辑功能的转换

在双稳态触发器中，除了 RS 触发器和 JK 触发器外，根据电路结构和工作原理的不同，还有众多具有不同逻辑功能的触发器。根据实际需要，可将某种逻辑功能的触发器经过改接或附加一些门电路后，转换为另一种逻辑功能的触发器。

1. 将 JK 触发器转换为 D 触发器

D 触发器的逻辑功能为：在 CP 时钟脉冲控制下，$D=0$ 时触发器置 0，$D=1$ 时触发器置 1，即 $Q^{n+1}=D$，功能表如表 12.4 所示。如图 12.6（a）所示为将 JK 触发器转换成 D 触发器的接线图，如图 12.6（b）所示为 D 触发器的逻辑符号。

表 12.4　D 触发器的功能表

D	Q^{n+1}	功能
0	0	置 0
1	1	置 1

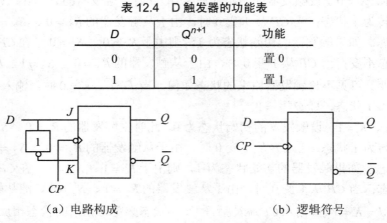

（a）电路构成　　　　　　（b）逻辑符号

图 12.6　D 触发器的构成及其逻辑符号

2. 将 JK 触发器转换为 T 触发器

T 触发器的逻辑功能为：在 CP 时钟脉冲控制下，$T=0$ 时触发器的状态保持不变，$Q^{n+1}=Q^n$；$T=1$ 时触发器翻转，$Q^{n+1}=\overline{Q}^n$，功能表如表 12.5 所示。如图 12.7（a）所示为将 JK 触发器转换成 T 触发器的接线图，如图 12.7（b）所示为 T 触发器的逻辑符号。

表 12.5　T 触发器的功能表

T	Q^{n+1}	功能
0	Q^n	保持
1	$\overline{Q}^n$	翻转

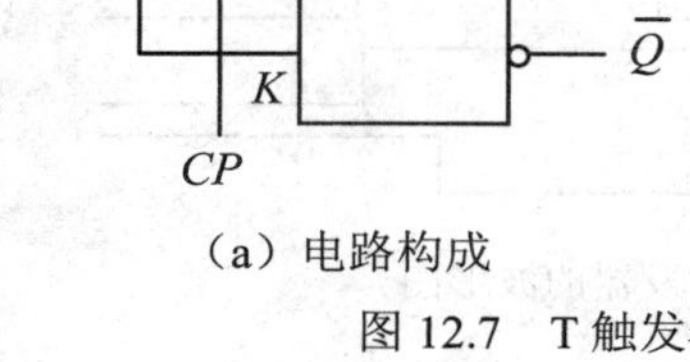

（a）电路构成 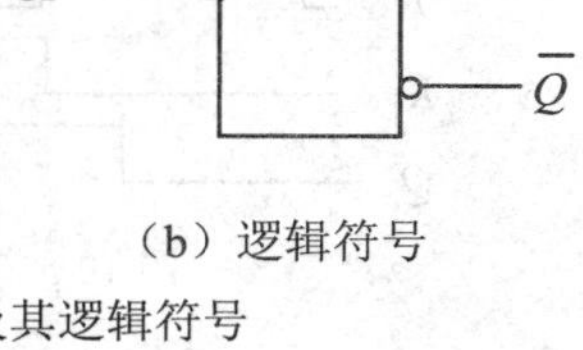　　　　　　（b）逻辑符号

图 12.7　T 触发器的构成及其逻辑符号

3. 将 D 触发器转换为 T′触发器

T′触发器的逻辑功能为：每来一个 CP 脉冲，触发器的状态翻转一次，即 $Q^{n+1} = \overline{Q}^n$。如图 12.8 所示为将 D 触发器转换成 T′触发器的接线图及其逻辑符号。

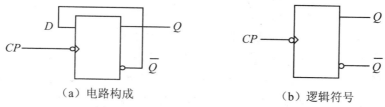

（a）电路构成　　　　　　　（b）逻辑符号

图 12.8　T′触发器的构成及其逻辑符号

由 JK 触发器的逻辑功能可知，当 JK 触发器的 J、K 端同时为 1 时，每来一个时钟脉冲，触发器的状态将翻转一次，所以将 JK 触发器的 J、K 端都接高电平 1 时，即成为 T′触发器。

12.2　寄存器

在数字电路中，用来存放二进制数据或代码的电路称为寄存器。寄存器是一种基本时序逻辑电路。任何现代数字系统都必须把需要处理的数据和代码先寄存起来，以便随时取用。

寄存器是由具有存储功能的触发器组合起来构成的。一个触发器可以存储 1 位二进制代码，存放 n 位二进制代码的寄存器需要用 n 个触发器来构成。

按照功能的不同，可将寄存器分为数码寄存器和移位寄存器两大类。数码寄存器只能并行送入数据，需要时也只能并行输出。移位寄存器中的数据可以在移位脉冲作用下依次逐位右移或左移，数据既可以并行输入、并行输出，也可以串行输入、串行输出，还可以并行输入、串行输出，串行输入、并行输出，十分灵活，用途也很广。

12.2.1　数码寄存器

如图 12.9 所示是由 4 个上升沿触发的 D 触发器构成的 4 位数码寄存器，4 个触发器的时钟脉冲输入端 CP 接在一起作为送数脉冲控制端。无论寄存器中原来的内容是什么，只要送数控制时钟脉冲 CP 上升沿到来，加在数据输入端的 4 个数据 $D_0 \sim D_3$ 就立即被送入寄存器中。此后只要不出现 CP 上升沿，寄存器内容将保持不变，即各个触发器输出端 Q、$\overline{Q}$ 的状态与 D 无关，都将保持不变。

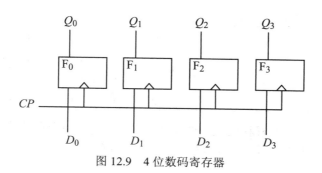

图 12.9　4 位数码寄存器

12.2.2 移位寄存器

移位寄存器除了具有存储数据的功能外，还可将所存储的数据逐位（由低位向高位或由高位向低位）移动。按照在移位控制时钟脉冲 CP 作用下移位情况的不同，移位寄存器又分为单向移位寄存器和双向移位寄存器两大类。

如图 12.10 所示是用 4 个 D 触发器构成的 4 位右移移位寄存器，4 位待存的数码（设为 1111）需要用 4 个移位脉冲作用才能全部存入。在存数操作之前，先用 $\overline{R_D}$（负脉冲）将各个触发器清零。当出现第 1 个移位脉冲时，待存数码的最高位 1 和 4 个触发器的数码同时右移 1 位，即待存数码的最高位存入 Q_0，而寄存器原来所存数码的最高位从 Q_3 输出；出现第 2 个移位脉冲时，待存数码的次高位 1 和寄存器中的 4 位数码又同时右移 1 位。依此类推，在 4 个移位脉冲作用下，寄存器中的 4 位数码同时右移 4 次，待存的 4 位数码便可存入寄存器。

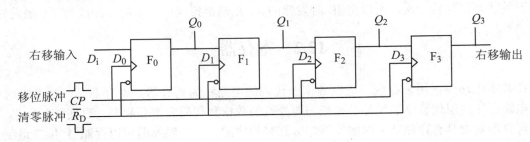

图 12.10　4 位右移移位寄存器

如表 12.6 所示的状态表生动具体地描述了右移移位过程。当连续输入 4 个 1 时，D_i 经 F_0 在 CP 上升沿操作下依次被移入寄存器中，经过 4 个 CP 脉冲移位，寄存器就变成全 1 状态，即 4 个 1 右移输入完毕。再连续输入 4 个 0，4 个 CP 脉冲移位之后，寄存器变成全 0 状态。

表 12.6　4 位右移移位寄存器的状态表

输入		现态				次态				说明
D_i	CP	Q_0^n	Q_1^n	Q_2^n	Q_3^n	Q_0^{n+1}	Q_1^{n+1}	Q_2^{n+1}	Q_3^{n+1}	
1	↑	0	0	0	0	1	0	0	0	
1	↑	1	0	0	0	1	1	0	0	
1	↑	1	1	0	0	1	1	1	0	连续输入 4 个 1
1	↑	1	1	1	0	1	1	1	1	
0	↑	1	1	1	1	0	1	1	1	
0	↑	0	1	1	1	0	0	1	1	
0	↑	0	0	1	1	0	0	0	1	连续输入 4 个 0
0	↑	0	0	0	1	0	0	0	0	

如图 12.11 所示是 4 位左移移位寄存器。其工作原理与右移移位寄存器没有本质区别，只是因为连接相反，所以移位方向也就由自左向右变为由右向左。

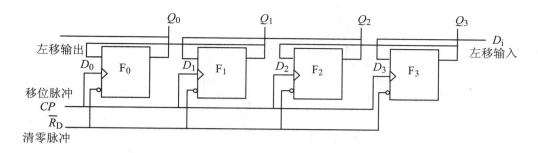

图 12.11　4 位左移移位寄存器

集成移位寄存器产品较多。如图 12.12 所示是 4 位双向移位寄存器 74LS194 的引脚排列图和逻辑功能示意图。$\overline{CR}$ 是清零端；M_0、M_1 是工作状态控制端；D_{SR} 和 D_{SL} 分别为右移和左移串行数据输入端；$D_0 \sim D_3$ 是并行数据输入端；$Q_0 \sim Q_3$ 是并行数据输出端；CP 是移位时钟脉冲。如表 12.7 所示是 74LS194 的功能表。

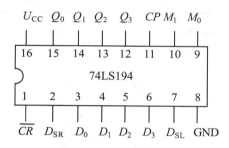

图 12.12　74LS194 的引脚排列图

表 12.7　74LS194 的功能表

$\overline{CR}$	M_1	M_0	CP	功能
0	×	×	×	清零：$Q_0Q_1Q_2Q_3 = 0000$
1	0	0	↑	保持
1	0	1	↑	右移：$D_{SR} \rightarrow Q_0 \rightarrow Q_1 \rightarrow Q_2 \rightarrow Q_3$
1	1	0	↑	左移：$D_{SL} \rightarrow Q_3 \rightarrow Q_2 \rightarrow Q_1 \rightarrow Q_0$
1	1	1	↑	并入：$Q_0Q_1Q_2Q_3 = D_0D_1D_2D_3$

如图 12.13（a）所示是由 74LS194 构成的能自启动的 4 位环形计数器（又称脉冲分配器）。当启动信号输入一低电平时，使门 G_2 输出为 1，从而 $M_1M_0 = 11$，寄存器执行并行输入功能，$Q_0Q_1Q_2Q_3 = D_0D_1D_2D_3 = 0111$。启动信号撤消后，由于 $Q_0 = 0$，使门 G_1 的输出为 1，G_2 输出为 0，$M_1M_0 = 01$，开始执行右移操作。在移位过程中，门 G_1 的输入端总有一个为 0，因此总能保持 G_1 的输出为 1，G_2 的输出为 0，维持 $M_1M_0 = 01$，使移位不断进行下去。波形图如图 12.13（b）所示。

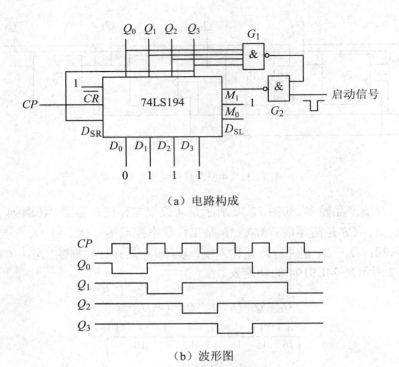

（a）电路构成

（b）波形图

图 12.13　由 74LS194 构成的能自启动的 4 位环形计数器

12.3　计数器

在数字电路中，能够记忆输入脉冲个数的电路称为计数器。计数器是一种应用十分广泛的时序逻辑电路，除用于计数、分频外，还广泛用于数字测量、运算和控制，从小型数字仪表到大型数字电子计算机，几乎无所不在，是任何现代数字系统中不可缺少的组成部分。

计数器按计数过程中各个触发器状态的更新是否同步，可分为同步计数器和异步计数器；按计数过程中数值的进位方式，可分为二进制计数器、十进制计数器和 N 进制计数器；按计数过程中数值的增减情况，可分为加法计数器、减法计数器和可逆计数器。

12.3.1　二进制计数器

1．异步二进制计数器

二进制只有 0 和 1 两个数码，二进制加法规则是逢二进一，即当本位是 1，再加 1 时本位便变为 0，同时向高位进 1。由于双稳态触发器只有 0 和 1 两个状态，所以一个触发器只能表示一位二进制数。如果要表示 n 位二进制数，则要用 n 个触发器。

如图 12.14 所示为 3 位异步二进制加法计数器，是由 3 个下降沿触发的 T'触发器构成的。计数脉冲 CP 加至最低位触发器 F_0 的时钟脉冲输入端，低位触发器的 Q 端依次接到相邻高位的时钟脉冲输入端。

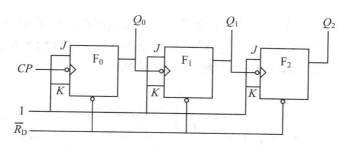

图 12.14　3 位异步二进制加法计数器

由于 3 个触发器都是 T′触发器，所以最低位触发器 F_0 每来一个时钟脉冲的下降沿（即 CP 由 1 变 0）时翻转一次，而其他两个触发器都是在其相邻低位触发器的输出端 Q 由 1 变 0 时翻转，即 F_1 在 Q_0 由 1 变 0 时翻转，F_2 在 Q_1 由 1 变 0 时翻转。其状态表和波形图分别如表 12.8 和图 12.15 所示。从状态表或波形图可以看出，从状态 000 开始，每来一个计数脉冲，计数器中的数值便加 1，输入 8 个计数脉冲时，就计满归零，所以作为整体，该电路也可称为八进制计数器。

表 12.8　3 位二进制加法计数器的状态表

计数脉冲	Q_2	Q_1	Q_0
0	0	0	0
1	0	0	1
2	0	1	0
3	0	1	1
4	1	0	0
5	1	0	1
6	1	1	0
7	1	1	1
8	0	0	0

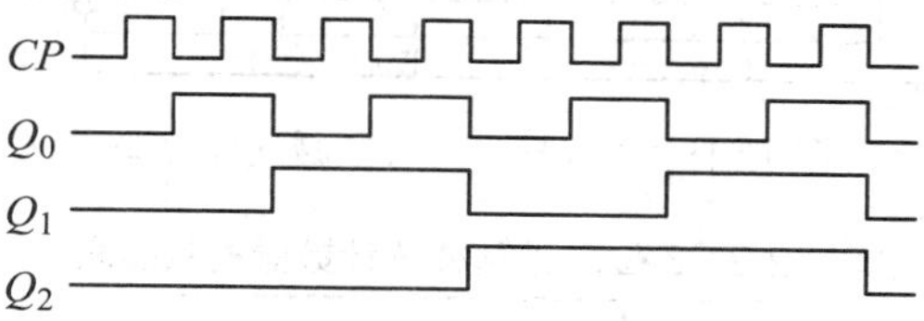

图 12.15　3 位二进制加法计数器的波形图

由于这种结构计数器的时钟脉冲不是同时加到各触发器的时钟端，而只加至最低位触发器，其他各位触发器则由相邻低位触发器的输出 Q 来触发翻转，即用低位输出推动相邻高位触发器，3 个触发器的状态只能依次翻转，并不同步，这种结构特点的计数器称为异步计数器。异步计数器结构简单，但计数速度较慢。

仔细观察图 12.15 中 CP、Q_0、Q_1 和 Q_2 波形的频率不难发现，每出现两个 CP 计数脉冲，Q_0 输出一个脉冲，即频率减半，称为对 CP 计数脉冲二分频。同理，Q_1 为四分频，Q_2 为八分频。因此，在许多场合计数器也可作为分频器使用，以得到不同频率的脉冲。

如图 12.16 所示是用上升沿触发的 D 触发器构成的 4 位异步二进制加法计数器。每个触发

器的 $\overline{Q}$ 与 D 相连，接成 T'触发器，且低位触发器的 $\overline{Q}$ 端依次接到相邻高位的时钟端。其工作原理与用 JK 触发器构成的 3 位异步二进制加法计数器相同，如图 12.17 所示为其波形图。画波形图时注意各触发器是在其相应的时钟脉冲上升沿时翻转。

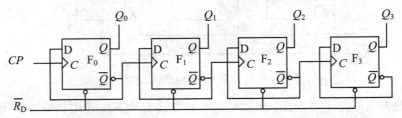

图 12.16　由上升沿触发的 D 触发器构成的 4 位异步二进制加法计数器

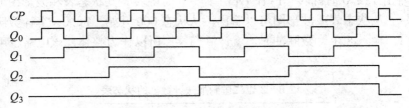

图 12.17　上升沿触发的 4 位异步二进制加法计数器的波形图

将二进制加法计数器稍作改变，便可组成二进制减法计数器。图 12.18 所示为用上升沿触发的 D 触发器构成的 3 位异步二进制减法计数器，D 触发器仍接成 T'触发器，与图 12.16 不同的是低位触发器的 Q 端依次接到相邻高位的时钟端。其状态表和波形图分别如表 12.9 和图 12.19 所示。

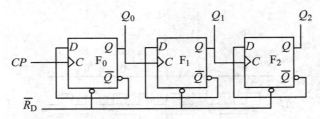

图 12.18　3 位异步二进制减法计数器

表 12.9　3 位二进制减法计数器的状态表

计数脉冲	Q_2	Q_1	Q_0
0	0	0	0
1	1	1	1
2	1	1	0
3	1	0	1
4	1	0	0
5	0	1	1
6	0	1	0
7	0	0	1
8	0	0	0

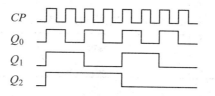

图 12.19　3 位二进制减法计数器的波形图

2．同步二进制计数器

为了提高计数速度，将计数脉冲同时加到各个触发器的时钟端。在计数脉冲作用下，所有应该翻转的触发器可以同时翻转，这种结构的计数器称为同步计数器。

图 12.20 所示是用 3 个 JK 触发器组成的 3 位同步二进制加法计数器。各个触发器只要满足 $J = K = 1$ 的条件，在 CP 计数脉冲的下降沿 Q 即可翻转。一般可从分析状态表找出 $J = K = 1$ 的逻辑关系，该逻辑关系又称为驱动方程。

分析表 12.8 所示的 3 位二进制加法计数器状态表可知：最低位触发器 F_0 每来一个 CP 计数脉冲翻转一次，因而驱动方程为 $J_0 = K_0 = 1$；触发器 F_1 只有在 Q_0 为 1 时再来一个 CP 计数脉冲才翻转，故其驱动方程为 $J_1 = K_1 = Q_0$；触发器 F_2 只有在 Q_0 和 Q_1 都为 1 时再来一个 CP 计数脉冲才翻转，故其驱动方程为 $J_2 = K_2 = Q_1 Q_0$。根据上述驱动方程，便可连成如图 12.20 所示的电路，其工作波形图与异步计数器完全相同。

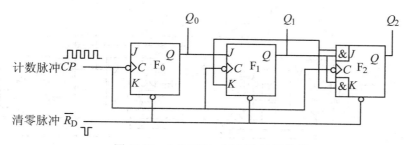

图 12.20　3 位同步二进制加法计数器

12.3.2　十进制计数器

1．同步十进制计数器

通常人们习惯用十进制计数，这种计数必须用 10 个状态表示十进制的 0～9，所以准确地说十进制计数器应该是 1 位十进制计数器。使用最多的十进制计数器是按照 8421 码进行计数的电路，其编码表如表 12.10 所示。

选用 4 个时钟脉冲下降沿触发的 JK 触发器，并用 F_0、F_1、F_2、F_3 表示。分析表 12.9 所示的十进制加法计数器状态表可知：第 1 位触发器 F_0 要求每来一个 CP 计数脉冲翻转一次，因而驱动方程为 $J_0 = K_0 = 1$；第 2 位触发器 F_1 要求在 Q_0 为 1 时，再来一个 CP 计数脉冲才翻转，但在 Q_3 也为 1 时不得翻转，故其驱动方程为 $J_1 = \overline{Q_3} Q_0$、$K_1 = Q_0$；第 3 位触发器 F_2 要求在 Q_0 和 Q_1 都为 1 时，再来一个 CP 计数脉冲才翻转，故其驱动方程为 $J_2 = K_2 = Q_1 Q_0$；第 4 位触发器 F_3 要求在 Q_0、Q_1 和 Q_2 都为 1 时，再来一个 CP 计数脉冲才翻转，但在第 10 个脉冲到来时 Q_3 应由 1 变为 0，故其驱动方程为 $J_3 = Q_2 Q_1 Q_0$、$K_3 = Q_0$。

表 12.10　十进制计数器编码表

计数脉冲	8421 编码				十进制数
	Q_3	Q_2	Q_1	Q_0	
0	0	0	0	0	0
1	0	0	0	1	1
2	0	0	1	0	2
3	0	0	1	1	3
4	0	1	0	0	4
5	0	1	0	1	5
6	0	1	1	0	6
7	0	1	1	1	7
8	1	0	0	0	8
9	1	0	0	1	9
10	0	0	0	0	0

根据选用的触发器及所求得的驱动方程，可画出同步十进制加法计数器如图 12.21 所示。

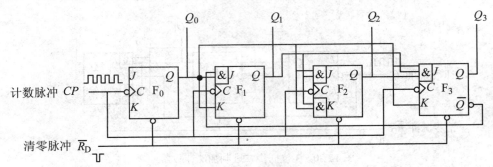

图 12.21　同步十进制加法计数器

图 12.22 所示为十进制加法计数器的波形图。

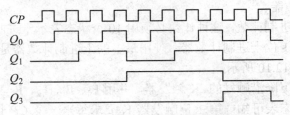

图 12.22　十进制加法计数器的波形图

2．异步十进制计数器

图 12.23 所示为异步十进制加法计数器，图中各触发器均为 TTL 电路，悬空的输入端相当于接高电平 1。由图可知触发器 F_0、F_1、F_2 中除 F_1 的 J_1 端与 F_3 的 $\overline{Q}_3$ 端连接外，其他输入端均为高电平。设计数器初始状态为 $Q_3Q_2Q_1Q_0 = 0000$，在触发器 F_3 翻转之前，即从 0000 起

到 0111 为止，$\overline{Q}_3 = 1$，F_0、F_1、F_2 的翻转情况与图 12.14 所示的 3 位异步二进制加法计数器相同。当第 7 个计数脉冲到来后，计数器状态变为 0111，$Q_2 = Q_1 = 1$，使 $J_3 = Q_2Q_1 = 1$，而 $K_3 = 1$，为 F_3 由 0 变 1 准备了条件。当第 8 个计数脉冲到来后，4 个触发器全部翻转，计数器状态变为 1000。第 9 个计数脉冲到来后，计数器状态变为 1001。这两种情况下 $\overline{Q}_3$ 均为 0，使 $J_1 = 0$，而 $K_1 = 1$。所以第 10 个计数脉冲到来后，Q_0 由 1 变为 0，但 F_1 的状态将保持为 0 不变，而 Q_0 能直接触发 F_3，使 Q_3 由 1 变为 0，从而使计数器回复到初始状态 0000。

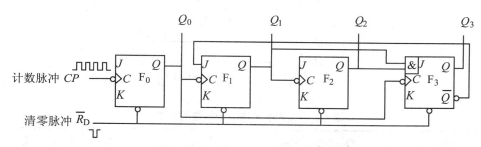

图 12.23　异步十进制加法计数器

12.3.3　N 进制计数器

N 进制计数器是指除二进制计数器和十进制计数器外的其他进制计数器，即每来 N 个计数脉冲，计数器状态重复一次。

1. 由触发器构成 N 进制计数器

由触发器组成的 N 进制计数器的一般分析方法是：对于同步计数器，由于计数脉冲同时接到每个触发器的时钟输入端，因而触发器的状态是否翻转只需由其驱动方程判断。而异步计数器中各触发器的触发脉冲不尽相同，所以触发器的状态是否翻转除了考虑其驱动方程外，还必须考虑其时钟输入端的触发脉冲是否出现。

例 12.1　分析图 12.24 所示的计数器为几进制计数器。

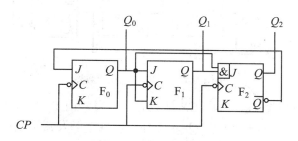

图 12.24　同步五进制计数器

解　由图可知，由于 CP 计数脉冲同时接到每个触发器的时钟输入端，所以该计数器为同步计数器。3 个触发器的驱动方程分别为：

$$F_0:\quad J_0 = \overline{Q}_2 、\quad K_0 = 1$$
$$F_1:\quad J_1 = K_1 = Q_0$$
$$F_2:\quad J_2 = Q_1Q_0 、\quad K_2 = 1$$

　　列状态表的过程如下：首先假设计数器的初始状态，如 $Q_2Q_1Q_0 = 000$，并依此根据驱动方程确定 J、K 的值，然后根据 J、K 的值确定在 CP 计数脉冲触发下各触发器的状态，如表 12.11 所示。在第 1 个 CP 计数脉冲触发下各触发器的状态为 001，按照上述步骤反复判断，直到第 5 个 CP 计数脉冲时计数器的状态又回到初始状态 000。即每来 5 个计数脉冲计数器状态重复一次，所以该计数器为五进制计数器，其波形图如图 12.25 所示。

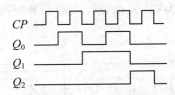

图 12.25　五进制计数器的波形图

表 12.11　同步五进制计数器的状态表

计数脉冲	Q_2	Q_1	Q_0	J_0	K_0	J_1	K_1	J_2	K_2
0	0	0	0	1	1	0	0	0	1
1	0	0	1	1	1	1	1	0	1
2	0	1	0	1	1	0	0	0	1
3	0	1	1	1	1	1	1	1	1
4	1	0	0	0	1	0	0	0	1
5	0	0	0	1	1	0	0	0	1

例 12.2　分析图 12.26 所示的计数器为几进制计数器。

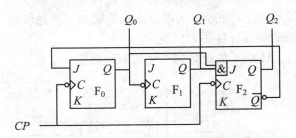

图 12.26　异步五进制计数器

　　解　由图可知，触发器 F_0、F_2 由 CP 计数脉冲触发，而 F_1 由 F_0 的输出 Q_0 触发，也就是只有在 Q_0 出现下降沿（由 1 变 0）时 Q_1 才能翻转，各个触发器不是都接 CP 计数脉冲，所以该计数器为异步计数器。3 个触发器的驱动方程分别为：

F_0：$\quad J_0 = \overline{Q_2}$、$\quad K_0 = 1 \qquad\qquad CP$ 脉冲触发

F_1：$\quad J_1 = K_1 = 1 \qquad\qquad\qquad Q_0$ 脉冲触发

F_2：$\quad J_2 = Q_1Q_0$、$\quad K_2 = 1 \qquad\quad CP$ 脉冲触发

　　列异步计数器状态表与同步计数器的不同之处在于：决定触发器的状态，除了要看其 J、K 的值，还要看其时钟输入端是否出现触发脉冲下降沿。表 12.12 所示为该电路的状态表，可以看出该计数器也是五进制计数器。

表 12.12　异步五进制计数器的状态表

计数脉冲	Q_2	Q_1	Q_0	J_0	K_0	J_1	K_1	J_2	K_2
0	0	0	0	1	1	1	1	0	1
1	0	0	1	1	1	1	1	0	1
2	0	1	0	1	1	1	1	0	1
3	0	1	1	1	1	1	1	1	1
4	1	0	0	0	1	1	1	0	1
5	0	0	0	1	1	1	1	0	1

2．由集成计数器构成 N 进制计数器

利用集成计数器可以很方便地构成 N 进制计数器。由于集成计数器是厂家生产的定型产品，其函数关系已经固定了，状态分配即编码不能改变，而且多为纯自然态序编码，因此，在用集成计数器构成 N 进制计数器时，需要利用清零端或置数端让电路跳过某些状态来获得 N 进制计数器。

图 12.27 所示为集成 4 位同步二进制计数器 74LS161 的引脚排列图和逻辑功能示意图。图中 CP 是输入计数脉冲，也就是加到各个触发器时钟输入端的时钟脉冲；$\overline{CR}$ 是清零端；$\overline{LD}$ 是置数端；CT_P 和 CT_T 是计数器工作状态控制端；$D_0 \sim D_3$ 是并行数据输入数据端；CO 是进位信号输出端；$Q_0 \sim Q_3$ 是计数器状态输出端。

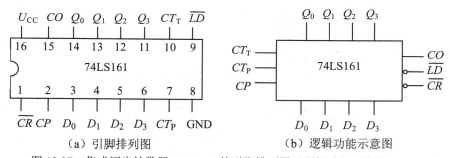

（a）引脚排列图　　　　　　（b）逻辑功能示意图

图 12.27　集成同步计数器 74LS161 的引脚排列图及逻辑功能示意图

表 12.13 所示是集成计数器 74LS161 的功能表。

表 12.13　集成同步计数器 74LS161 的功能表

输入					输出				
$\overline{CR}$	$\overline{LD}$	CT_P	CT_T	CP	Q_3	Q_2	Q_1	Q_0	CO
0	×	×	×	×	0	0	0	0	0
1	0	×	×	↑	D_3	D_2	D_1	D_0	
1	1	1	1	↑	计数				
1	1	0	×	×	保持				
1	1	×	0	×	保持				0

由表 12.13 可以看出，集成 4 位同步二进制加法计数器 74LS161 具有下列功能：

（1）异步清零功能。当 $\overline{CR} = 0$ 时，不管其他输入信号为何状态，计数器直接清零，与 CP 脉冲无关。

（2）同步并行置数功能。当 $\overline{CR} = 1$、$\overline{LD} = 0$ 时，在 CP 上升沿到达时，不管其他输入信号为何状态，并行输入数据 $D_0 \sim D_3$ 进入计数器，使 $Q_3Q_2Q_1Q_0 = D_3D_2D_1D_0$，即完成了并行置数功能。而如果没有 CP 上升沿到达，尽管 $\overline{LD} = 0$，也不能使预置数据进入计数器。

（3）同步二进制加法计数功能。当 $\overline{CR} = \overline{LD} = 1$ 时，若 $CT_T = CT_P = 1$，则计数器对 CP 脉冲按照自然二进制码循环计数（CP 上升沿翻转）。当计数状态达到 1111 时，$CO = 1$，产生进位信号。

（4）保持功能。当 $\overline{CR} = \overline{LD} = 1$ 时，若 $CT_T \cdot CT_P = 0$，则计数器将保持原来状态不变。对于进位输出信号有两种情况：若 $CT_T = 0$，则 $CO = 0$；若 $CT_T = 1$，则 $CO = Q_3^n Q_2^n Q_1^n Q_0^n$。

利用 74LS161 的异步清零端 $\overline{CR}$ 和同步置数端 $\overline{LD}$ 可以很方便地组成小于 16 的任意进制计数器。图 12.28（a）所示是用异步清零法将 Q_3 和 Q_2 通过与非门反馈到 $\overline{CR}$ 端归零实现的十二进制计数器。图 12.28（b）所示是用同步置数法将 Q_3、Q_1 和 Q_0 通过与非门反馈到 $\overline{LD}$ 端归零实现的十二进制计数器。图 12.29 所示分别是用异步归零法和同步归零法所构成的十二进制计数器的波形图。

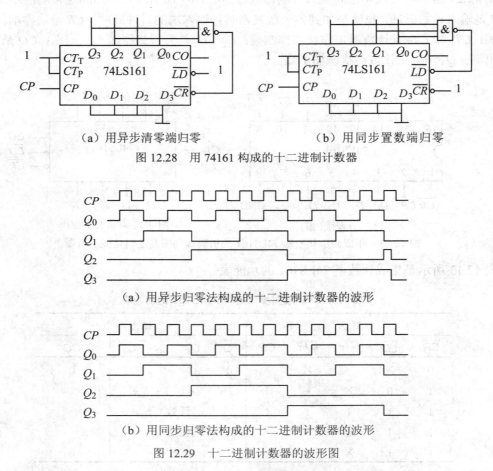

（a）用异步清零端归零　　　　　　　　（b）用同步置数端归零

图 12.28　用 74161 构成的十二进制计数器

（a）用异步归零法构成的十二进制计数器的波形

（b）用同步归零法构成的十二进制计数器的波形

图 12.29　十二进制计数器的波形图

由图 12.29 可以看出，利用异步归零所构成的十二进制计数器存在一个极短暂的过渡状态

1100。照理说，十二进制计数器从状态 0000 开始计数，计到状态 1011 时，再来一个 *CP* 计数脉冲，电路应该立即归零。然而用异步归零法所得到的十二进制计数器，不是立即归零，而是先转换到状态 1100，借助 1100 的译码使电路归零，随后变为初始状态 0000。状态 1100 虽然是一个极短暂的过渡状态，但却是不可缺少的，没有就无法产生异步归零信号。由于同步归零信号是由 *CP* 脉冲的触发沿控制的，所以利用同步归零构成的十二进制计数器不存在过渡状态 1100，即从状态 0000 计到 1011，再来一个 *CP* 计数脉冲，电路立即归零。

若要用 74LS161 组成大于十六进制的计数器，需要多片串联使用。图 12.30 所示是用两片 74LS161 组成的 256（$2^{4 \times 2}$）进制计数器和 60（$3 \times 16 + 12$）进制计数器。图 12.31 所示是用 74LS161 组成的按 8421 码计数的 60 进制计数器和 24 进制计数器。

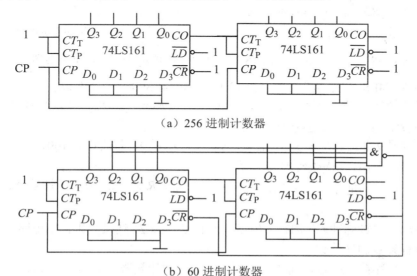

（a）256 进制计数器

（b）60 进制计数器

图 12.30　用 74LS161 构成的 256 进制和 60 进制计数器

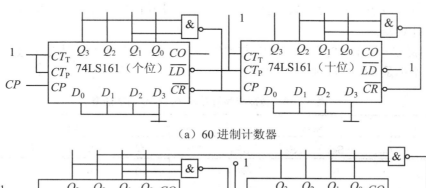

（a）60 进制计数器

（b）24 进制计数器

图 12.31　用 74LS161 构成的按 8421 码计数的 60 进制和 24 进制计数器

74LS90 是一种典型的集成异步计数器，可实现二－五－十进制计数。图 12.32 所示是 74LS90 引脚排列图和逻辑功能示意图。

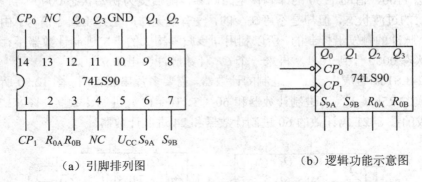

（a）引脚排列图　　　　　　　（b）逻辑功能示意图

图 12.32　集成异步计数器 74LS90 的引脚排列图和逻辑功能示意图

表 12.14 为 74LS90 的功能表。由表 12.14 可知 74LS90 具有下列功能：

（1）异步清零功能。当 $S_9 = S_{9A} \cdot S_{9B} = 0$ 时，若 $R_0 = R_{0A} \cdot R_{0B} = 1$，则计数器清零，与输入 CP 脉冲无关，这说明 74LS90 是异步清零的。

（2）异步置 9 功能。$S_9 = S_{9A} \cdot S_{9B} = 1$ 时，计数器置 9，即被置成 1001 状态，与 CP 无关，也是异步进行的，并且其优先级别高于 R_0。

（3）异步计数功能。当 $S_9 = S_{9A} \cdot S_{9B} = 0$，且 $R_0 = R_{0A} \cdot R_{0B} = 0$ 时，计数器进行异步计数。有 4 种基本情况：

1）若将输入时钟脉冲 CP 加在 CP_0 端，且把 Q_0 与 CP_1 连接起来，则电路将对 CP 脉冲按照 8421 码进行异步加法计数。

2）若将 CP 加在 CP_0 端，而 CP_1 接低电平 0，则计数器中 F_0 工作，F_1、F_2、F_3 不工作，电路构成 1 位二进制计数器。

3）如果只将 CP 加在 CP_1 端，CP_0 接 0，则计数器中 F_0 不工作，F_1、F_2、F_3 工作，且构成五进制异步计数器。

4）如果将 CP 加在 CP_1 端，且把 Q_3 与 CP_0 连接起来，虽然电路仍然是十进制异步计数器，但计数规律不再是 8421 码，而是 5421 码。

表 12.14　集成异步计数器 74LS90 的功能表

输入						输出			
R_{0A}	R_{0B}	S_{9A}	S_{9B}	CP_0	CP_1	Q_3	Q_2	Q_1	Q_0
1	1	0	×	×	×	0	0	0	0
1	1	×	0	×	×	0	0	0	0
×	×	1	1	×	×	1	0	0	1
×	0	×	0	↓	0	二进制计数			
×	0	×	0	0	↓	五进制计数			
0	×	×	0	↓	Q_0	8421 码十进制计数			
0	×	0	×	Q_3	↓	5421 码十进制计数			

图 12.33 所示是把两片 74LS90 级联起来构成的 100 进制（2 位十进制）计数器。

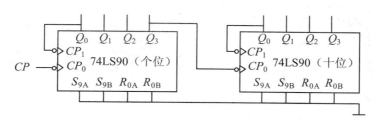

图 12.33　由 74LS90 构成的 100 进制计数器

图 12.34 所示是把两片 74LS90 级联起来构成的 60 进制计数器。图 12.35 所示是用两片 74LS90 级联起来构成 100 进制计数器后再用归零法构成的 64 进制计数器。

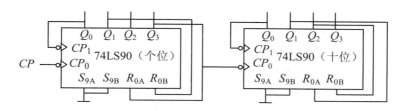

图 12.34　由 74LS90 构成的 60 进制计数器

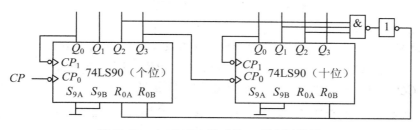

图 12.35　由 74LS90 构成的 64 进制计数器

12.4　555 定时器

555 定时器是一种将模拟功能与逻辑功能巧妙地结合在一起的中规模集成电路，电路功能灵活，应用范围广，只要外接少量元件，就可以构成多谐振荡器、单稳态触发器或施密特触发器等电路，因而在定时、检测、控制、报警等方面都有广泛的应用。

12.4.1　555 定时器的结构和工作原理

555 定时器的内部结构和引脚排列如图 12.36 所示。555 定时器内部含有一个基本 RS 触发器、两个电压比较器 A_1 和 A_2、一个放电晶体管 VT 和一个由 3 个 $5k\Omega$ 电阻组成的分压器。比较器 A_1 的参考电压为 $\frac{2}{3}U_{CC}$，加在同相输入端；A_2 的参考电压为 $\frac{1}{3}U_{CC}$，加在反相输入端，两者均由分压器上取得。

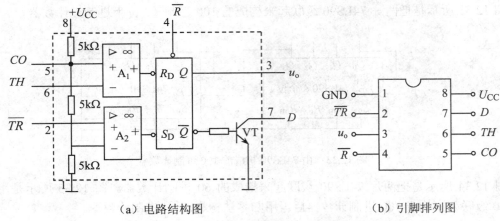

（a）电路结构图　　　　　　　　　（b）引脚排列图

图 12.36　555 定时器结构和引脚排列图

下面介绍 555 定时器各引线端的用途。

1 端 GND 为接地端。

2 端 $\overline{TR}$ 为低电平触发端，也称为触发输入端，由此输入触发脉冲。当 2 端的输入电压高于 $\frac{1}{3}U_{CC}$ 时，A_2 的输出为 1；当输入电压低于 $\frac{1}{3}U_{CC}$ 时，A_2 的输出为 0，使基本 RS 触发器置 1，即 $Q = 1$、$\overline{Q} = 0$。这时定时器输出 $u_o = 1$。

3 端 u_o 为输出端，输出电流可达 200mA，因此可直接驱动继电器、发光二极管、扬声器、指示灯等。输出高电压约低于电源电压 1～3V。

4 端 $\overline{R}$ 是复位端，当 $\overline{R} = 0$ 时，基本 RS 触发器直接置 0，使 $Q = 0$、$\overline{Q} = 1$。

5 端 CO 为电压控制端，如果在 CO 端另加控制电压，则可改变 A_1、A_2 的参考电压。工作中不使用 CO 端时，一般都通过一个 0.01μF 的电容接地，以旁路高频干扰。

6 端 TH 为高电平触发端，又叫做阈值输入端，由此输入触发脉冲。当输入电压低于 $\frac{2}{3}U_{CC}$ 时，A_1 的输出为 1；当输入电压高于 $\frac{2}{3}U_{CC}$ 时，A_1 的输出为 0，使基本 RS 触发器置 0，即 $Q = 0$、$\overline{Q} = 1$。这时定时器输出 $u_o = 0$。

7 端 D 为放电端。当基本 RS 触发器的 $\overline{Q} = 1$ 时，放电晶体管 VT 导通，外接电容元件通过 VT 放电。555 定时器在使用中大多与电容器的充放电有关，为了使充放电能够反复进行，电路特别设计了一个放电端 D。

8 端 U_{CC} 为电源端，可在 4.5～16V 范围内使用，若为 CMOS 电路，则 $U_{DD} = 3～18V$。

12.4.2　555 定时器的应用

1.　单稳态触发器

单稳态触发器在数字电路中一般用于定时（产生一定宽度的矩形波）、整形（把不规则的波形转换成宽度、幅度都相等的波形）、延时（把输入信号延迟一定时间后输出）等。

单稳态触发器具有以下特点：

（1）电路有一个稳态和一个暂稳态。

（2）在外来触发脉冲作用下，电路由稳态翻转到暂稳态。

（3）暂稳态是一个不能长久保持的状态，经过一段时间后，电路会自动返回到稳态。暂稳态的持续时间与触发脉冲无关，仅决定于电路本身的参数。

图 12.37 所示是用 555 定时器构成的单稳态触发器电路及其工作波形。R、C 是外接定时元件；u_i 是输入触发信号，下降沿有效。

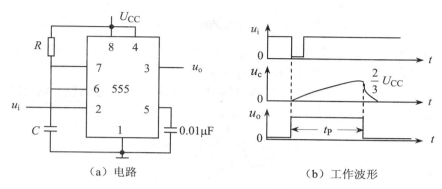

（a）电路　　　　　　　（b）工作波形

图 12.37　用 555 定时器构成的单稳态触发器及其波形图

接通电源 U_{CC} 后瞬间，电路有一个稳定的过程，即电源 U_{CC} 通过电阻 R 对电容 C 充电，当 u_c 上升到 $\frac{2}{3}U_{CC}$ 时，比较器 A_1 的输出为 0，将基本 RS 触发器置 0，电路输出 $u_o = 0$。这时基本 RS 触发器的 $\overline{Q} = 1$，使放电管 VT 导通，电容 C 通过 VT 放电，电路进入稳定状态。

当触发信号 u_i 到来时，因为 u_i 的幅度低于 $\frac{1}{3}U_{CC}$，比较器 A_2 的输出为 0，将基本 RS 触发器置 1，u_o 由 0 变为 1，电路进入暂稳态。由于此时基本 RS 触发器的 $\overline{Q} = 0$，放电管 VT 截止，U_{CC} 经电阻 R 对电容 C 充电。虽然此时触发脉冲已消失，比较器 A_2 的输出变为 1，但充电继续进行，直到 u_c 上升到 $\frac{2}{3}U_{CC}$ 时，比较器 A_1 的输出为 0，将基本 RS 触发器置 0，电路输出 $u_o = 0$，VT 导通，电容 C 放电，电路恢复到稳定状态。

忽略放电管 VT 的饱和压降，则 u_c 从 0 充电上升到 $\frac{2}{3}U_{CC}$ 所需的时间即为 u_o 的输出脉冲宽度 t_p。

$$t_p \approx 1.1RC$$

单稳态触发器应用很广，下面举几个例子说明。

（1）延时与定时。脉冲信号的延时与定时电路如图 12.38 所示。仔细观察 u'_o 与 u_i 的波形，可以发现 u'_o 的下降沿比 u_i 的下降沿滞后了 t_p，亦即延迟了 t_p。这个 t_p 反映了单稳态触发器的延时作用。

单稳态触发器的输出 u'_o 送入与门作为定时控制信号，当 $u'_o = 1$ 时与门打开，$u_o = u_A$；$u'_o = 0$ 时与门关闭，$u_o = 0$。显然，与门打开的时间是恒定不变的，就是单稳态触发器输出脉冲 u'_o 的宽度 t_p。

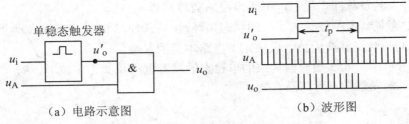

（a）电路示意图　　　　　　　　　（b）波形图

图 12.38　脉冲信号的延时与定时控制

（2）波形整形。输入脉冲的波形往往是不规则的，边沿不陡，幅度不齐，不能直接输入到数字电路。因为单稳态触发器的输出 u_o 的幅度仅决定于输入的高、低电平，宽度 t_p 只与定时元件 R、C 有关。所以利用单稳态触发器能够把不规则的输入信号 u_i 整形成为幅度、宽度都相同的矩形脉冲 u_o。图 12.39 所示就是单稳态触发器整形的一个例子。

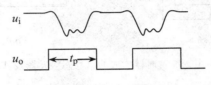

图 12.39　波形的整形

2．无稳态触发器

无稳态触发器是一种自激振荡电路，它没有稳定状态，也不需要外加触发脉冲。当电路接好之后，只要接通电源，在其输出端便可获得矩形脉冲。由于矩形脉冲中除基波外还含有极丰富的高次谐波，故无稳态触发器又称为多谐振荡器。

图 12.40 所示是用 555 定时器构成的无稳态触发器及其工作波形。R_1、R_2、C 是外接定时元件。接通电源 U_{CC} 后，电源 U_{CC} 经电阻 R_1 和 R_2 对电容 C 充电，当 u_c 上升到 $\frac{2}{3}U_{CC}$ 时，比较器 A_1 的输出为 0，将基本 RS 触发器置 0，定时器输出 $u_o = 0$。这时基本 RS 触发器的 $\overline{Q} = 1$，使放电管 VT 导通，电容 C 通过电阻 R_2 和 VT 放电，u_c 下降。当 u_c 下降到 $\frac{1}{3}U_{CC}$ 时，比较器 A_2 的输出为 0，将基本 RS 触发器置 1，u_o 又由 0 变为 1。由于此时基本 RS 触发器的 $\overline{Q} = 0$，放电管 VT 截止，U_{CC} 又经电阻 R_1 和 R_2 对电容 C 充电。如此重复上述过程，于是在输出端 u_o 产生了连续的矩形脉冲。

第一个暂稳态的脉冲宽度 t_{p1}，即 u_c 从 $\frac{1}{3}U_{CC}$ 充电上升到 $\frac{2}{3}U_{CC}$ 所需的时间：

$$t_{p1} \approx 0.7(R_1 + R_2)C$$

第二个暂稳态的脉冲宽度 t_{p2}，即 u_c 从 $\frac{2}{3}U_{CC}$ 放电下降到 $\frac{1}{3}U_{CC}$ 所需的时间：

$$t_{p2} \approx 0.7R_2C$$

振荡周期：

$$T = t_{p1} + t_{p2} \approx 0.7(R_1 + 2R_2)C$$

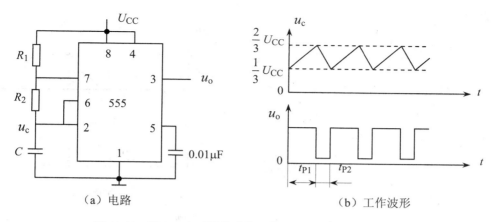

（a）电路　　　　　　　　（b）工作波形

图 12.40　用 555 定时器构成的无稳态触发器及其波形图

占空比：

$$q = \frac{t_{p1}}{T} = \frac{R_1 + R_2}{R_1 + 2R_2}$$

图 12.41（a）所示是用两个多谐振荡器构成的模拟声响电路。若调节定时元件 R_1、R_2、C_1 使振荡器 I 的振荡频率 $f_1 = 1\text{Hz}$，调节 R_3、R_4、C_2 使振荡器 II 的振荡频率 $f_2 = 1\text{kHz}$，则扬声器就会发出呜……呜的间歇声响。因为振荡器 I 的输出电压 u_{o1} 接到振荡器 II 中 555 定时器的复位端 $\overline{R}$（4 脚），当 u_{o1} 为高电平时振荡器 II 振荡，为低电平时 555 定时器复位，振荡器 II 停止振荡。图 12.41（b）所示是电路的工作波形。

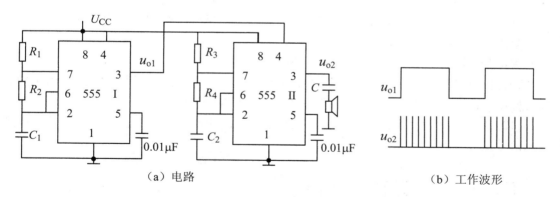

（a）电路　　　　　　　　　　　（b）工作波形

图 12.41　模拟声响电路及其波形图

3. 施密特触发器

施密特触发器一个最重要的特点就是能够把变化非常缓慢的输入脉冲波形整形成为适合于数字电路需要的矩形脉冲，而且由于具有滞回特性，所以抗干扰能力也很强。施密特触发器在脉冲的产生和整形电路中应用很广。

将 555 定时器的 TH 端和 $\overline{TR}$ 端连接起来作为信号 u_i 的输入端，便构成了施密特触发器，如图 12.42 所示。555 定时器中放电晶体管 VT 的集电极引出端 D 通过电阻 R 接电源 U_{CC1}，成为输出端 u_{o1}，其高电平可通过改变 U_{CC1} 进行调节；u_o 是 555 定时器的信号输出端。

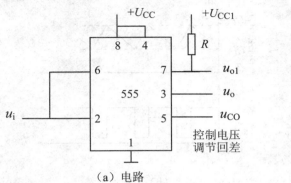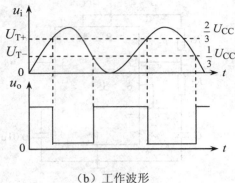

（a）电路　　　　　　　　　　　　（b）工作波形

图 12.42　施密特触发器及其波形图

（1）当 $u_i = 0$ 时，由于比较器 A_1 输出为 1、A_2 输出为 0，基本 RS 触发器置 1，即 $Q = 1$、$\overline{Q} = 0$，$u_{o1} = 1$、$u_o = 1$。u_i 升高时，在未到达 $\frac{2}{3} U_{CC}$ 以前，$u_{o1} = 1$、$u_o = 1$ 的状态不会改变。

（2）u_i 升高到 $\frac{2}{3} U_{CC}$ 时，比较器 A_1 输出跳变为 0、A_2 输出为 1，基本 RS 触发器置 0，即跳变到 $Q = 0$、$\overline{Q} = 1$，u_{o1}、u_o 也随之跳变到 0。此后，u_i 继续上升到最大值，然后再降低，但在未降低到 $\frac{1}{3} U_{CC}$ 以前，$u_{o1} = 0$、$u_o = 0$ 的状态不会改变。

（3）u_i 下降到 $\frac{1}{3} U_{CC}$ 时，比较器 A_1 输出为 1、A_2 输出跳变为 0，基本 RS 触发器置 1，即跳变到 $Q = 1$、$\overline{Q} = 0$，u_{o1}、u_o 也随之跳变到 1。此后，u_i 继续下降到 0，但 $u_{o1} = 1$、$u_o = 1$ 的状态不会改变。

施密特触发器的用途很广，下面列举几例。

（1）接口与整形。在图 12.43（a）所示的电路中，施密特触发器用作 TTL 系统的接口，将缓慢变化的输入信号转换成为符合 TTL 系统要求的脉冲波形。

图 12.43（b）所示是用作整形电路的施密特触发器的输入、输出电压波形，它把不规则的输入信号整形成为矩形脉冲。

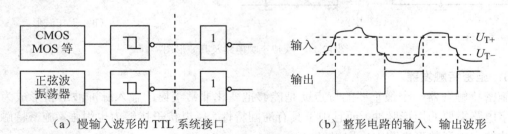

（a）慢输入波形的 TTL 系统接口　　　　　（b）整形电路的输入、输出波形

图 12.43　施密特触发器应用于接口及整形

（2）幅度鉴别和多谐振荡器。图 12.44（a）所示是用作幅度鉴别时施密特触发器的输入、输出波形，显然，只有幅度达到 U_{T+} 的输入电压信号才可被鉴别出来，并形成相应的输出脉冲。

图 12.44（b）所示是用施密特触发反相器构成的多谐振荡器，其工作原理比较简单。接通电源瞬间，电容 C 上的电压为 0，施密特触发反相器的输出电压 u_{o}' 为高电平，u_{o}' 的高电平通过电阻 R 对电容 C 充电，随着充电的进行，u_{c} 逐渐升高，当 u_{c} 上升到 $U_{\mathrm{T+}}$ 时，施密特触发器翻转，u_{o}' 跳变到低电平，此后电容 C 又开始放电，u_{c} 下降，当 u_{c} 下降到 $U_{\mathrm{T-}}$ 时，u_{o}' 又跳变到高电平，于是形成振荡，在施密特触发反相器输出端所得到的便是接近矩形的脉冲电压 u_{o}'，再经过反相器整形，就可以得到比较理想的矩形脉冲 u_{o}。

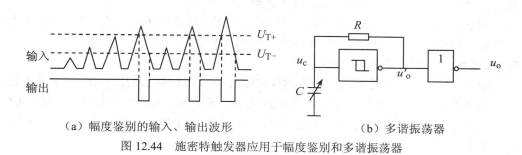

（a）幅度鉴别的输入、输出波形　　　　　　（b）多谐振荡器

图 12.44　施密特触发器应用于幅度鉴别和多谐振荡器

12.5　数模和模数转换

在电子技术中，模拟量和数字量的相互转换是很重要的。例如，用电子计算机对生产过程进行控制时，必须先将模拟量转换成数字量，才能送到计算机中去进行运算和处理；然后又要将处理得出的数字量转换为模拟量，才能实现对被控制的模拟量进行控制。另外，在数字仪表中，也必须将被测的模拟量转换为数字量才能实现数字显示。

能将模拟量转换为数字量的电路称为模数转换器，简称 A/D 转换器或 ADC；能将数字量转换为模拟量的电路称为数模转换器，简称 D/A 转换器或 DAC。因此，ADC 和 DAC 是沟通模拟电路和数字电路的桥梁，也可称之为两者之间的接口。

图 12.45 所示是 ADC 和 DAC 在加热炉温度控制系统中应用的一个典型例子。

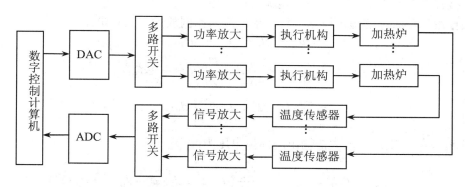

图 12.45　ADC 和 DAC 在加热炉温度控制系统中的应用

实际上，在数据传输系统、自动测试设备、医疗信息处理、电视信号的数字化、图像信号的处理和识别、数字通信和语音信息处理等方面都离不开 ADC 和 DAC。

12.5.1　D/A 转换器

D/A 转换器是将一组输入的二进制数转换成相应数量的模拟电压或电流输出的电路。因为数字量是用二进制代码按数位组合起来表示的，对于有权码，每位代码都有一定的权。所以，为了将数字量转换成模拟量，必须将每一位的代码按其权的大小转换成相应的模拟量，然后将代表各位的模拟量相加，所得的总模拟量就与数字量成正比，这样便实现了从数字量到模拟量的转换。这就是组成 D/A 转换器的基本指导思想。

D/A 转换器根据工作原理基本上可分为二进制权电阻网络 D/A 转换器和 T 型电阻网络 D/A 转换器（包括倒 T 型电阻网络 D/A 转换器）两大类。

1．二进制权电阻网络 D/A 转换器

图 12.46 所示是 4 位二进制数的二进制权电阻网络 D/A 转换器的原理图。$d_3d_2d_1d_0$ 是输入的 4 位二进制数，它们控制着 4 个模拟电子开关 S_3、S_2、S_1、S_0；4 个电阻 R、$2R$、$4R$、$8R$ 组成二进制权电阻转换网络；运算放大器完成求和运算；u_o 是输出模拟电压；U_R 是参考电压，也叫做基准电压。

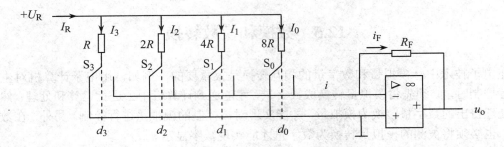

图 12.46　二进制权电阻网络 D/A 转换器原理图

S_3、S_2、S_1、S_0 与 d_3、d_2、d_1、d_0 的对应关系是：当 $d_i = 1$（$i = 0$、1、2、3）即为高电平时，相应的被控开关 S_i 接通右边触点，电流 I_i 流入外接的比例放大器；当 $d_i = 0$ 即为低电平时，相应的被控开关 S_i 接通左边触点，电流 I_i 流入地。

根据运算放大器的虚地概念，可以求出流入比例放大器的总电流为：

$$i = I_0d_0 + I_1d_1 + I_2d_2 + I_3d_3$$

$$= \frac{U_R}{8R}d_0 + \frac{U_R}{4R}d_1 + \frac{U_R}{2R}d_2 + \frac{U_R}{R}d_3$$

$$= \frac{U_R}{2^3R}(d_3 \cdot 2^3 + d_2 \cdot 2^2 + d_1 \cdot 2^1 + d_0 \cdot 2^0)$$

设 $R_F = \dfrac{R}{2}$，则运算放大器输出的模拟电压为：

$$u_o = -R_Fi_F = -\frac{R}{2} \cdot i = -\frac{U_R}{2^4}(d_3 \cdot 2^3 + d_2 \cdot 2^2 + d_1 \cdot 2^1 + d_0 \cdot 2^0)$$

可见输出模拟电压 u_o 与输入的数字信号成正比。当输入信号 $d_3d_2d_1d_0 = 0000$ 时，输出电压 $u_o = 0$；当输入信号 $d_3d_2d_1d_0 = 0001$ 时，输出电压 $u_o = -\dfrac{1}{16}U_R$，……，当输入信号

$d_3 d_2 d_1 d_0 = 1111$ 时，输出电压 $u_o = -\dfrac{15}{16} U_R$。

如果输入的是 n 位二进制数，则：

$$u_o = -\frac{U_R}{2^n}(d_{n-1} \cdot 2^{n-1} + d_{n-2} \cdot 2^{n-2} + \cdots + d_1 \cdot 2^1 + d_0 \cdot 2^0)$$

权电阻网络 D/A 转换器的优点是电路结构简单，可适用于各种有权码；缺点是电阻阻值范围太宽，品种较多。例如，输入信号为 10 位二进制数时，若 $R = 10\,\text{k}\Omega$，则权电阻网络 D/A 转换器中，最小电阻为 $5\,\text{k}\Omega$，最大电阻为 $5.12\,\text{M}\Omega$，要在这样广的阻值范围内保证每个电阻都有很高的精度是极其困难的。因此，在集成 D/A 转换器中很少采用权电阻网络。

2. 倒 T 型电阻网络 D/A 转换器

图 12.47 所示是一个 4 位二进制数倒 T 型电阻网络 D/A 转换器的原理图（T 型电阻网络 D/A 转换器见习题 12.29）。

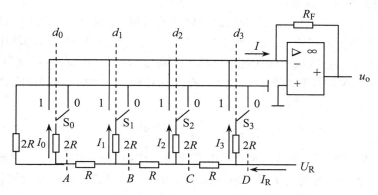

图 12.47　倒 T 型电阻网络 D/A 转换器原理图

由图 12.47 可以看出，这种 D/A 转换器是由 R 和 $2R$ 两种阻值的电阻构成的倒 T 型电阻转换网络、模拟电子开关及运算放大器组成。模拟电子开关也由输入数字量来控制，当二进制数码为 1 时，开关接到运算放大器的反相输入端，为 0 时接地。

根据运算放大器的虚地概念可知：

（1）分别从虚线 A、B、C、D 处向左看的二端网络等效电阻都是 R。

（2）不论模拟开关接到运算放大器的反相输入端（虚地）还是接到地，也就是不论输入数字信号是 1 还是 0，各支路的电流是不变的。因此，从参考电压端输入的电流为：

$$I_R = \frac{U_R}{R}$$

根据分流公式可得各支路电流：

$$I_3 = \frac{1}{2} I_R = \frac{U_R}{2R} \qquad\qquad I_2 = \frac{1}{4} I_R = \frac{U_R}{4R}$$

$$I_1 = \frac{1}{8} I_R = \frac{U_R}{8R} \qquad\qquad I_0 = \frac{1}{16} I_R = \frac{U_R}{16R}$$

由此可以得出流入比例放大器的电流：

$$i = I_0 d_0 + I_1 d_1 + I_2 d_2 + I_3 d_3$$

$$= \left(\frac{1}{16} d_0 + \frac{1}{8} d_1 + \frac{1}{4} d_2 + \frac{1}{2} d_3 \right) \frac{U_R}{R}$$

$$= \frac{U_R}{2^4 R} (d_3 \cdot 2^3 + d_2 \cdot 2^2 + d_1 \cdot 2^1 + d_0 \cdot 2^0)$$

运算放大器输出的模拟电压为：

$$u_o = -R_F i_F = -R_F i$$

$$= -\frac{U_{REF} R_F}{2^4 R} (d_3 \cdot 2^3 + d_2 \cdot 2^2 + d_1 \cdot 2^1 + d_0 \cdot 2^0)$$

如果输入的是 n 位二进制数，则：

$$u_o = -\frac{U_R R_F}{2^n R} (d_{n-1} \cdot 2^{n-1} + d_{n-2} \cdot 2^{n-2} + \cdots + d_1 \cdot 2^1 + d_0 \cdot 2^0)$$

3．D/A 转换器的主要技术指标

（1）分辨率。分辨率用输入二进制数的有效位数表示。在分辨率为 n 位的 D/A 转换器中，输出电压能区分 2^n 个不同的输入二进制代码状态，能给出 2^n 个不同等级的输出模拟电压。分辨率也可以用 D/A 转换器的最小输出电压（对应的输入二进制数只有最低位为 1）与最大输出电压（对应的输入二进制数的所有位全为 1）的比值来表示。例如，在 10 位 D/A 转换器中，分辨率为：

$$\frac{1}{2^{10} - 1} = \frac{1}{1023} \approx 0.001$$

（2）转换精度。D/A 转换器的转换精度是指输出模拟电压的实际值与理想值之差，即最大静态转换误差。这个误差是由于参考电压偏离标准值、运算放大器的零点漂移、模拟开关的压降、电阻阻值的偏差等原因所引起的。

（3）输出建立时间。从输入数字信号起，到输出电压或电流到达稳定值时所需要的时间，称为输出建立时间。目前，在不包含参考电压源和运算放大器的单片集成 D/A 转换器中，输出建立时间一般不超过 1μs。

12.5.2　A/D 转换器

在 A/D 转换器中，因为输入的模拟信号在时间上是连续量，而输出的数字信号代码是离散量，所以进行转换时必须在一系列选定的瞬间，亦即在时间坐标轴上的一些规定点上，对输入的模拟信号采样，然后把采样的模拟电压经过 A/D 转换器的数字化编码电路转换成 n 位的二进制数输出。

1．逐次逼近型 A/D 转换器

逐次逼近型 A/D 转换器一般由顺序脉冲发生器、逐次逼近寄存器、D/A 转换器和电压比较器等几部分组成，其原理框图如图 12.48 所示。

转换开始前先将所有寄存器清零。开始转换以后，时钟脉冲首先将寄存器最高位置成 1，使输出数字为 $100\cdots0$。这个数码被 D/A 转换器转换成相应的模拟电压 u_o，送到比较器中与 u_i 进行比较。若 $u_o > u_i$，说明数字过大了，故将最高位的 1 清除；若 $u_o < u_i$，说明数字还不够大，应将这一位保留。然后，再按同样的方式将次高位置成 1，并且经过比较以后确定这个 1 是否

应该保留。这样逐位比较下去，一直到最低位为止。比较完毕后，寄存器中的状态就是所要求的数字量输出。

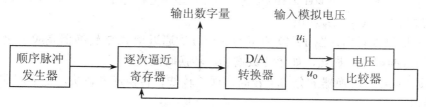

图 12.48 逐次逼近型 A/D 转换器的原理框图

可见逐次逼近转换过程与用天平称量一个未知重量的物体时的操作过程一样，只不过使用的砝码重量一个比一个小一半。

图 12.49 所示是图 12.48 所示方案的一种 3 位逐次逼近型 A/D 转换器的逻辑图。图中 F_A、F_B、F_C 组成 3 位逐次逼近寄存器；$F_1 \sim F_5$ 接成环形移位寄存器（又叫顺序脉冲发生器），它们和门 $G_1 \sim G_5$ 一起构成控制逻辑电路。

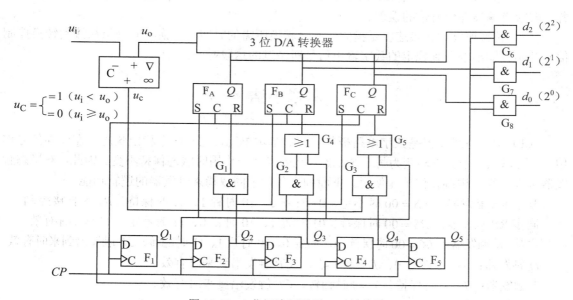

图 12.49 3 位逐次逼近型 A/D 转换器

转换开始前，先使 $Q_1 = Q_2 = Q_3 = Q_4 = 0$，$Q_5 = 1$，第 1 个 CP 到来后，$Q_1 = 1$，Q_2、Q_3、Q_4、Q_5 均为 0，于是 F_A 被置 1，F_B 和 F_C 被置 0。这时加到 D/A 转换器输入端的代码为 100，并在 D/A 转换器的输出端得到相应的模拟电压输出 u_o。u_o 和 u_i 在比较器中比较，当 $u_i < u_o$ 时，比较器输出 $u_C = 1$；当 $u_i \geqslant u_o$ 时，$u_C = 0$。

第 2 个 CP 到来后，环形计数器右移一位，变成 $Q_2 = 1$，$Q_1 = Q_3 = Q_4 = Q_5 = 0$，这时门 G_1 打开，若原来 $u_C = 1$，则 F_A 被置 0，若原来 $u_C = 0$，则 F_A 的 1 状态保留。与此同时，Q_2 的高电平将 F_B 置 1。

第 3 个 CP 到来后，环形计数器又右移一位，一方面将 F_C 置 1，同时将门 G_2 打开，并根据比较器的输出决定 F_B 的 1 状态是否应该保留。

第 4 个 CP 到来后，环形计数器 $Q_4 = 1$，$Q_1 = Q_2 = Q_3 = Q_5 = 0$，门 G_3 打开，根据比较器的输出决定 F_C 的 1 状态是否应该保留。

第 5 个 CP 到来后，环形计数器 $Q_5 = 1$，$Q_1 = Q_2 = Q_3 = Q_4 = 0$，$F_A$、$F_B$、$F_C$ 的状态作为转换结果通过门 G_6、G_7、G_8 送出。

从以上分析可以看出，图 12.49 所示的 3 位逐次逼近型 A/D 转换器完成一次 A/D 转换需要 5 个 CP 信号的周期。显然，如果位数增加，转换时间也会相应地增加。

逐次逼近型 A/D 转换器的分辨率较高、误差较低、转换速度较快，是应用非常广泛的一种 A/D 转换器。

2．A/D 转换器的主要技术指标

（1）分辨率。A/D 转换器的分辨率用输出二进制数的位数表示，位数越多，误差越小，转换精度越高。例如，输入模拟电压的变化范围为 0～5V，输出 8 位二进制数可以分辨的最小模拟电压为 $5V \times 2^{-8} = 20mV$；而输出 12 位二进制数可以分辨的最小模拟电压为 $5V \times 2^{-12} \approx 1.22mV$。

（2）相对精度。在理想情况下，所有的转换点应当在一条直线上。相对精度是指实际的各个转换点偏离理想特性的误差。

（3）转换速度。转换速度是指完成一次转换所需的时间。转换时间是指从接到转换控制信号开始到输出端得到稳定的数字输出信号所经过的这段时间。

本章小结

（1）双稳态触发器是数字电路极其重要的基本单元，它有两个稳定状态，在外界信号作用下，可以从一个稳态转变为另一个稳态；无外界信号作用时状态保持不变。因此，双稳态触发器可以作为二进制存储单元使用。下面列出各种不同双稳态触发器的逻辑功能。

基本 RS 触发器：$RS = 00$ 时不定、01 时置 0、10 时置 1、11 时保持，R、S 直接控制。

同步 RS 触发器：$RS = 00$ 时保持、01 时置 1、10 时置 0、11 时不定，$CP = 1$ 时有效。

主从 JK 触发器：$JK = 00$ 时保持、01 时置 0、10 时置 1、11 时翻转，CP 触发沿到来时有效。

D 触发器：$D = 0$ 时置 0、$D = 1$ 时置 1，CP 触发沿到来时有效。

T 触发器：$T = 0$ 时保持、$T = 1$ 时翻转，CP 触发沿到来时有效。

T′触发器：每来一个 CP 脉冲翻转一次。

（2）时序电路的特点是：在任何时刻的输出不仅和输入有关，而且还决定于电路原来的状态。为了记忆电路的状态，时序电路必须包含有存储电路。存储电路通常以触发器为基本单元电路构成。

（3）寄存器是用来暂存数据的逻辑部件。根据存入或取出数据的方式不同，可分为数码寄存器和移位寄存器。数码寄存器在一个 CP 脉冲作用下，各位数码可同时存入或取出。移位寄存器在一个 CP 脉冲作用下，只能存入或取出一位数码，n 位数码必须用 n 个 CP 脉冲作用才能全部存入或取出。某些型号的集成寄存器具有左移、右移、清零、数据并入、并出、串入、串出等多种逻辑功能。

（4）计数器是用来累计脉冲数目的逻辑部件。按照不同的分类方式，有多种类型的计数器。n 个触发器可以组成 n 位二进制计数器，可以计 2^n 个脉冲。4 个触发器可以组成 1 位十进制计数器，n 位十进制计数器由 $4n$ 个触发器组成。计数脉冲同时作用在所有触发器 CP 端的为同步计数器，否则为异步计数器。集成计数器还具有清零、置数等多种逻辑功能，用同步归零法或异步归零法可以很方便地实现 N 进制计数器。

（5）555 定时器是将电压比较器、触发器、分压器等集成在一起的中规模集成电路，只要外接少量元件，就可以构成无稳态触发器、单稳态触发器、施密特触发器等电路，应用十分广泛。无稳态触发器是一种自激振荡电路，不需要外加输入信号就可以自动地产生出矩形脉冲。单稳态触发器和施密特触发器不能自动地产生矩形脉冲，但却可以把其他形状的信号变换成为矩形波。

（6）A/D 转换器和 D/A 转换器是现代数字系统中的重要组成部分，在计算机控制、快速检测和信号处理等系统中的应用日益广泛。D/A 转换器的功能是将输入的二进制数字信号转换成相对应的模拟信号输出，由于 T 型电阻网络 D/A 转换器只要求两种阻值的电阻，因此最适合于集成工艺，集成 D/A 转换器普遍采用这种电路结构。A/D 转换器的功能是将输入的模拟信号转换成一组多位的二进制数字输出，由于逐次逼近型 A/D 转换器具有分辨率较高、误差较低、转换速度较快等优点，因此得到普遍应用。

习题十二

12.1　基本 RS 触发器的特点是什么？若 R 和 S 的波形如图 12.50 所示，设触发器 Q 端的初始状态为 0，试对应画出输出 Q 和 $\overline{Q}$ 的波形。

图 12.50　习题 12.1 的图

12.2　由或非门构成的基本 RS 触发器及其逻辑符号如图 12.51 所示，试分析其逻辑功能，并根据 R 和 S 的波形对应画出 Q 和 $\overline{Q}$ 的波形，设触发器 Q 端的初始状态为 0。

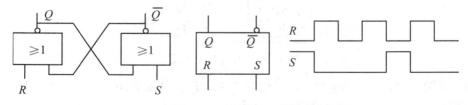

图 12.51　习题 12.2 的图

12.3　与基本 RS 触发器相比，同步 RS 触发器的特点是什么？设 CP、R、S 的波形如图 12.52 所示，触发器 Q 端的初始状态为 0，试对应画出同步 RS 触发器 Q、$\overline{Q}$ 的波形。

图 12.52　习题 12.3 的图

12.4 图 12.53 所示为 CP 脉冲上升沿触发的主从 JK 触发器的逻辑符号及 CP、J、K 的波形，设触发器 Q 端的初始状态为 0，试对应画出 Q、$\overline{Q}$ 的波形。

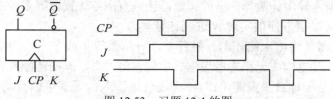

图 12.53 习题 12.4 的图

12.5 图 12.54 所示为 CP 脉冲上升沿触发的 D 触发器的逻辑符号及 CP、D 的波形，设触发器 Q 端的初始状态为 0，试对应画出 Q、$\overline{Q}$ 的波形。

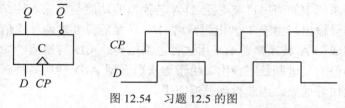

图 12.54 习题 12.5 的图

12.6 电路及 CP 和 D 的波形如图 12.55 所示，设电路的初始状态为 $Q_0Q_1 = 00$，试画出 Q_0、Q_1 的波形。

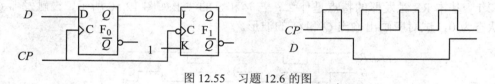

图 12.55 习题 12.6 的图

12.7 试画出在 CP 脉冲作用下图 12.56 所示电路 Q_0、Q_1 的波形，设触发器 F_0、F_1 的初始状态均为 0。

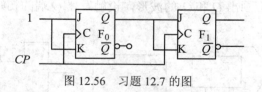

图 12.56 习题 12.7 的图

12.8 在图 12.57 所示的电路中，设触发器 F_0、F_1 的初始状态均为 0，试画出在图中所示 CP 和 X 的作用下 Q_0、Q_1 和 Y 的波形。

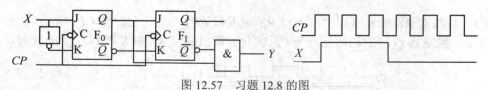

图 12.57 习题 12.8 的图

12.9 图 12.58 所示的电路为循环移位寄存器，设电路的初始状态为 $Q_0Q_1Q_2 = 001$。列出该电路的状态表，并画出前 7 个 CP 脉冲作用期间 Q_0、Q_1 和 Q_2 的波形图。

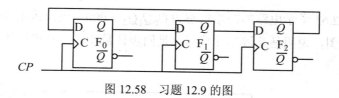

图 12.58　习题 12.9 的图

12.10　图 12.59 所示的电路为由 JK 触发器组成的移位寄存器，设电路的初始状态为 $Q_0Q_1Q_2Q_3 = 0000$。列出该电路输入数码 1001 的状态表，并画出各 Q 的波形图。

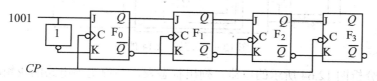

图 12.59　习题 12.10 的图

12.11　设图 12.60 所示电路的初始状态为 $Q_0Q_1Q_2 = 000$。列出该电路的状态表，并画出其波形图。

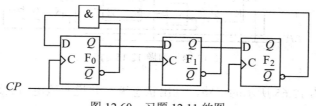

图 12.60　习题 12.11 的图

12.12　试分析图 12.61 所示的电路，列出状态表，并说明该电路的逻辑功能。图中 X 为输入控制信号，Y 为输出信号，可分为 $X = 0$ 和 $X = 1$ 两种情况进行分析。

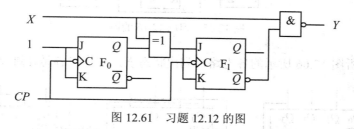

图 12.61　习题 12.12 的图

12.13　设图 12.62 所示电路的初始状态为 $Q_0Q_1Q_2 = 000$。列出该电路的状态表，画出 CP 和各输出端的波形图，说明是几进制计数器，是同步计数器还是异步计数器。

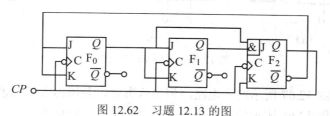

图 12.62　习题 12.13 的图

12.14　设图 12.63 所示电路的初始状态为 $Q_0Q_1Q_2 = 000$。列出该电路的状态表，画出 CP 和各输出端的波形图，说明是几进制计数器，是同步计数器还是异步计数器。图中 Y 为进位输出信号。

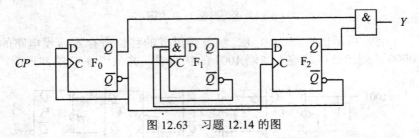

图 12.63　习题 12.14 的图

12.15　试分析图 12.64 所示的电路，列出状态表，并说明该电路的逻辑功能。

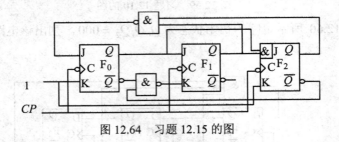

图 12.64　习题 12.15 的图

12.16　试分析图 12.65 所示的电路，列出状态表，并说明该电路的逻辑功能。

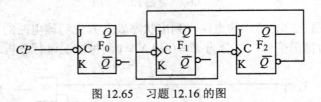

图 12.65　习题 12.16 的图

12.17　试分析图 12.66 所示的各电路，列出状态表，并指出各是几进制计数器。

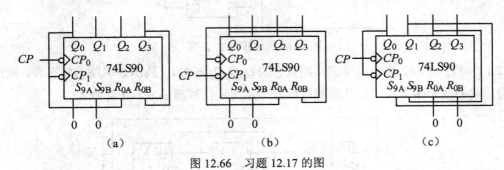

图 12.66　习题 12.17 的图

12.18　试分析图 12.67 所示的各电路，列出状态表，并指出各是几进制计数器。

12.19　试分析图 12.68 所示的各电路，并指出各是几进制计数器。

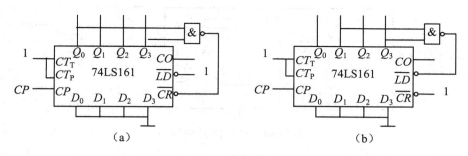

图 12.67　习题 12.18 的图

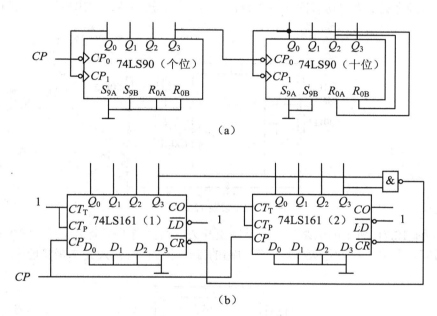

图 12.68　习题 12.19 的图

12.20　分别画出用 74LS161 的异步清零和同步置数功能构成的下列计数器的接线图：

（1）5 进制计数器。

（2）50 进制计数器。

（3）100 进制计数器。

（4）200 进制计数器。

12.21　分别画出用 74LS90 构成的下列计数器的接线图：

（1）9 进制计数器。

（2）35 进制计数器。

（3）50 进制计数器。

（4）78 进制计数器。

12.22　图 12.69 所示的电路是一个照明灯自动亮灭装置，白天让照明灯自动熄灭，夜晚自动点亮。图中 R 是一个光敏电阻，当受光照射时电阻变小；当无光照射或光照微弱时电阻增大。试说明其工作原理。

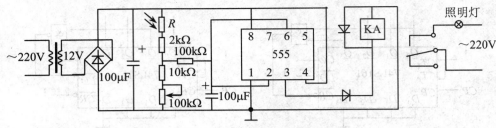

图 12.69　习题 12.22 的图

12.23　图 12.70 所示的电路是一个防盗报警装置，a、b 两端用一细铜丝接通，将此铜丝置于盗窃者必经之处。当盗窃者闯入室内将铜丝碰掉后，扬声器即发出报警声。试说明电路的工作原理。

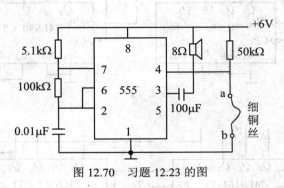

图 12.70　习题 12.23 的图

12.24　图 12.71 所示的电路是一简易触摸开关电路，当手摸金属片时，发光二极管亮，经过一定时间，发光二极管熄灭。试说明电路的工作原理，并问发光二极管能亮多长时间？

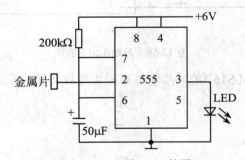

图 12.71　习题 12.24 的图

12.25　图 12.72 所示的电路是用施密特触发器构成的单稳态触发器，试分析电路的工作原理，并画出 u_i、u_A、u_o 的波形。

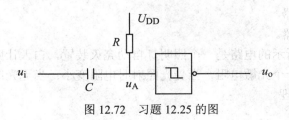

图 12.72　习题 12.25 的图

12.26 某个 D/A 转换器，要求 10 位二进制数能代表 0～50V，试问此二进制数的最低位代表几伏？

12.27 在图 12.46 所示的 4 位二进制权电阻网络 D/A 转换器中，若 $U_R = 5V$，$R_F = 0.5R$，其最大输出模拟电压 u_o 是多少？

12.28 一个 8 位倒 T 型电阻网络 D/A 转换器，$U_R = 5V$，$R_F = R$。求 $d_7 \sim d_0$ 分别为 11111111、11000000、00000001 时的输出模拟电压 u_o。

12.29 图 12.73 所示的电路是 4 位二进制数 T 型电阻网络 D/A 转换器的原理图，已知 $U_R = 10V$，$R = 10\,k\Omega$。试分析电路的工作原理，并求当输入的数字信号 $d_3d_2d_1d_0$ 为 0110 时输出模拟电压 u_o 的值。

12.30 D/A 转换器和 A/D 转换器的分辨率说明了什么？

参考文献

[1] 秦曾煌主编. 电工学（第 5 版）. 北京：高等教育出版社，1999.

[2] 陈宗穆主编. 电工技术（第 2 版）. 长沙：湖南科学技术出版社，2001.

[3] 陈宗穆主编. 电子技术（第 2 版）. 长沙：湖南科学技术出版社，2001.

[4] 康华光主编. 电子技术基础（模拟部分 第 3 版）. 北京：高等教育出版社，1988.

[5] 康华光主编. 电子技术基础（数字部分 第 3 版）. 北京：高等教育出版社，1988.

[6] 余孟尝主编. 数字电子技术基础简明教程（第 2 版）. 北京：高等教育出版社，1999.

[7] 周良权主编. 模拟电子技术基础. 北京：高等教育出版社，1993.

[8] 周良权主编. 数字电子技术基础. 北京：高等教育出版社，1993.

[9] 李中发主编. 数字电子技术. 北京：中国水利水电出版社，2001.

[10] 符磊，王久华主编. 电工技术与电子技术基础. 北京：清华大学出版社，1997.

[11] 丁承浩主编. 电工学. 北京：机械工业出版社，1999.

[12] 姚海彬主编. 电工技术（电工学 I）. 北京：高等教育出版社，1999.

[13] 刘全忠主编. 电子技术（电工学 II）. 北京：高等教育出版社，1999.

[14] 林平勇，高嵩主编. 电工电子技术. 北京：高等教育出版社，2000.

[15] 李中发主编. 电工电子技术基础. 北京：中国水利水电出版社，2003.

[16] 邢江勇主编. 电工电子技术. 北京：科学出版社，2007.

[17] 宋红主编. 电工电子技术基础简明教程（第 2 版）. 北京：高等教育出版社，2008.

[18] 王浩主编. 电工电子技术基础. 北京：清华大学出版社，2009.